U0172482

# 软物质前沿科学丛书编委会

国家出版基金项目
NATIONAL PUBLICATION FOUNDATION

"十三五"国家重点出版物出版规划项目

软物质前沿科学丛书

# 胶体物理导论
## Introduction to Colloid Physics

马红孺 著

科 学 出 版 社
龙 门 书 局

北 京

## 内 容 简 介

胶体悬浮系统是指微小颗粒分散于溶剂中而形成的系统,是软物质的一种。本书将聚焦于胶体悬浮液这一相对比较简单的胶体系统,通俗介绍该系统的稳定性、等效相互作用、平衡性质和动态性质。本书力图使读者对于胶体悬浮液中的物理问题有一个大致的了解,为进入这一领域并做出研究成果的青年读者提供入门知识,同时,也为具备大学物理基础的一般读者扩展知识提供帮助。

本书可作为凝聚态与统计物理、物理化学及相关领域的研究生和高年级本科生的参考书,也可供对胶体系统感兴趣的相关专业研究者参考。

**图书在版编目(CIP)数据**

胶体物理导论/马红孺著. —北京:龙门书局,2021.4
(软物质前沿科学丛书)
"十三五"国家重点出版物出版规划项目 国家出版基金项目
ISBN 978-7-5088-5897-5

I. ①胶⋯ II. ①马⋯ III. ①胶体-悬浮剂 IV. ①O648.2

中国版本图书馆 CIP 数据核字 (2021) 第 030359 号

责任编辑:钱 俊 崔慧娴/责任校对:杨 赛
责任印制:吴兆东/封面设计:无极书装

科学出版社 出版
龙门书局
北京东黄城根北街 16 号
邮政编码:100717
http://www.sciencep.com

北京虎彩文化传播有限公司印刷
科学出版社发行 各地新华书店经销
*
2021 年 4 月第 一 版 开本:720×1000 B5
2021 年 4 月第一次印刷 印张:14
字数:280 000
**定价:138.00 元**
(如有印装质量问题,我社负责调换)

# 丛 书 序

社会文明的进步、历史的断代，通常以人类掌握的技术工具材料来刻画，如远古的石器时代、商周的青铜器时代、在冶炼青铜的基础上逐渐掌握了冶炼铁的技术之后的铁器时代，这些时代的名称反映了人类最初学会使用的主要是硬物质。同样，20 世纪的物理学家一开始也是致力于研究硬物质，像金属、半导体以及陶瓷，掌握这些材料使大规模集成电路技术成为可能，并开创了信息时代。进入 21 世纪，人们自然要问，什么材料代表当今时代的特征？什么是物理学最有发展前途的新研究领域？

1991 年，诺贝尔物理学奖得主德热纳最先给出回答：这个领域就是其得奖演讲的题目——"软物质"。按《欧洲物理杂志》B 分册的划分，它也被称为软凝聚态物质，所辖学科依次为液晶、聚合物、双亲分子、生物膜、胶体、黏胶及颗粒物质等。

2004 年，以 1977 年诺贝尔物理学奖得主、固体物理学家 P.W. 安德森为首的 80 余位著名物理学家曾以"关联物质新领域"为题召开研讨会，将凝聚态物理分为硬物质物理与软物质物理，认为软物质 (包括生物体系) 面临新的问题和挑战，需要发展新的物理学。

2005 年，Science 提出了 125 个世界性科学前沿问题，其中 13 个直接与软物质交叉学科有关。"自组织的发展程度" 更是被列为前 25 个最重要的世界性课题中的第 18 位，"玻璃化转变和玻璃的本质" 也被认为是最具有挑战性的基础物理问题以及当今凝聚态物理的一个重大研究前沿。

进入新世纪，软物质在国际上受到高度重视，如 2015 年，爱丁堡大学软物质领域学者 Michael Cates 教授被选为剑桥大学卢卡斯讲座教授。大家知道，这个讲座是时代研究热门领域的方向标，牛顿、霍金都任过卢卡斯讲座教授这一最为著名的讲座教授职位。发达国家多数大学的物理系和研究机构已纷纷建立软物质物理的研究方向。

虽然在软物质研究的早期历史上，享誉世界的大科学家如爱因斯坦、朗缪尔、弗洛里等都做出过开创性贡献，荣获诺贝尔物理学奖或化学奖。但软物质物理学发展更为迅猛还是自德热纳 1991 年正式命名"软物质"以来，软物质物理学不仅大大拓展了物理学的研究对象，还对物理学基础研究尤其是与非平衡现象 (如生命现象) 密切相关的物理学提出了重大挑战. 软物质泛指处于固体和理想流体之间的复杂的凝聚态物质，主要共同点是其基本单元之间的相互作用比较弱 (约为室温热能量级)，因而易受温度影响，熵效应显著，且易形成有序结构。因此具有显著热波动、多个亚稳状态、介观尺度自组装结构、熵驱动的有序无序相变、宏观的灵活性等特征。简单地说，这些体系都体现了"小刺激，大反应"和强非线性的特性。这些特性并非仅仅由纳观组织或原子、分子水平的结构决定，更多是由介观多级自组装结构决定。处于这种状态的常见物质体系包括胶体、液晶、高分子及超分子、泡沫、乳液、凝胶、颗粒物质、玻璃、生物体系等。软物质不仅广泛存在于自然界，而且由于其丰富、奇特的物理学性质，在人类的生活和生产活动中也得到广泛应用，常见的有液晶、柔性电子、塑料、橡胶、颜料、墨水、牙膏、清洁剂、护肤品、食品添加剂等。由于其巨大的实用性以及迷人的物理性质，软物质自 19 世纪中后期进入科学家视野以来，就不断吸引着来自物理、化学、力学、生物学、材料科学、医学、数学等不同学科领域的大批研究者。近二十年来更是快速发展成为一个高度交叉的庞大的研究方向，在基础科学和实际应用方面都有重大意义。

为了推动我国软物质研究，为国民经济作出应有贡献，在国家自然科学基金委员会–中国科学院学科发展战略研究合作项目"软凝聚态物理学的若干前沿问题"(2013.7—2015.6) 资助下，本丛书主编组织了我国高校与研究院所上百位分布在数学、物理、化学、生命科学、力学等领域的长期从事软物质研究的科技工作者，参与本项目的研究工作。在充分调研的基础上，通过多次召开软物质科研论坛与研讨会，完成了一份 80 万字的研究报告，全面系统地展现了软凝聚态物理学的发展历史、国内外研究现状，凝练出该交叉学科的重要研究方向，为我国科技管理部门部署软物质物理研究提供了一份既翔实又具前瞻性的路线图。

作为战略报告的推广成果，参加该项目的部分专家在《物理学报》出版了软凝聚态物理学术专辑，共计 30 篇综述。同时，该项目还受到科学出版社关注，双方达成了"软物质前沿科学丛书"的出版计划。这将是国内第一套系统总结该领域理论、实验和方法的专业丛书，对从事相关领域研究的人员将起到重要参考作用。因此，我们与科学出版社商讨了合作事项，成立了丛书编委会，并对丛书做了初步规划。编委会邀请了 30 多位不同背景的软物质领域的国内外专家共同完成这一系列专著。这套丛书将为读者提供软物质研究从基础到前沿的各个领域的最新进展，涵盖软物质研究的主要方面，包括理论建模、先进的探测和加工技术等。

由于我们对于软物质这一发展中的交叉科学的了解不很全面，不可能做到计划的"一劳永逸"，而且缺乏组织出版一个进行时学科的丛书的实践经验，为此，我们要特别感谢科学出版社钱俊编辑，他跟踪了我们咨询项目启动到完成的全过程，并参与本丛书的策划。

我们欢迎更多相关同行撰写著作加入本丛书，为推动软物质科学在国内的发展做出贡献。

主　编　　欧阳钟灿
执行主编　　刘向阳
2017 年 8 月

# 目　录

# 绪　　论

胶体悬浮系统由微小粒子分散于溶剂中而形成，是软物质的一种。粒子的尺寸一般在几纳米到几微米之间，形状可以是球形、柱状或其他形状。粒子的尺度比原子尺度大很多，量子效应并不显著，但同时又足够小，在常温下可以表现出布朗运动，从而不会在重力作用下很快沉淀。胶体悬浮系统广泛存在于自然界中，例如牛奶就是日常生活中最常见到的胶体悬浮系统之一。

胶体的研究有非常悠久的历史，最早系统研究胶体的是 19 世纪中期的 Franceso Selmi 和 Michael Faraday。前者在 1845 年描述了氯化银、硫黄、普鲁士蓝及氧化铝和淀粉分散于水中时的一些共同的行为，并称这些系统为"赝溶液"。后者仔细研究了金溶胶系统，即金的粒子分散在水中的系统。Faraday 发现这类系统并不处于热力学平衡状态，粒子一旦聚集成块，就不会自己散开。因此，这类系统需要以某种方式使其稳定。但通常认为 1861 年英国科学家 Thomas Graham 对很多物质的扩散速度等的研究是胶体科学的开始，"胶体"(colloid) 一词就是 1861 年由他引进的[1]，针对的是一类已经被做过广泛研究的所谓"赝溶液"。这类"赝溶液"的主要特点是扩散速率非常低，也不能完全通过羊皮滤纸，而真溶液则可以通过羊皮滤纸，这意味着分散在这类"赝溶液"中的粒子的尺寸相当大。由低扩散速率可以推断出粒子的直径在 1nm 以上，而在引力作用下不会沉淀的事实表明，粒子的直径不会大于 1μm。Graham 定义尺寸在 1nm~1μm 的粒子分散在连续液体中的系统为胶体，同时他还命名了一系列胶体系统，如溶胶 (sol)、凝胶 (gel) 等，这些名词已经成为胶体化学家的日常词汇。

在 Graham 的研究之前，植物学家布朗（Robert Brown）在 1827 年利用当时最好的显微镜观察到了悬浮在水中的花粉粒子的无规运动，这种运动被称为布朗运动[2]。直到 1905 年前后，爱因斯坦、斯莫鲁霍夫斯基等才建立起布朗运动的理论[3,4]。布朗粒子的无规运动来自热运动的水分子对于布朗粒子碰撞作用在各个方向上的涨落，或者布朗粒子参与热运动并与水达到热平衡。在此意义下，布朗粒子本质上就是参与热运动的大"分子"，只是它足够大，可以在显微镜下看到。由于布朗粒子的大小恰好处在胶体的尺寸范围内，所以布朗运动其实就是胶体粒子的热运动。1910 年左右，Jean Perrin 仔细定量测量了布朗粒子的运动，所得结果与爱因斯坦等的理论预测完全一致，这一结果被看成是第一次在实验上确定无疑地证明了原子的存在[5]。随着实验技术的不断进步，对胶体科学的研究也在不断深入，胶体化学目前已经成为一门独立的学科。

胶体悬浮系统是一个多相系统，胶体粒子的形状多种多样，大小不一且大小的分布也随体系而异，是极其复杂的系统，因此用物理学的观点对胶体粒子的相互作用、结构和性质等进行精确定量的理论研究是非常困难的。20世纪以来，以量子论和相对论的发现为标志的现代物理学，几乎吸引了理论物理学家的全部注意力，因而关于胶体物理的理论研究相对比较少，深度也不够。相对说来，胶体化学则取得了很大的成就，胶体化学家也对胶体物理的理论研究做出了贡献。在过去的三十多年，制备技术不断进步，目前已经可以制备出大小十分均匀的球形胶体粒子和其他形状的胶体粒子[6-10]，对于这些仔细制备的胶体系统的实验和理论研究，大大深化了人们对胶体的相互作用、结构、动力学行为的认识。在适当的实验条件下，胶体粒子可以处于气态、液态和固态等原子系统可以达到的状态，而且由于可以通过改变制备条件或对胶体粒子进行再加工等方式改变胶体粒子的性质，因此胶体系统可以表现出更为丰富的结构和对称性。近几十年来，物理学家对于胶体物理的研究兴趣逐步增强，一批非常精致的实验和理论研究成果开始涌现，对于胶体物理的理解也在不断深化。

胶体粒子的尺寸具有特别重要的意义：一方面，它足够小，小到可以与溶剂（如水）达到热平衡，从而可以基于统计物理进行研究，可以表现出分子体系的所有性质；另一方面，它又足够大，大到其热运动足够缓慢且大小处于可见光观察的范围内，可以在光学显微镜下观察其运动。这样，精心制备的胶体系统可以成为一个极好的分子体系的模拟系统，使人们可以看到凝聚态物理中的一些特别有趣的现象，如相变和临界现象的微观图像。

胶体系统的平衡性质与原子系统有很大的相似性。在与溶剂处于热平衡后，溶剂分子的作用可以消除掉，其作用可以看成是为胶体粒子提供一个热背景，而胶体粒子通过已经计入了溶剂分子影响的有效相互作用势构成一个系统。这样，胶体系统的一系列平衡态性质可以类比原子系统而得到。当然，胶体系统与原子系统也有一些显著的区别，特别突出的是其相互作用。原子系统的相互作用通常比较简单和基本，以各向同性的二体势为主，而胶体粒子的等效相互作用则复杂得多，如选择胶体粒子的类型，改变粒子的表面，改变温度，加入高分子或其他胶体粒子，都能显著改变胶体粒子的等效相互作用。另外，以各种方式外加电场或磁场，也可以有效调控胶体系统的行为。自20世纪70年代以来，对于在胶体中加入非吸附的聚合物或小的胶体粒子做了大量系统研究，发现利用这种加入，可以改变胶体的有效相互作用，进而改变胶体系统的相行为。与此相关的一个重要概念是所谓排空相互作用及其效应[11]。

在严格的热力学意义下，通常的胶体系统是不稳定的。胶体粒子之间一般都存在所谓范德瓦耳斯相互作用，这是一种短程的吸引力。当胶体粒子相互非常靠近时，在范德瓦耳斯力的作用下聚合成更大的粒子。为了使得胶体稳定，必须设法使胶体粒子不能靠得太近。通常有两种方法可以实现：一种是静电稳定方法，也就是让胶体粒子表面带电，使胶体粒子之间的长程静电相互作用阻碍粒子靠近，从而实现稳定；另一种是所谓体积稳定方法，也就是在胶体粒子上吸附聚合物分子，使得粒子不能靠得太近。体积稳定的一个经典例子是古埃及的墨水制造，这似乎是公元前 3400 年的故事，当时的古埃及人把炭的烟灰分散于水中制作墨水，为了使墨水稳定，他们加入了一种称为阿拉伯胶的东西。这种胶就是能吸附在炭的烟灰粒子上的聚合物，由于其作用，炭灰粒子不能靠近到聚合的距离，墨水也就稳定了。河流的入海口形成三角洲是一个胶体失稳的例子。河水中悬浮有大量细小的胶体粒子，并通过静电稳定的方式形成胶体。在入海口，海水中的大量盐离子屏蔽了胶体粒子之间的静电排斥，胶体粒子通过范德瓦耳斯力聚合变大并沉积而形成三角洲。

本书将聚焦于胶体悬浮液这一相对比较简单的胶体系统，通俗介绍该系统的稳定性、等效相互作用、平衡性质和动态性质，使读者对于胶体悬浮液中的物理问题有一个大致的了解，为进入这一领域并做出研究成果的青年读者提供入门知识，同时，也为具备大学物理基础的一般读者扩展知识提供帮助。

胶体物理涉及的内容非常广泛，本书中不可能全部介绍，而材料的取舍往往与作者的知识背景和个人偏好紧密相关，因此，这里介绍的只是作者相对比较熟悉且自认为比较基本的重要内容，不能包括胶体物理的所有重要方面。在材料的处理上，本书不是一本专著，因此我们将尽可能做通俗的介绍；但为了帮助读者理解，增加了数学公式和推导。为了平衡这两个方面，本书对数学处理做了适当压缩，而把一些公式的详细推导置于附录中。

关于胶体物理已经有不少很好的专著和总结性的文章[12-18]，希望进一步深入了解的读者可选择研读。

# 第 1 章　胶体的相互作用

本章介绍胶体粒子的基本相互作用。首先简单介绍普遍存在的一种重要相互作用——原子的范德瓦耳斯相互作用，并把它推广到胶体。

## 1.1　原子的范德瓦耳斯相互作用

范德瓦耳斯相互作用来源于所谓色散力，是一种量子力学效应。最早研究色散力的重要学者之一是王守竞[19]，他利用刚刚建立不久的量子力学，通过微扰展开方法计算了相距较远的两个氢原子之间的相互作用，得到如下结果：

$$V(R) = -8.7 \frac{1}{4\pi\varepsilon_0} \frac{e^2 a^5}{R^6}$$

这里，$e$ 是单位电荷；$a$ 是玻尔半径；$R$ 是两个氢原子之间的距离。此后，London 仔细研究了这个问题并得到了完全相同的形式，除了把系数由 $-8.7$ 修正为 $-6.5$。

我们简单介绍一下 London 的理论。考虑两个氢原子，分别位于 $\boldsymbol{R}_1$ 和 $\boldsymbol{R}_2$，其哈密顿量为

$$H = H_0 + H_1 \tag{1.1.1}$$

其中，$H_0$ 是两个孤立氢原子的哈密顿量；$H_1$ 是两个氢原子的相互作用。

$$H_0 = -\frac{\hbar^2}{2m_{\mathrm{e}}}\left(\nabla_1^2 + \nabla_2^2\right) - \frac{1}{4\pi\varepsilon_0}\frac{e^2}{r_1} - \frac{1}{4\pi\varepsilon_0}\frac{e^2}{r_2} \tag{1.1.2}$$

$$\begin{aligned} H_1 = {} & \frac{1}{4\pi\varepsilon_0}\frac{e^2}{R_{12}} - \frac{1}{4\pi\varepsilon_0}\frac{e^2}{|\boldsymbol{r}_1 + \boldsymbol{R}_{12}|} \\ & - \frac{1}{4\pi\varepsilon_0}\frac{e^2}{|\boldsymbol{r}_2 - \boldsymbol{R}_{12}|} + \frac{1}{4\pi\varepsilon_0}\frac{e^2}{|\boldsymbol{r}_1 - \boldsymbol{r}_2 + \boldsymbol{R}_{12}|} \end{aligned} \tag{1.1.3}$$

其中，$\boldsymbol{r}_1$ 和 $\boldsymbol{r}_2$ 分别是两个电子相对于 $\boldsymbol{R}_1$ 和 $\boldsymbol{R}_2$ 的位置矢量；$\boldsymbol{R}_{12} = \boldsymbol{R}_1 - \boldsymbol{R}_2$ 是两个氢原子核之间的距离。

现在利用微扰论计算两个氢原子系统的基态能量。由于氢原子之间的相互作用，能量的变化为

$$\Delta E = \langle 0|H_1|0\rangle + \sum_n{}' \frac{|\langle 0|H_1|n\rangle|^2}{\mathcal{E}_0 - \mathcal{E}_n} \tag{1.1.4}$$

其中，$|0\rangle$ 是两个孤立氢原子（即忽略 $H_1$）的基态，$|n\rangle$ 是激发态；求和号上的
"'" 表示对所有 $n \neq 0$ 的状态求和；$\mathcal{E}_0$ 和 $\mathcal{E}_n$ 分别是两个孤立氢原子系统的基
态能量和激发态能量。氢原子的波函数的主要范围在围绕原子核以玻尔半径 $a = 4\pi\varepsilon_0\hbar^2/(me^2)$ 为半径的球内，选两个原子核的连线为 $z$ 轴，若两个原子核之间
的距离 $R_{12}$ 远大于玻尔半径 $a$，则可以把 $H_1$ 对电子的坐标展开为

$$H_1 \approx \frac{1}{4\pi\varepsilon_0}\frac{e^2}{R_{12}^3}(x_1x_2 + y_1y_2 - 2z_1z_2) \tag{1.1.5}$$

其中，$x_i$，$y_i$ 和 $z_i$ 分别是 $i$ 电子相对于 $i$ 原子核的坐标，$i = 1, 2$。两个氢原子的
基态波函数为

$$\psi_0(\boldsymbol{r}_1, \boldsymbol{r}_2) = \frac{1}{\pi a^3}\mathrm{e}^{-(r_1+r_2)/a} \tag{1.1.6}$$

在式(1.1.5)的近似下，$\langle 0|H_1|0\rangle = 0$，二级微扰项可以写成

$$\Delta E = \left(\frac{1}{4\pi\varepsilon_0}\right)^2\frac{e^4}{R_{12}^6}\sum_{m,n}\frac{\left|x_{0,m}x_{0,n} + y_{0,m}y_{0,n} - 2z_{0,m}z_{0,n}^*\right|^2}{2E_0 - E_m - E_n} \tag{1.1.7}$$

这里，$E_0$ 和 $E_n$ 分别是氢原子的基态和激发态的能量；$x_{0,n} = \langle 0|x|n\rangle$（此处 $|n\rangle$
是氢原子的状态）等为电子坐标的矩阵元。这就是两个氢原子的相互作用能，以
下我们将它表示为 $V(r)$，$r$ 表示两个原子核的距离（用小写并略去下标 12）。接
下来的计算在没有电子计算机的时代是相当繁重的。Pauling 和 Beach[20] 给出的
结果是

$$V(r) = -6.5\frac{1}{4\pi\varepsilon_0}\frac{e^2a^5}{r^6} \tag{1.1.8}$$

实际上，Pauling 和 Beach 也给出了 $1/r^8$ 和 $1/r^{10}$ 项的计算。这个结果的复杂
之处在于计算出系数 $-6.5$，而其一般形式则无须计算即可得到。由式(1.1.7)可以
看出，能量的修正与 $r^6$ 成反比且小于 0。

上面关于两个氢原子的计算可以直接推广到任意两个中性原子。对于任意两
个相距为 $r$ 的中性原子 A、B，其哈密顿量包含两个原子各自的哈密顿量加上其
相互作用。相互作用由两个原子核之间，A 原子核对于 B 原子的电子和 B 原子
核对于 A 原子的电子，以及 A 原子的电子和 B 原子的电子之间的库仑相互作用
构成。如果 $r$ 远大于原子的尺度，与两个氢原子的情形类似，这个相互作用可以
简化成偶极相互作用的形式，即相互作用与 $r^3$ 成反比。由于原子具有球对称性，
偶极相互作用的哈密顿量在一级微扰下为零。二级微扰给出一个与 $r^6$ 成反比的
吸引项。

$$V(r) = -\frac{C}{r^6} \tag{1.1.9}$$

这里，$C$ 是大于 0 的常量，具体数值与两个原子有关，其计算相当烦琐。

1930 年，London 注意到表达式(1.1.7)可以用色散振幅 $f$ 来表示[21,22]。偶极跃迁的色散振幅 $f$ 定义为

$$f_{lm} = \frac{2m_{\mathrm{e}}}{\hbar^2}(E_m - E_l)|z_{lm}|^2 \tag{1.1.10}$$

利用 $f_{lm}$，两个原子之间的相互作用式(1.1.7)可以改写如下：注意到氢原子波函数的选择总能使得 $x_{0,m}$，$y_{0,m}$ 和 $z_{0,m}$ 在给定 $|m\rangle$ 时只有一个非零（通常用径向波函数和球谐函数表示的氢原子波函数已经满足此要求），式(1.1.7) 求和内的分子展开后，得到

$$
\begin{aligned}
V(r) &= \left(\frac{1}{4\pi\varepsilon_0}\right)^2 \frac{e^4}{r^6} \sum_{m,n} \frac{|x_{0,m}|^2|x_{0,n}|^2 + |y_{0,m}|^2|y_{0,n}|^2 + 4|z_{0,m}|^2|z_{0,n}|^2}{2E_0 - E_m - E_n} \\
&= \left(\frac{1}{4\pi\varepsilon_0}\right)^2 \frac{6e^4}{r^6} \sum_{m,n} \frac{|z_{0,m}|^2|z_{0,n}|^2}{2E_0 - E_m - E_n}
\end{aligned}
\tag{1.1.11}
$$

第二步利用了偶极矩阵元相等的事实。把式(1.1.11)中的偶极矩阵元用式(1.1.10)代换为色散振幅 $f$，并略作整理，就得到

$$V(r) = \left(\frac{1}{4\pi\varepsilon_0}\right)^2 \frac{3e^4\hbar^4}{2m_{\mathrm{e}}^2 r^6} \sum_{m,n} \frac{f_{0m}f_{0n}}{(E_m - E_0)(E_n - E_0)} \frac{1}{(E_0 - E_m) + (E_0 - E_n)} \tag{1.1.12}$$

这个表达式可以直接推广到多电子原子情形和球对称分子（电偶极矩为零），此时 $|m\rangle$ 是多电子原子或分子的能量本征态，这只有通过数值方法近似求出。为了实际应用和看清物理图像，我们可以对式(1.1.12)作一些近似处理。最粗略的近似是只保留求和中最大的一项，并利用求和关系（见附录）

$$\sum_m f_{lm} = n \tag{1.1.13}$$

把对应的 $f_{0m}$ 换为分子中的电子数 $n$，得到

$$V(r) \approx -\left(\frac{1}{4\pi\varepsilon_0}\right)^2 \frac{3e^4\hbar}{2m^2 r^6} \frac{n_1 n_2}{\omega_1\omega_2(\omega_1 + \omega_2)} \tag{1.1.14}$$

这里，$n_1$ 和 $n_2$ 分别是分子 1 和分子 2 的电子数；$\omega_1$ 和 $\omega_2$ 可以由分子光谱的数据得到。利用这个表达式结合实验数据，可以粗略估计分子之间的相互作用强度。

式(1.1.12)也可以用分子的极化率表示出来。对球形分子加一电场，分子会感应出偶极矩 $p$，在弱场近似下，偶极矩与外加电场成正比，即

$$p(\omega) = \alpha(\omega)4\pi\varepsilon_0 E(\omega) \tag{1.1.15}$$

这里，$\alpha(\omega)$ 为分子的极化率。外加电场通常随时间变化，可以含有各种频率分量，式(1.1.15)定义了每个频率分量的极化率。利用微扰论，可以求出

$$
\begin{aligned}
\alpha(\omega) &= \frac{2e^2}{4\pi\varepsilon_0} \sum_n \frac{(E_n - E_0)|z_{0n}|^2}{(E_n - E_0)^2 - (\hbar\omega)^2} \\
&= \frac{e^2}{4\pi\varepsilon_0 m_e} \sum_n \frac{f_{0n}}{\omega_{n,0}^2 - \omega^2}
\end{aligned}
\tag{1.1.16}
$$

为了把式(1.1.12)用 $\alpha$ 表示出来，我们利用一个在量子场论计算中经常使用的技巧，即利用如下积分恒等式把式(1.1.12)的求和中的分母改写成所需的形式。

$$
\frac{1}{ab(a+b)} = \frac{2}{\pi} \int_0^\infty \frac{\mathrm{d}\xi}{(a^2 + \xi^2)(b^2 + \xi^2)}, \quad a, b > 0
\tag{1.1.17}
$$

利用这个恒等式对式(1.1.12)做变换并利用式(1.1.16)，显然有

$$
V(r) = -\frac{3\hbar}{\pi r^6} \int_0^\infty \mathrm{d}\xi\, \alpha_1(\mathrm{i}\xi)\alpha_2(\mathrm{i}\xi)
\tag{1.1.18}
$$

这样，如果求得了分子的极化率，通过积分就能得到 $V(r)$。如果某个单一的跃迁对极化率有主要贡献，则极化率可以粗略近似为

$$
\alpha_l = \frac{e^2}{4\pi\varepsilon_0 m_e} \frac{n_l}{\omega_l^2 - \omega^2}
$$

$l = 1, 2$ 为对应的两个分子，$n_l$ 为 $l$ 分子的电子数。把这个结果代入式(1.1.18)并积分，得到

$$
\begin{aligned}
V(r) &\approx -\frac{3\hbar}{2r^6} \frac{e^4 n_1 n_2}{(4\pi\varepsilon_0 m_e)^2} \frac{1}{\omega_1\omega_2(\omega_1 + \omega_2)} \\
&= -\frac{3\hbar}{2r^6} \frac{e}{(4\pi\varepsilon_0 m_e)^{1/2}} \frac{\alpha_1(0)\alpha_2(0)}{[\alpha_1(0)/n_1]^{1/2} + [\alpha_2(0)/n_2]^{1/2}}
\end{aligned}
\tag{1.1.19}
$$

这里 $\alpha_l(0) = e^2 n_l/(4\pi\varepsilon_0 m_e \omega_l^2)$ 是此近似下的静态极化率。如果把实验测出的分子静态极化率代入式(1.1.19)，就能得到近似的 $V(r)$。式(1.1.19)与式(1.1.14)本质上是同样的近似，只是用不同的量表示。

如果两个分子相同，则式(1.1.19)简化为

$$
V(r) = -\frac{3\hbar\omega_1\alpha_1(0)^2}{4r^6}
\tag{1.1.20}
$$

这里的近似，在物理图像上是把每个分子模型化为一个简谐振子，其频率为 $\omega_l$，静态极化率为 $e^2 n_l/4\pi\varepsilon_0 m_e \omega_l^2$（即弹性系数为 $k = m_e\omega_l^2$ 的弹簧与质量为 $m$，带

电 $\sqrt{n_l}e$ 的质点构成的弹簧振子模型）。在考虑分子相互作用及相关的问题时，这是一个图像相当清晰的模型，可以用来理解一些物理过程。但需要注意的是，这个模型并不能完全代替分子，它仅仅考虑了极化率计算中单一跃迁的贡献，是一个近似等效模型。

式(1.1.18)提供了一个计算分子相互作用的有效途径，在这个公式中，仅仅需要知道分子极化率 $\alpha(\omega)$。分子极化率可以通过计算得到，也可以由实验测量获得。1.2 节将简单地介绍一些与此有关的内容。

这里需要特别注意，我们实际上很方便地得到了分子之间作用力的形式，即 $-C/r^6$，而其他的讨论是关于如何计算 $C$。如果能够直接测量 $C$，那么复杂的计算在某种意义上是验证实验结果。直接测量两个分子的相互作用势，目前还做不到，例如通过范德瓦耳斯物态方程反推 $C$ 的数值，也可以视为一种实验测量。

另一个需要指出的是，这里的分析和所得到的简单形式 $-C/r^6$ 仅仅限于球对称分子在相距较小时的相互作用，当然，$r$ 比典型的分子尺寸（$\sim 0.1\text{nm}$）要大很多。但是，如果 $r$ 太大，则两个分子之间的相互作用就不再是瞬时作用，推迟效应将会显示出来。这样，前面的整个基于量子力学的微扰论计算将不再成立。因此，精确的分析必须建立在完整的分子与电磁场相互作用的模型上。有很多学者研究了这一问题。Casimir 的一系列工作指出，在考虑了推迟效应后[23,24]，两个分子之间的色散力与距离 $r$ 的 7 次方成反比，即 $V(r) = -C'/r^7$。在简谐振子模型近似下，其结果为

$$V(R) = -\frac{23}{4\pi}\hbar c\frac{\alpha_1(0)\alpha_2(0)}{r^7} \tag{1.1.21}$$

分子之间有复杂的相互作用，这里处理的色散力（包括后面要介绍的 Lifshitz 理论）仅仅是针对具有球对称的分子在相距远大于分子自身大小的距离上的相互作用。对于大量不满足这个条件的分子，其相互作用也包含了偶极相互作用及其他各种相互作用，完整考虑各种相互作用一般是通过第一性原理计算出数值结果，再用具有明确物理意义和物理意义可能并不明确的表达式去拟合，获得分子相互作用的各种精度的力场模型，这成为进一步研究的基础。但无论相互作用多复杂，这里讨论的色散力总是存在的。

当分子靠得很近时，或者经过化学反应结合成更大的分子，或者分子之间强烈排斥 (来源于电子的全同性)。后一种情况是我们感兴趣的。把这个强的相互作用与反比于 $r^6$ 的普适吸引作用合起来，就是一个相当不错的描述原子之间或分子之间相互作用的模型。如果取排斥作用与 $r^{12}$ 成反比，所得结果是 Lennard-Jones 势。其常用写法是

$$V(r) = 4\epsilon\left[\left(\frac{\sigma}{r}\right)^{12} - \left(\frac{\sigma}{r}\right)^6\right] \tag{1.1.22}$$

$\epsilon$ 和 $\sigma$ 是描写这个相互作用的两个参数。

现在考虑具有可以自由旋转的偶极矩的一对原子,相距为 $r$,且 $r$ 比原子尺度大得多。如果这一对原子处在温度为 $T$ 的环境下,则其配分函数为

$$z = \int \mathrm{d}\Omega_1 \, \mathrm{d}\Omega_2 \, \mathrm{e}^{-u(r,\Omega_1,\Omega_2)/(kT)} = \left\langle \mathrm{e}^{-u(r,\Omega_1,\Omega_2)/kT} \right\rangle$$

其中,$u(r,\Omega_1,\Omega_2)$ 是相距为 $r$,取向分别为 $\Omega_1$,$\Omega_2$ 的两个偶极矩之间的相互作用,$\langle\cdots\rangle \equiv \int \mathrm{d}\Omega_1 \, \mathrm{d}\Omega_2 \cdots$。把被积函数对 $u$ 展开成幂级数,由于对称性,齐次项的积分为零。若做近似

$$\langle u^{2n} \rangle = \frac{(2n)!}{2^n n!} \langle u^2 \rangle^n$$

即把 $\langle u^{2n} \rangle$ 近似为 $\langle u^2 \rangle$ 的各种可能组合的乘积[1],则

$$z = \mathrm{e}^{\langle u^2 \rangle / [2(kT)^2]}$$

注意到 $\langle u^2 \rangle$ 与方向无关,而且与 $r^6$ 成反比(偶极相互作用 $u$ 与 $r^3$ 成反比)。我们就得到了一个与式(1.1.9)类似的等效相互作用

$$V(r) = -\langle u^2 \rangle / (2kT)$$

对于中性原子与自由旋转偶极子,也可以得到类似的结果。这样,对于原子而言,就有了一个相当普适的等效吸引相互作用,与距离的六次方成反比。

## 1.2 胶体球的相互作用

1.1 节简单讨论了两个分子之间的色散相互作用。我们真正感兴趣的并不是分子之间的相互作用,而是胶体粒子之间的相互作用。在获得了分子之间的相互作用后,自然可以想到胶体粒子是由大量的分子构成的,把粒子之间的每一对分

---

[1] 把 $2n$ 个 $u$ 两两配对的方式有 $(2n)!/(2^n n!)$ 种。论证如下,从 $2n$ 个 $u$ 中取 2 个,有 $C_2^{2n}$ 种方式;再从 $2n-2$ 个 $u$ 中取 2 个,有 $C_2^{2n-2}$ 种方式;$\cdots\cdots$ 于是,总的方式数为

$$C_2^{2n} C_2^{2n-2} \cdots C_2^2 = \frac{(2n)!}{2^n}$$

但 $n$ 个对的不同排列次序对应于同一项,所以上式还要除以 $n!$,这样就得到了所求的结果。例如,对于 $n=2$,$uuuu$ 的配对有

$$\overset{1122}{uuuu}, \quad \overset{1212}{uuuu}, \quad \overset{1221}{uuuu}$$

3 种 (字母上的相同数字表示一对),

$$3 = \frac{4!}{2 \cdot 2!}$$

子之间相互作用加起来，就得到胶体粒子之间的相互作用。这样一个朴素的想法与实际情况并不符合，色散力并不具备相加性，所以正确的理论应该直接从构成胶体粒子的分子和它们之间的电磁场出发来建立。

　　一个完整的基于量子多体理论的方法已经由 Lifshitz 给出，Dzyaloshinskii 等[25] 对这个方法有完整的介绍。可惜的是，由于理论过于复杂，能够从这个理论获得的简洁结果很少，所以这个正确理论的实用性并不是很好。但是，如果我们利用朴素的相加性的想法，在分子之间相互作用的基础上，可以得到若干非常简洁胶体相互作用的公式，而且也能建立若干清晰的图像。这些结果的近似程度，既可以通过实验来检验，也可以通过正确的理论来检验。Israelachvili 及其课题组做了大量关于测量胶体的相互作用的研究，由 Israelachvili 等撰写的专著的第三版也已经出版了[26]，本书不讨论这方面的问题，建议读者研读相关文献。在本章的最后，我们将简短地介绍 Lifshitz 的理论并给出若干结果。本节及其后的几节，我们将在相加性的假设下给出一些结果。这些结果虽然不是严格的，但在定性和定量理解胶体的问题时是有很大帮助的。

　　考虑两个胶体球，假设相加性成立，设想构成每个胶体球的原子均与另一个胶体球的原子之间有范德瓦耳斯相互作用，那么，两个胶体球之间的相互作用就是这些原子之间范德瓦耳斯相互作用之和。在连续近似下，把这个求和写成积分形式（这里假定球均匀，其密度已吸收到 $C$ 中）

$$U(r) = \int \mathrm{d}\boldsymbol{r}_1 \int \mathrm{d}\boldsymbol{r}_2 \frac{-C}{|\boldsymbol{r} + \boldsymbol{r}_2 - \boldsymbol{r}_1|^6}$$

其中，$r$ 是两个球心之间的距离，对 $\boldsymbol{r}_1$ 的积分区域是球 1，对 $\boldsymbol{r}_2$ 的积分区域是球 2。设两个胶体球的半径分别为 $R_1$ 和 $R_2$。现在来计算这个积分[27]。首先，我们计算一个离开球 2 的球心为 $x$ 的 $p$ 点所受到的来自球 2 的作用势。以 $p$ 点为球心、半径 $y$ 做一个球，球面与球 2 相交（图 1.2.1），相交的面记为 $S$，则 $S$ 的面积是

$$S = y^2 \int_0^{2\pi} \mathrm{d}\varphi \int_0^{\theta_0} \sin\theta \, \mathrm{d}\theta = 2\pi y^2 (1 - \cos\theta_0) \tag{1.2.1}$$

　　由几何关系

$$R_2^2 = x^2 + y^2 - 2xy\cos\theta_0 = (x-y)^2 + 2xy(1-\cos\theta_0)$$

解出 $(1-\cos\theta_0)$，代入式(1.2.1)得到

$$S = \frac{\pi y}{x}[R_2^2 - (x-y)^2] \tag{1.2.2}$$

于是，此面积处 $\mathrm{d}y$ 薄层对于 $p$ 点的作用势为

$$\mathrm{d}E_p = -\frac{C}{y^6}S\,\mathrm{d}y = -\frac{\pi C}{xy^5}[R_2^2 - (x-y)^2]\,\mathrm{d}y$$

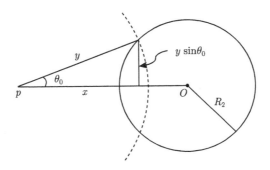

图 1.2.1    计算球对于一点 $p$ 的作用势的示意图

积分得

$$
\begin{aligned}
E_p(x) &= -\int_{x-R_2}^{x+R_2} \frac{\pi C}{xy^5}[R_2^2 - (x-y)^2]\,\mathrm{d}y \\
&= -\frac{4\pi C R_2^3}{3(x-R_2)^3(x+R_2)^3}
\end{aligned}
$$

这个结果也可以看成是 $p$ 点对于球 2 的作用势。再考虑以球 2 的球心为球心、半径为 $x$ 做大球，与球 1 相交，相交的面积为

$$
\frac{\pi x}{r}[R_1^2 - (r-x)^2]
$$

球 1 对于球 2 的作用成为

$$
V(r) = \int_{r-R_1}^{r+R_1} E_p(x) \frac{\pi x}{r}[R_1^2 - (r-x)^2]\,\mathrm{d}x
$$

代入 $E_p(x)$ 的表达式，完成积分，经过稍微烦琐但基本上是直截了当的代数化简后得到

$$
\begin{aligned}
U(r) = -\frac{A}{3}\bigg[ &\frac{R_1 R_2}{r^2 - (R_1 + R_2)^2} + \frac{R_1 R_2}{r^2 - (R_1 - R_2)^2} \\
&+ \frac{1}{2}\ln\frac{r^2 - (R_1 + R_2)^2}{r^2 - (R_1 - R_2)^2}\bigg]
\end{aligned} \tag{1.2.3}
$$

这里，我们把常数 $C$ 换为 $A = \pi^2 C$，$A$ 称为 Hamaker 常数。在计算过程中，Hamaker 常数取决于构成胶体球的分子之间色散力的强度，在最简单的近似下，应正比于两个胶体球的极化率的乘积；当胶体球置于溶液中时，还应该与溶液的介电性质有关。实验发现，$A$ 的数值一般为 $10^{-20}$J 的数量级。

当 $R_1 = R_2 = R$ 时，式(1.2.3)简化为

$$
U(r) = -\frac{A}{3}\bigg[ \frac{R^2}{r^2 - 4R^2} + \frac{R^2}{r^2} + \frac{1}{2}\ln\left(1 - \frac{4R^2}{r^2}\right)\bigg]
$$

对式 (1.2.3) 取极限，可以得到若干结果。

如果让其中一个球的半径趋于无穷大，则得到一个球与平面之间的相互作用。为此，令 $r = h + R_1 + R_2$，$R_2 = R$，则 $h$ 为球 2 的表面与球 1 表面的最近距离。令 $R_1 \to \infty$，得到

$$U(h) = -\frac{A}{6}\left(\frac{R}{h} + \frac{R}{2R+h} + \ln\frac{h}{2R+h}\right)$$

当两个球很靠近时，$h \ll R_1$，$h \ll R_2$，得到

$$U(h) = -\frac{A}{6}\frac{R_1 R_2}{R_1 + R_2}\frac{1}{h}$$

若 $R_1 = R_2 = R$，上式成为

$$U(h) = -\frac{A}{12}\frac{R}{h}$$

而如果 $R_1 \to \infty$，$R_2 = R$，则有

$$U(h) = -\frac{A}{6}\frac{R}{h}$$

另外，如果两个球离开得足够远，$r \gg R_1$，$r \gg R_2$，则

$$U(r) = -\frac{16AR_1^3 R_2^3}{9}\frac{1}{r^6}$$

这当然是预期的结果。

我们再考虑两个无穷大平行平板单位面积的相互作用势。设两个板的厚度分别为 $d_1$ 和 $d_2$，板之间的空隙的宽度为 $l$，现在计算板 1 内一点 $x$ 所受到的来自板 2 的作用势，取如图 1.2.2 所示坐标，板 2 上离开 $x$ 轴为 $r$ 的圆环距离 $x$ 点为 $[r^2 + (x-x_2)^{1/2}]$，于是，这个势可以写成

$$E_p(x) = -C\int_l^{l+d_2}\mathrm{d}x_2 \int_0^{\infty}2\pi r\,\mathrm{d}r\,\frac{1}{[r^2+(x-x_2)^2]^3}$$

完成积分，得到

$$E_p(x) = -\frac{C\pi}{6}\left[\frac{1}{(l-x)^3} - \frac{1}{[l-(x-d_2)]^3}\right]$$

板上单位面积所受的作用势为

$$U(l) = \int_{-d_1}^0 \mathrm{d}x\, E_p(x)$$

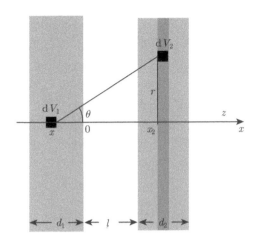

图 1.2.2  计算两个平板之间相互作用的示意图

完成上式对 $x$ 的积分, 就得到所求结果

$$U(l) = -\frac{C\pi}{12}\left[\frac{1}{l^2} + \frac{1}{(l+d_1+d_2)^2} - \frac{1}{(l+d_2)^2} - \frac{1}{(l+d_1)^2}\right] \tag{1.2.4}$$

当板的厚度远大于间距, 即 $d_1 \gg l$, $d_2 \gg l$ 时, 式(1.2.4)成为

$$U(l) = -\frac{C\pi}{12l^2} = -\frac{A}{12\pi l^2} \tag{1.2.5}$$

在前述单一频率跃迁的近似下,

$$C = \frac{3\hbar\omega_0 N^2}{4}\alpha(0)^2$$

这里, $N$ 是胶体粒子的分子数密度; $\alpha(0)$ 是分子的静态极化率; $\omega_0$ 是其跃迁频率。由此得到 Hamaker 常数

$$A = \pi^2 C = \frac{3\pi^2 \hbar\omega_0 N^2}{4}\alpha(0)^2 \tag{1.2.6}$$

前面已经指出, 本节的计算在物理上有很大缺陷, 对于胶体粒子这样分子处于凝聚状态的物体, 分子之间的多体相互作用应该相当重要, 这里的计算完全忽略了多体相互作用。另外, 1.1 节给出的分子之间相互作用强度的系数, 其物理图像是单一频率跃迁, 也与分子的光谱测量结果严重不符, 我们不能期望由此计算出的 Hamaker 常数有较高的精度。这一点当然可以通过式(1.1.18)来改进。

本节的结果还有一个显而易见的问题, 当 $l \to 0$ 时, 式(1.2.5)发散, 这当然是非物理的结果。造成这种发散的原因是我们对胶体粒子做了连续处理, 这只有当尺度远大于分子的尺寸时才成立，因此，这里的结果在 $l$ 远大于分子尺寸时才能成立，当 $l$ 接近于分子之间的距离时，需要进行更仔细的计算。本书不再仔细考虑这样小的尺寸。

## 1.3　胶体相互作用理论

Casimir 在 1948 年计算了真空中相距为 $l$ 的两个平行理想导体板之间单位面积的相互作用，其结果是

$$U(l) = -\frac{\pi^2 \hbar c}{720 l^3} \tag{1.3.1}$$

这和式(1.2.5)在定性上不一致。这里 $U(l)$ 与 $l^3$ 成反比，而式(1.2.5)中的结果与 $l^2$ 成反比。这个结果非常强烈地指出了色散力和基于色散力的加和得到的结果有很大缺陷。我们先简单介绍这个结果的推导过程。

Casimir 力 (图 1.3.1) 来自电磁场的真空涨落，量子化的电磁场是各种模式的简谐振子的集合，每个振动模式 $\omega_i$ 具有 $\hbar\omega_i/2$ 的零点能量。总的零点能量是

$$E = \frac{1}{2}\hbar \sum_i \omega_i$$

考虑 $x$ 和 $y$ 方向边长为 $L$，$z$ 方向高度为 $l$ 的盒子，由理想导体构成，盒子内的电场和磁场的边界条件为 $\boldsymbol{n} \cdot \boldsymbol{B} = 0$ 或 $\boldsymbol{n} \times \boldsymbol{E} = 0$，由此得到盒子中的两种模式，对应的频率均为

$$\omega_{\boldsymbol{k}} = ck = c\sqrt{k_x^2 + k_y^2 + k_z^2}$$

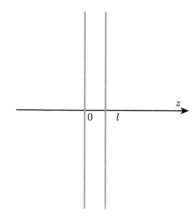

图 1.3.1　Casimir 力计算

$k_x = n_x\pi/L$，$k_y = n_y\pi/L$，$k_z = n\pi/l$，$n_x$，$n_y$ 和 $n$ 的取值对于 $\boldsymbol{n} \cdot \boldsymbol{B} = 0$ 为 $0, 1, 2, \cdots$，对于 $\boldsymbol{n} \times \boldsymbol{E} = 0$ 为 $1, 2, \cdots$。设想 $L$ 很大，对于 $n_x$，$n_y$ 的求和可以变换为积分，得到

$$E = \frac{1}{2}\hbar c \int \frac{\mathrm{d}k_x \, \mathrm{d}k_y \, L^2}{(2\pi)^2} \left( \sqrt{k_x^2 + k_y^2} + 2\sum_{n=1}^{\infty} \sqrt{k_x^2 + k_y^2 + \frac{n^2\pi^2}{l^2}} \right) \tag{1.3.2}$$

单位面积对应的能量是

$$\frac{E}{L^2} = \frac{1}{2}\hbar c \int \frac{\mathrm{d}\boldsymbol{k}_\perp}{(2\pi)^2} \left( k_\perp + 2\sum_{n=1}^{\infty} \sqrt{k_\perp^2 + \frac{n^2\pi^2}{l^2}} \right) \tag{1.3.3}$$

这里 $\boldsymbol{k}_\perp = \hat{\boldsymbol{x}}k_x + \hat{\boldsymbol{y}}k_y$。这显然是一个发散的积分。发散的原因很简单，即每个模式有一个零点能，模式的数目是无穷多个，合起来自然是无穷大。如果不存在理想导体，在同样的范围内也存在零点能，而且也是无穷大，我们需要计算的是这两个无穷大之差，即理想导体引入后真空涨落能量的改变。

当 $l$ 非常大时，趋于无导体的状况，此时，式(1.3.3)成为

$$\frac{E}{L^2} = \frac{1}{2}\hbar c \int \frac{\mathrm{d}\boldsymbol{k}_\perp \, \mathrm{d}k_z \, l}{(2\pi)^3} \sqrt{k_\perp^2 + k_z^2} \tag{1.3.4}$$

即单位面积的能量与 $l$ 成正比，所以较小 $l$ 时的真空能量亦为式(1.3.4)，从而我们需要计算的是

$$U(l) = \frac{1}{2}\hbar c \int \frac{\mathrm{d}\boldsymbol{k}_\perp}{(2\pi)^2} \left( k_\perp + 2\sum_{n=1}^{\infty} \sqrt{k_\perp^2 + \frac{n^2\pi^2}{l^2}} - \int \frac{\mathrm{d}k_z \, l}{2\pi} \sqrt{k_\perp^2 + k_z^2} \right) \tag{1.3.5}$$

对 $k$ 的积分的上限是无穷大，转换到实空间，对应的是长度为 0。但是，这里的理论处理的是宏观问题，所有长度量是宏观量，在微观尺度实际上无意义。上面的积分应该在上限做切断，例如取 $k$ 的上限为 $\Lambda \sim 1/a$，$a$ 为原子尺度。在量子理论中，关于这类发散问题已经发展了很多有效的办法，这里采取比较原始，但图像比较清楚的方法，即引进一个截断函数 $f_\delta(x)$，当 $\delta \to 0$ 时，$f_\delta(x) \to 1$。把公式中的 $\omega_{\boldsymbol{k}}$ 换为 $\omega_{\boldsymbol{k}}f_\delta(\omega_{\boldsymbol{k}})$，截断函数 $f_\delta(x)$ 的具体形式并不重要，只是要求在 $x$ 较小时 $f_\delta(x)$ 为 1，在 $x \to \infty$ 时 $f_\delta(x)$ 比较快地趋于零，使得式(1.3.5)中的各个积分收敛。在计算的最后，再令 $\delta \to 0$。

引入收敛因子后，式(1.3.5)成为

$$U(l) = \frac{1}{2}\hbar c \int \frac{\mathrm{d}\boldsymbol{k}_\perp}{(2\pi)^2} \left[ k_\perp f_\delta(k_\perp) + 2\sum_{n=1}^{\infty} \sqrt{k_\perp^2 + \frac{n^2\pi^2}{l^2}} f_\delta\left( \sqrt{k_\perp^2 + \frac{n^2\pi^2}{l^2}} \right) \right.$$
$$\left. - 2\int_0^{\infty} \frac{\mathrm{d}k_z \, l}{2\pi} \sqrt{k_\perp^2 + k_z^2} f_\delta\left( \sqrt{k_\perp^2 + k_z^2} \right) \right] \tag{1.3.6}$$

利用 Abel-Plana 公式（见附录），可以比较方便地完成余下的计算。对于满足合适条件的函数 $F(t)$，Abel-Plana 公式为

$$\frac{1}{2}F(0) + \sum_{n=1}^{\infty} F(n) - \int_0^{\infty} F(t)\,\mathrm{d}t = \mathrm{i} \int_0^{\infty} \frac{\mathrm{d}t}{\mathrm{e}^{2\pi t} - 1} [F(\epsilon + \mathrm{i}t) - F(\epsilon - \mathrm{i}t)] \quad (1.3.7)$$

这里，$\epsilon$ 是一个大于 0 的无穷小量，以绕开 $t = \mathrm{i}k_\perp$ 的枝点。取

$$F(t) = 2\sqrt{k_\perp^2 + \frac{t^2\pi^2}{l^2}} f_\delta\left(\sqrt{k_\perp^2 + \frac{t^2\pi^2}{l^2}}\right)$$

因为有因子 $1/(\mathrm{e}^{2\pi t} - 1)$，式(1.3.7)右边的积分收敛，所以可以令切断函数 $f_\delta$ 中 $\delta = 0$，即 $f = 1$。于是，当 $t^2\pi^2/l^2 < k_\perp^2$ 时

$$F(\epsilon + \mathrm{i}t) - F(\epsilon - \mathrm{i}t) = 0$$

当 $t^2\pi^2/l^2 > k_\perp^2$ 时

$$F(\epsilon + \mathrm{i}t) - F(\epsilon - \mathrm{i}t) = 4\mathrm{i}\sqrt{\frac{t^2\pi^2}{l^2} - k_\perp^2}$$

代入式(1.3.7)，令 $p = k_\perp l/\pi$，得到

$$\lim_{\delta \to 0}\left[ k_\perp f_\delta(k_\perp) + 2\sum_{n=1}^{\infty} \sqrt{k_\perp^2 + \frac{n^2\pi^2}{l^2}} f_\delta\left(\sqrt{k_\perp^2 + \frac{n^2\pi^2}{l^2}}\right) \right.$$
$$\left. - 2\int_0^{\infty} \frac{\mathrm{d}k_z\, l}{2\pi} \sqrt{k_\perp^2 + k_z^2} f_\delta\left(\sqrt{k_\perp^2 + k_z^2}\right) \right] = -\frac{4\pi}{l} \int_p^{\infty} \mathrm{d}t\, \frac{\sqrt{t^2 - p^2}}{\mathrm{e}^{2\pi t} - 1}$$

于是

$$U(l) = -\frac{\hbar c\pi^2}{l^3} \int_0^{\infty} p\,\mathrm{d}p \int_p^{\infty} \mathrm{d}t\, \frac{\sqrt{t^2 - p^2}}{\mathrm{e}^{2\pi t} - 1}$$

交换积分顺序得

$$U(l) = -\frac{\hbar c\pi^2}{l^3} \int_0^{\infty} \mathrm{d}t \int_0^{t} p\,\mathrm{d}p\, \frac{\sqrt{t^2 - p^2}}{\mathrm{e}^{2\pi t} - 1}$$

完成对 $p$ 的积分，得到

$$U(l) = -\frac{\hbar c\pi^2}{3l^3} \int_0^{\infty} \mathrm{d}t\, \frac{t^3}{\mathrm{e}^{2\pi t} - 1}$$

再积分得到

$$U(l) = -\frac{\pi^2 \hbar c}{720 l^3} \qquad (1.3.8)$$

上面的计算表明，电磁场的真空涨落将给出一种新的相互作用。在近距离，即 $l$ 较小时，这个相互作用起主导作用。因此，完整的理论必须包含这一贡献。由 Lifshitz 建立的理论包含了各种因素，原则上是一个完整的理论。但是，由于这个理论建立在量子多体理论的基础上，超出了本书假定的基础，且完整介绍需要较大篇幅，我们不拟介绍，需要深入了解的读者，建议阅读 Dzyaloshinskii 等[25] 的总结文章。下面我们简单介绍基于半经典理论思路的方法。

在 1.1 节中，两个分子的相互作用采用的是库仑相互作用。这是一种瞬时相互作用，完全忽略了电磁相互作用的推迟效应。前面关于 Casimir 相互作用的计算则是基于金属板对于电磁场的真空涨落的影响，其物理图像是金属表面在真空电磁场作用下产生涨落电流，由电磁场的媒介导致两个金属板的等效相互作用。因此，在物理上，完整理论需要考虑空间的电磁场、所研究的物体，以及物体与电磁场的相互作用，通过计算引入物体后电磁场能量的改变，得到物体之间的等效相互作用。系统的哈密顿量可以写成

$$H = H_0 + H_{\text{int}} = H_0 - \int A_a(\boldsymbol{r}) j_a(\boldsymbol{r}) \, \mathrm{d}\boldsymbol{r}$$

这里 $H_0$ 包含物体部分和电磁场部分，电磁场部分是自由场，但物体部分包含除电磁耦合外的所有相互作用。为了得到明确的结果，理论上并不深入到构成物体的原子、分子的细节，而是用物体对于电磁扰动的响应来表示结果，不讨论响应函数计算的细节。对于电磁场，不做量子化处理，而只是求出其模式，然后利用零点能量的公式计算能量的改变。

我们以分子为例来演示半经典理论的计算过程。一个位于 $\boldsymbol{R}$ 的分子，其极化密度的傅里叶变换可以写成

$$\boldsymbol{p}(\boldsymbol{r}, \omega) = \boldsymbol{\alpha}(\omega) 4\pi\varepsilon_0 \boldsymbol{E}(\omega) \delta(\boldsymbol{r} - \boldsymbol{R}) \qquad (1.3.9)$$

对应的极化电流密度 $\boldsymbol{j}(\boldsymbol{r}, t) = \partial \boldsymbol{p}(\boldsymbol{r}, t)/\partial t$ 的傅里叶分量为

$$\boldsymbol{j}(\boldsymbol{r}, \omega) = \mathrm{i}\omega \boldsymbol{p}(\boldsymbol{r}, \omega) = \mathrm{i}\omega \boldsymbol{\alpha}(\omega) 4\pi\varepsilon_0 \boldsymbol{E}(\omega) \delta(\boldsymbol{r} - \boldsymbol{R}) \qquad (1.3.10)$$

这里，$\boldsymbol{\alpha}(\omega)$ 为分子的极化率张量；$\boldsymbol{E}$ 为电场强度。考虑两个分子，分别位于 $\boldsymbol{R}_1$ 和 $\boldsymbol{R}_2$，对应的电流密度为

$$\boldsymbol{j}(\boldsymbol{r}, \omega) = \mathrm{i}\omega [\boldsymbol{\alpha}_1(\omega) 4\pi\varepsilon_0 \boldsymbol{E}(\omega) \delta(\boldsymbol{r} - \boldsymbol{R}_1) + \boldsymbol{\alpha}_2(\omega) 4\pi\varepsilon_0 \boldsymbol{E}(\omega) \delta(\boldsymbol{r} - \boldsymbol{R}_2)] \qquad (1.3.11)$$

代入麦克斯韦方程，经过变换，由方程有解的条件可以得到电磁波的模式频率满足的方程。通过计算零点能量，得到存在两个分子时真空能量的变化为[28]

$$V(R_{12}) = -8\pi\hbar \int_0^\infty \mathrm{d}\xi \, \mathrm{Tr} \left\{ \boldsymbol{\alpha}_1(\mathrm{i}\xi) \boldsymbol{\mathcal{G}}(\boldsymbol{R}_1, \boldsymbol{R}_2; \mathrm{i}\xi) \boldsymbol{\alpha}_2(\mathrm{i}\xi) \boldsymbol{\mathcal{G}}(\boldsymbol{R}_2, \boldsymbol{R}_1; \mathrm{i}\xi) \right\} \quad (1.3.12)$$

这里，

$$\boldsymbol{\mathcal{G}}(\boldsymbol{r}, \boldsymbol{r}'; \omega) = \frac{\omega^2}{c^2} \boldsymbol{\mathcal{G}}_0(\boldsymbol{r} - \boldsymbol{r}'; \mathrm{i}\xi) + \nabla_{\boldsymbol{r}} \nabla_{\boldsymbol{r}'} \boldsymbol{\mathcal{G}}_0(\boldsymbol{r} - \boldsymbol{r}'; \mathrm{i}\xi) \quad (1.3.13)$$

为电场的并矢格林函数，其中

$$\boldsymbol{\mathcal{G}}_0(\boldsymbol{r} - \boldsymbol{r}'; \omega) = \boldsymbol{I} \frac{1}{(2\pi)^3} \int \frac{\mathrm{e}^{\mathrm{i}\boldsymbol{k} \cdot (\boldsymbol{r} - \boldsymbol{r}')} \, \mathrm{d}\boldsymbol{k}}{\omega^2/c^2 - k^2} \quad (1.3.14)$$

是自由空间的电场并矢格林函数，$\boldsymbol{I}$ 是单位张量。

假定 $\boldsymbol{\alpha}$ 各向同性，即

$$\boldsymbol{\alpha}(\omega) = \boldsymbol{I}\alpha(\omega)$$

若选取 $\boldsymbol{R}_{12}$ 沿 $z$ 轴，则 $\boldsymbol{\mathcal{G}}(\boldsymbol{r}, \boldsymbol{r}'; \mathrm{i}\xi)$ 可以写成对角形式

$$\boldsymbol{\mathcal{G}}(\boldsymbol{r}, \boldsymbol{r}'; \mathrm{i}\xi) = \frac{\mathrm{e}^{-\xi R_{12}/c}}{4\pi R_{21}} \begin{bmatrix} \dfrac{\xi^2}{c^2} + \dfrac{\xi}{cR_{12}} + \dfrac{1}{R_{12}^2} & 0 & 0 \\[2mm] 0 & \dfrac{\xi^2}{c^2} + \dfrac{\xi}{cR_{12}} + \dfrac{1}{R_{12}^2} & 0 \\[2mm] 0 & 0 & -\dfrac{2\xi}{cR_{12}} - \dfrac{2}{R_{12}^2} \end{bmatrix}$$

$$(1.3.15)$$

代入式(1.3.12)求得 (下面以 $r$ 表示分子间距)

$$V(r) = -\frac{\hbar}{\pi r^2} \int_0^\infty \mathrm{d}\xi \, \alpha_1(\mathrm{i}\xi) \alpha_2(\mathrm{i}\xi) \mathrm{e}^{-2\xi r/c}$$
$$\times \left( \frac{\xi^4}{c^4} + \frac{2\xi^3}{c^3 r} + \frac{5\xi^2}{c^2 r^2} + \frac{6\xi}{cr^3} + \frac{3}{r^4} \right) \quad (1.3.16)$$

进一步计算需要知道 $\alpha(\mathrm{i}\xi)$ 的更多信息。如果分子只有一个重要的跃迁能级，则 $\alpha(\mathrm{i}\xi)$ 近似成为

$$\alpha_j(\mathrm{i}\xi) \approx -\frac{e^2 n_j}{4\pi\varepsilon_0 m(\xi_j^2 + \omega^2)}, \quad j = 1, 2 \quad (1.3.17)$$

这样，$\alpha(\mathrm{i}\xi)$ 的主要贡献来自 $\xi < \xi_j$ 的部分，如果 $r \ll c/\xi_j$，即分子间距远小于典型的跃迁对应的波长时，式(1.3.16)中的 e 指数近似为 1，被积函数中 $1/r^4$ 项占主导地位，这样就得到

$$V(r) \approx -\frac{3\hbar}{\pi r^6} \int_0^\infty \mathrm{d}\xi \, \alpha_1(\mathrm{i}\xi) \alpha_2(\mathrm{i}\xi) \quad (1.3.18)$$

这就是在 1.1 节中得到的结果。由于分子间距小，推迟效应不重要，所以回到了不考虑推迟效应的结果，这在物理上是合理的。另一方面，如果 $r \gg c/\xi_j$，即分子间距远大于典型的跃迁对应的波长时，推迟效应将非常重要。此时，由于 e 指数的存在，对于积分有贡献的是 $\xi \ll \xi_j$ 的部分。因有贡献的 $\xi$ 很小，所以可以用 $\alpha(0)$ 替代 $\alpha_j(\mathrm{i}\xi)$（相当于做泰勒展开后只保留常数项），得到

$$V(r) = -\frac{\hbar c \alpha_1(0)\alpha_2(0)}{\pi r^7} \int_0^\infty \mathrm{d}x\, \mathrm{e}^{-2x}\left(x^4 + 2x^3 + 5x^2 + 6x + 3\right)$$
$$= -\frac{23\hbar c \alpha_1(0)\alpha_2(0)}{4\pi r^7} \tag{1.3.19}$$

这样，我们得到了近距离和远距离的两个极限形式。而式(1.3.16)则是半经典近似下的一个一般的结果，因此我们基于对于 $\alpha(\omega)$ 的理解程度，通过积分可以得到定量的结果。

我们利用这里的思路和方法再讨论一下本节开头的问题，即两个平行平板 (图 1.3.2) 的相互作用问题。设空间分为三个部分，分别以其介电常数标志，$z < 0$ 为 $\varepsilon_1$，$0 < z < l$ 为 $\varepsilon_2$，以及 $z > l$ 为 $\varepsilon_3$。这里，我们仅仅演示忽略推迟效应后的计算结果，并给出包含了推迟效应和温度效应的结果。

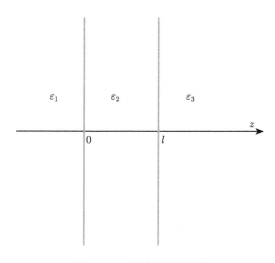

图 1.3.2   两个平行平板

在忽略推迟效应后，电场可以用标量势 $\psi$ 表示，对于每个频率 $\omega$，标量势 $\psi$ 满足拉普拉斯方程

$$\nabla^2 \psi = 0$$

在平板方向为平面波形式的解可以写为

$$\psi = f(z)\mathrm{e}^{\mathrm{i}\boldsymbol{k}\cdot\boldsymbol{\rho}}$$

代入拉普拉斯方程得到

$$\frac{\mathrm{d}^2 f}{\mathrm{d}z^2} - k^2 f = 0$$

考虑到物理要求（解有限），得到各个区域的解为

$$f(z) = \begin{cases} A\mathrm{e}^{kz}, & z = 0 \\ B\mathrm{e}^{kz} + C\mathrm{e}^{-kz}, & 0 < z < l \\ D\mathrm{e}^{-kz}, & z > l \end{cases}$$

在 $z = 0$ 和 $z = l$ 的边界条件要求 $\psi$ 连续，$\varepsilon\,\mathrm{d}\psi/\mathrm{d}z$ 连续，由此得到

$$A = B + C$$
$$B\mathrm{e}^{kl} + C\mathrm{e}^{-kl} = D\mathrm{e}^{-kl}$$
$$\varepsilon_1 k A = \varepsilon_2 k(B - C)$$
$$\varepsilon_2 k(B\mathrm{e}^{kl} - C\mathrm{e}^{-kl}) = -\varepsilon_3 k D\mathrm{e}^{-kl}$$

这是关于 $A$，$B$，$C$，$D$ 的齐次方程，有解的条件是其系数行列式为零，即

$$D(\omega) = \begin{vmatrix} 1 & -1 & -1 & 0 \\ 0 & \mathrm{e}^{kl} & \mathrm{e}^{-kl} & -\mathrm{e}^{-kl} \\ \varepsilon_1 k & -\varepsilon_2 k & \varepsilon_2 k & 0 \\ 0 & \varepsilon_2 k\mathrm{e}^{kl} & -\varepsilon_2 k\mathrm{e}^{-kl} & \varepsilon_3 k\mathrm{e}^{-kl} \end{vmatrix} = 0$$

展开得到

$$D(\omega) = (\varepsilon_1 + \varepsilon_2)(\varepsilon_3 + \varepsilon_2)\left[1 - \frac{(\varepsilon_1 - \varepsilon_2)(\varepsilon_3 - \varepsilon_2)}{(\varepsilon_1 + \varepsilon_2)(\varepsilon_3 + \varepsilon_2)}\mathrm{e}^{-2kl}\right] = 0 \tag{1.3.20}$$

各个 $\varepsilon$ 是频率 $\omega$ 的函数，只有对于一些特定的 $\omega_i$，方程(1.3.20)才能成立，此时就具有界面模式的解。由这些界面模式的零点振动，就给出了界面的相互作用。

单位面积界面模式的零点能量为

$$E(l) = \int \frac{\mathrm{d}\boldsymbol{k}}{(2\pi)^2} \sum_i \frac{\hbar\omega_i}{2}$$

其中，$\omega_i$ 是方程(1.3.20)的解。利用复变函数中解析函数零点的定理[①]，上面的表达式可以直接写成积分形式：

$$E(l) = \int \frac{\mathrm{d}\boldsymbol{k}}{(2\pi)^2} \frac{1}{2\pi\mathrm{i}} \oint \mathrm{d}\omega \frac{\hbar\omega}{2} \frac{\mathrm{d}}{\mathrm{d}\omega} \ln D(\omega)$$

这里，把 $\omega$ 延拓到复平面上，积分回路为包含正实轴的任何回路。对上式分布积分一次，就得到

$$E(l) = -\int \frac{\mathrm{d}\boldsymbol{k}}{(2\pi)^2} \frac{\hbar}{4\pi\mathrm{i}} \oint \mathrm{d}\omega \ln D(\omega)$$

我们选择积分回路为右半平面无穷远处的大圆加上虚轴，如图 1.3.3 所示，于是，原积分成为

$$E(l) = -\int \frac{\mathrm{d}\boldsymbol{k}}{(2\pi)^2} \frac{\hbar}{4\pi\mathrm{i}} \left[ \int_{\mathrm{i}\infty}^{-\mathrm{i}\infty} \mathrm{d}\omega \ln D(\omega) + \int_{C_R} \mathrm{d}\omega \ln D(\omega) \right]$$

括号内的第二项在 $\omega$ 为无穷大处，介电函数 $\varepsilon(\omega)$ 在 $\omega \to \infty$ 时趋于 1，$D(\omega) \to 4$，于是，这一项趋于 $4\int_{C_R} \mathrm{d}\omega$，与 $l$ 无关，是发散的。有限的结果应该是

$$V(l) = E(l) - \lim_{l \to \infty} E(l)$$

这相当于丢弃第二项，并把第一项的被积函数修改为

$$\ln \frac{D(\omega)}{D_\infty(\omega)}$$

其中 $D_\infty(\omega)$ 为 $l \to \infty$ 时 $D(\omega)$ 的极限。当 $l \to \infty$ 时，

$$D_\infty(\omega) = [\varepsilon_1(\omega) + \varepsilon_2(\omega)][\varepsilon_3(\omega) + \varepsilon_2(\omega)]$$

---

[①] 由 Cauchy 定理，复变函数 $f(z)$ 在一点 $z_0$ 的值可以写为

$$f(z_0) = \frac{1}{2\pi\mathrm{i}} \oint_C \frac{f(z)}{z - z_0}$$

积分回路 $C$ 包围点 $z_0$。$\omega_j$ 是 $D(\omega) = 0$ 的解，则 $D(\omega)$ 可以写为

$$D(\omega) = D_0 \prod_j (\omega - \omega_j)$$

$D_0$ 为一常数。于是

$$\ln D(\omega) = \sum_j \ln(\omega - \omega_j) + \ln D_0, \quad \frac{\mathrm{d}\ln D(\omega)}{\mathrm{d}\omega} = \sum_j \frac{1}{\omega - \omega_j}$$

这样就有

$$\frac{1}{2\pi\mathrm{i}} \oint_C f(\omega) \frac{\mathrm{d}\ln[D(\omega)]}{\mathrm{d}\omega} \mathrm{d}\omega = \frac{1}{2\pi\mathrm{i}} \oint_C f(\omega) \sum_j \frac{1}{\omega - \omega_j} \mathrm{d}\omega = \sum_j f(\omega_j)$$

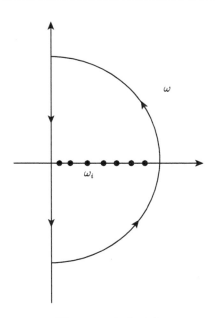

图 1.3.3　积分回路

于是

$$V(l) = \int \frac{\mathrm{d}\boldsymbol{k}}{(2\pi)^2} \frac{1}{4\pi\mathrm{i}} \int_{-\mathrm{i}\infty}^{\mathrm{i}\infty} \mathrm{d}\omega \ln\big(1 - \Delta_{12}\Delta_{32}\mathrm{e}^{-2kl}\big)$$

其中

$$\Delta_{ij}(\omega) = \frac{\varepsilon_i(\omega) - \varepsilon_j(\omega)}{\varepsilon_i(\omega) + \varepsilon_j(\omega)}$$

沿虚轴，记 $\omega = \mathrm{i}\xi$，得到

$$V(l) = \int \frac{\mathrm{d}\boldsymbol{k}}{(2\pi)^2} \frac{\hbar}{4\pi} \int_{-\infty}^{\infty} \mathrm{d}\xi \ln[1 - \Delta_{12}(\mathrm{i}\xi)\Delta_{32}(\mathrm{i}\xi)\mathrm{e}^{-2kl}] \tag{1.3.21}$$

被积函数只依赖于 $k$，令 $x = 2kl$，式(1.3.21)成为

$$V(l) = \frac{\hbar}{32\pi^2 l^2} \int_0^{\infty} x\,\mathrm{d}x \int_{-\infty}^{\infty} \mathrm{d}\xi \ln\big[1 - \Delta_{12}(\mathrm{i}\xi)\Delta_{32}(\mathrm{i}\xi)\mathrm{e}^{-x}\big] \tag{1.3.22}$$

现在看一个极限情况，交换对 $x$ 的积分和对 $\xi$ 的积分的次序，把式(1.3.22)的对数函数展开并逐项积分，得到

$$V(l) = -\frac{\hbar}{32\pi^2 l^2} \int_{-\infty}^{\infty} \mathrm{d}\xi \sum_{n=1}^{\infty} \frac{(\Delta_{12}\Delta_{32})^n}{n^3} \tag{1.3.23}$$

只保留第一项，得到

$$V(l) = -\frac{\hbar}{32\pi^2 l^2} \int_{-\infty}^{\infty} \mathrm{d}\xi \, \Delta_{12}\Delta_{32} \tag{1.3.24}$$

如果介质 1 和介质 3 是相同的非极性分子的气体，介质 2 是真空，则由 Lorentz 公式，$\varepsilon = 1 + 4\pi N\alpha$，其中 $N$ 是分子的数密度，则

$$\Delta_{12} = \Delta_{32} \approx \frac{4\pi N\alpha}{2} \tag{1.3.25}$$

这里，我们取分母上的 $\varepsilon_1 + \varepsilon_2 \approx 2$，即在 $\Delta$ 中仅保留 $\alpha$ 的一次项。于是

$$V(l) = -\frac{\hbar}{32\pi^2 l^2} \int_{-\infty}^{\infty} \mathrm{d}\xi \left(\frac{16\pi^2 N^2}{4}\right) \alpha(\mathrm{i}\xi)^2$$

假定分子的极化率来自单个频率的跃迁，

$$\alpha(\omega) = \frac{\alpha(0)}{1 - \omega^2/\omega_0^2}$$

代入上式得到

$$V(l) = -\frac{\hbar}{32\pi^2 l^2} \int_{-\infty}^{\infty} \mathrm{d}\xi \left(\frac{16\pi^2 N^2}{4}\right) \frac{\alpha(0)^2}{(1 + \xi^2/\omega_0^2)^2} = -\frac{A}{12\pi l^2} \tag{1.3.26}$$

Hamaker 常数为

$$A = \frac{3\pi^2 \hbar \omega_0 N^2}{4} \alpha(0)^2$$

与基于对相加得到的结果式(1.2.6)相同。

在这里的计算中，首先忽略了推迟效应，其次，在式(1.3.24)的展开中只保留了 $\Delta_{12}\Delta_{23}$ 的一次项，并在 $\Delta$ 的表达式中只保留了 $\alpha$ 的一次项，最终得到的结果只与 $\alpha^2$ 成比例。这些近似在物理上仅仅保留了二体相互作用，$\alpha$ 的高次项对应于多体相互作用。这里的展开能够成立的条件是 Lorentz 公式成立，这只有在 $4\pi N\alpha \ll 1$，即分子密度 $N$ 很小的时候才成立。通过计算，我们可以看清楚在 1.1 节的相加计算中所取的近似。另外，这里没有考虑温度的影响，即认为系统处于 0K。

在考虑了推迟效应和有限温度后，则需要通过求解麦克斯韦方程来得到电磁场的振动模式，同时，能量的计算应该推广为自由能的计算。这一计算首先由 Lifshitz 于 1955 年在中间层为真空的情况下得到，并由 Dzyaloshinskii、Lifshitz 和 Pitaevskii 于 1961 年推广到包含介质层的情形。他们的计算基于量子多体理论的松原函数，这一理论对于大多数从事胶体科学的人而言，过于专业和深奥。此后，

多个课题组于 1970 年后的几年用不同的方法研究了这一问题，并得到了相同的结果。我们这里不讨论这个问题的计算细节，只是给出对应的结果[25]。对于两个平板，计算得到的自由能公式为

$$F(l, T) = \frac{kT}{8\pi l^2} \sum_{n=0}^{\infty}{}' I(\xi_n, l) \tag{1.3.27}$$

这里

$$I(\xi_n, l) = \left( \frac{2\xi_n l \sqrt{\varepsilon_2}}{c} \right)^2 \int_1^{\infty} p\, \mathrm{d}p \left\{ \ln\left[ 1 - \overline{\Delta}_{21}^R \overline{\Delta}_{23}^R \exp\left( -2p\xi_n l \sqrt{\varepsilon_2}/c \right) \right] \right.$$
$$\left. + \ln\left[ 1 - \Delta_{21}^R \Delta_{23}^R \exp\left( -2p\xi_n l \sqrt{\varepsilon_2}/c \right) \right] \right\} \tag{1.3.28}$$

其中

$$\overline{\Delta}_{21}^R = \frac{s_1 \varepsilon_2 - p\varepsilon_1}{s_1 \varepsilon_2 + p\varepsilon_1}, \quad \Delta_{21}^R = \frac{s_1 - p}{s_1 + p}$$

而

$$s_1 = \sqrt{p^2 - 1 + \varepsilon_1/\varepsilon_2}, \quad \varepsilon = \varepsilon(\mathrm{i}\xi_n)$$

求和对虚频率 $\omega_n = \mathrm{i}\xi_n$ 进行，其中 $\xi_n = 2\pi nkT/\hbar$，求和上的 "′" 表示对于 $n = 0$ 的项需要乘以 $1/2$。这个表达式非常复杂，完整计算需要每一层的介电常数 $\varepsilon_j$ 随 $\omega$ 变化的知识。如果不做近似，则只能进行数值计算。

对于球与球，柱子与柱子及其他几何形状，也可以得到类似（形式上更为复杂）的公式。我们对此不再进行深入探讨和介绍，有兴趣深入研究的读者请参考相关文献 [25, 26, 28-30]。文献 [31] 给出了各种情况下的公式以及关于推算的一些提示，是一本极好的关于范德瓦耳斯力的书。

## 1.4   附    录

### 1.4.1   求和关系

这里给出关于求和关系的推导[32]。设一 $n$ 粒子系统（如原子或分子）的哈密顿量为

$$H = \sum_{\alpha} \frac{p_{\alpha}^2}{2m_{\alpha}} + V(\boldsymbol{r}_1, \boldsymbol{r}_2, \cdots, \boldsymbol{r}_n)$$

对应的定态薛定谔方程的能量本征值和本征态为 $E_n$ 和 $|n\rangle$，

$$H|n\rangle = E_n|n\rangle$$

现在考虑位置的函数 $f$。由海森伯运动方程

$$\frac{\partial f}{\partial t} = -\frac{i}{\hbar}[f, H]$$

写出上式的矩阵元

$$\left\langle l \left| \frac{\partial f}{\partial t} \right| m \right\rangle = -\frac{i}{\hbar}(E_m - E_l)\langle l|f|m\rangle$$

两边乘以 $\langle l|f|m \rangle^* = \langle m|f^+|l \rangle$ 并对 $m$ 求和，

$$\sum_m \left\langle l \left| \frac{\partial f}{\partial t} \right| m \right\rangle \langle m|f^+|l\rangle = -\frac{i}{\hbar} \sum_m (E_m - E_l)\langle l|f|m\rangle \langle l|f|m\rangle^*$$

即

$$\sum_m (E_m - E_l)|\langle l|f|m\rangle|^2 = i\hbar \left\langle l \left| \frac{\partial f}{\partial t} f^+ \right| l \right\rangle$$

用类似步骤还可得到

$$\sum_n (E_n - E_l)|\langle l|f|n\rangle|^2 = -i\hbar \left\langle l \left| f^+ \frac{\partial f}{\partial t} \right| l \right\rangle$$

二式相加得到

$$\sum_m (E_m - E_l)|\langle l|f|m\rangle|^2 = -\frac{i\hbar}{2}\left\langle l \left| f^+\frac{\partial f}{\partial t} - \frac{\partial f}{\partial t}f^+ \right| l \right\rangle = \frac{i\hbar}{2}\left\langle l \left| \left[\frac{\partial f}{\partial t}, f^+\right] \right| l \right\rangle$$

$$(1.4.1)$$

另一方面，$f$ 仅仅是位置的函数，直接计算得到

$$\frac{\partial f}{\partial t} = -\frac{i}{\hbar}[f, H] = -\sum_\alpha \frac{i\hbar}{2m_\alpha}\left(\nabla_\alpha^2 f + 2\nabla_\alpha f \cdot \nabla_\alpha\right)$$

$$\left[\frac{\partial f}{\partial t}, f^+\right] = -\sum_\alpha \frac{i\hbar}{m_\alpha}\nabla_\alpha f \cdot \nabla_\alpha f^+$$

若所有粒子均为电子，质量为 $m_e$，取

$$f = \sum_\alpha z_\alpha$$

则

$$-\sum_\alpha \frac{i\hbar}{m_e}\nabla_\alpha f \cdot \nabla_\alpha f^+ = -\sum_\alpha \frac{i\hbar}{m_e} = -\frac{i\hbar}{m_e}n$$

即

$$\sum_m (E_m - E_l)|\langle l|z|m\rangle|^2 = \frac{\mathrm{i}\hbar}{2}\left\langle l\left|\left[\frac{\partial f}{\partial t}, f^+\right]\right|l\right\rangle = \frac{\hbar^2}{2m_\mathrm{e}}n$$

这样，就得到所需结果

$$\sum_m \frac{2m_\mathrm{e}}{\hbar^2}(E_m - E_l)|\langle l|z|m\rangle|^2 = n \tag{1.4.2}$$

### 1.4.2　Abel-Plana 公式

这里给出 Abel-Plana 公式的证明[33]。设复函数 $F(z)$ 在 $x = n_1$ 和 $x = n_2$ 两个整数所确定的条形区域解析，$n_2 > n_1$，取两个闭合回路，$C_+$ 和 $C_-$ 如图 1.4.1所示，分别为解析区域的 $y \geqslant 0$ 和 $y \leqslant 0$ 部分的边界。在 $x = n_1$ 和 $x = n_2$ 点，回路以无穷小的 1/4 圆周绕开，在 $x$ 轴上的整数位置以无穷小的半圆周绕开，则有

$$\mathcal{I}_+ = \int_{C_+} \frac{F(z)\mathrm{d}z}{\mathrm{e}^{-2\pi\mathrm{i}z} - 1} = 0$$

$$\mathcal{I}_- = \int_{C_-} \frac{F(z)\mathrm{d}z}{\mathrm{e}^{+2\pi\mathrm{i}z} - 1} = 0$$

每个回路积分由四部分构成。我们仔细分析 $C_+$ 上的积分，在无穷远的一段，因 $y = \infty$，被积函数分母中的 e 指数函数为无穷大，故此段积分为 0。在 $x$ 轴上的积分可以写成两部分之和，一部分是沿着 $x$ 轴，但扣除了 $x$ 为整数的点上的积分，记为 $T_{+x}$，另一部分为绕过各个整数点的无穷小半圆周或 1/4 圆周的积分，记为 $S_{+x}$，则 $T_{+x}$ 为如下的主值积分：

$$T_{+x} = P\int_{n_1}^{n_2} \frac{F(x)\mathrm{d}x}{\mathrm{e}^{-2\pi\mathrm{i}x} - 1}$$

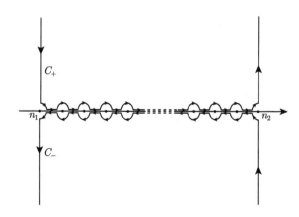

图 1.4.1　积分回路 $C_+$ 和 $C_-$

对于绕过 $x = n$ 的一个无穷小半圆周,

$$\int_{C_n} \frac{F(z)\mathrm{d}z}{\mathrm{e}^{+2\pi \mathrm{i}z} - 1} = \lim_{\delta \to 0} \int_\pi^0 \frac{F(n + \delta \mathrm{e}^{\mathrm{i}\theta})\mathrm{i}\delta \mathrm{e}^{\mathrm{i}\theta}\,\mathrm{d}\theta}{\mathrm{e}^{-2\pi \mathrm{i}(n + \delta \mathrm{e}^{\mathrm{i}\theta})} - 1}$$

分母为

$$\mathrm{e}^{-2\pi \mathrm{i}(n + \delta \mathrm{e}^{\mathrm{i}\theta})} - 1 = \mathrm{e}^{-2\pi \delta \mathrm{e}^{\mathrm{i}\theta}} - 1 = -2\pi \mathrm{i}\delta \mathrm{e}^{\mathrm{i}\theta}$$

函数 $F$ 解析,可以令其变量中的 $\delta = 0$,于是,积分成为

$$\lim_{\delta \to 0} \int_\pi^0 \frac{F(n)}{-2\pi}\,\mathrm{d}\theta = \frac{1}{2}F(n)$$

同理,对于 $n_1$ 和 $n_2$,$1/4$ 圆周的积分得到 $F(n_1)/4$ 和 $F(n_2)/4$。这样

$$S_{+x} = \frac{1}{4}F(n_1) + \sum_{n_1+1}^{n_2-1} \frac{1}{2}F(n) + \frac{1}{4}F(n_2)$$

另外两个积分分别为

$$T_{+1} = -\mathrm{i}\int_0^\infty \frac{F(n_1 + \mathrm{i}y)\mathrm{d}y}{\mathrm{e}^{2\pi y} - 1}$$

$$T_{+2} = \mathrm{i}\int_0^\infty \frac{F(n_2 + \mathrm{i}y)\mathrm{d}y}{\mathrm{e}^{2\pi y} - 1}$$

对于沿 $C_-$ 的积分,类似地分析得到

$$T_{-x} = -P\int_{n_1}^{n_2} \frac{F(x)\mathrm{d}x}{\mathrm{e}^{2\pi \mathrm{i}x} - 1}$$

$$S_{-x} = -\left[\frac{1}{4}F(n_1) + \sum_{n_1+1}^{n_2-1} \frac{1}{2}F(n) + \frac{1}{4}F(n_2)\right]$$

$$T_{-1} = -\mathrm{i}\int_0^\infty \frac{F(n_1 - \mathrm{i}y)\mathrm{d}y}{\mathrm{e}^{2\pi y} - 1}$$

$$T_{-2} = \mathrm{i}\int_0^\infty \frac{F(n_2 - \mathrm{i}y)\mathrm{d}y}{\mathrm{e}^{2\pi y} - 1}$$

$C_+$ 上的回路积分减去 $C_-$ 上的回路积分,注意到

$$T_{+x} - T_{-x} = P\int_{n_1}^{n_2} F(x)\left(\frac{1}{\mathrm{e}^{-2\pi \mathrm{i}x} - 1} + \frac{1}{\mathrm{e}^{2\pi \mathrm{i}x} - 1}\right)\mathrm{d}x = -\int_{n_1}^{n_2} F(x)\,\mathrm{d}x$$

因最后的表达式没有奇点,故不再需要主值符号 $P$。这样就有

$$S_{+x} - S_{-x} + T_{+x} - T_{-x} + T_{+1} + T_{+2} - T_{-1} - T_{-2} = 0$$

代入诸表达式得到

$$\frac{1}{2}F(n_1) + \sum_{n_1+1}^{n_2-1} F(n) + \frac{1}{2}F(n_2) - \int_{n_1}^{n_2} F(x)\,\mathrm{d}x$$

$$= \mathrm{i}\int_0^\infty \frac{F(n_1+\mathrm{i}y) - F(n_1-\mathrm{i}y) - F(n_2+\mathrm{i}y) + F(n_2-\mathrm{i}y)}{\mathrm{e}^{2\pi y}-1}\,\mathrm{d}y \qquad (1.4.3)$$

这就是 Abel-Plana 公式。如果 $n_1 = 0$，$n_2 = \infty$，函数 $F(z)$ 在 $n_2 \to \infty$ 时为 0，则 Abel-Plana 公式简化为

$$\frac{1}{2}F(0) + \sum_1^\infty F(n) - \int_0^\infty F(x)\,\mathrm{d}x = \mathrm{i}\int_0^\infty \frac{F(\mathrm{i}y) - F(-\mathrm{i}y)}{\mathrm{e}^{2\pi y}-1}\,\mathrm{d}y \qquad (1.4.4)$$

# 第 2 章　胶体悬浮液和若干理论模型

实际的胶体悬浮系统由于过于复杂，不适合作为物理学的研究对象。为此，需要构造若干模型系统。在理论上，最简单的胶体系统是硬球系统，这是由大小均匀的硬球悬浮在分散体中的胶体悬浮系统。一个稍微复杂一些的系统是带电的硬球胶体。在实验研究上，人们通过各种技术，可以制备出相当均匀的球形粒子和其他形状的粒子，以配置胶体悬浮系统。

## 2.1　几种实际的胶体悬浮液

通常用来进行科学研究的胶体系统有如下几类。

(1) 聚苯乙烯 (polystyrene)，是实验中最常使用的系统。聚苯乙烯小球由聚苯乙烯分子组成，其亲水端通常位于胶体球的表面，当置于水中时，表面的亲水团电离，从而带负电。聚苯乙烯粒子是球形的。当半径 $a > 50\,\mathrm{nm}$ 时，其不均匀性 $\sigma$ 可定义为 $\sigma = \left(\overline{a^2} - \bar{a}^2\right)^{1/2}/\bar{a}$，可以做到大约为 0.01，它的折射率为 $n_p \approx 1.60$。由于水的折射率为 1.33，二者相差较大。当浓度较高时，由于光的多次散射，聚苯乙烯溶液通常为乳色。因此，为了进行光散射实验，通常保持在体积分数 $\phi < 10^{-3}$，对于 X 射线散射实验，可以做到 $\phi > 0.3$。

(2) 硅土 (silica)，也是一种电稳定胶体材料，胶体球的半径通常可做到 $10\sim500\,\mathrm{nm}$，不均匀性 $\sigma$ 从小球的 0.2 左右到大球的 0.02，折射率为 $n_p \approx 1.45$，比较适合于进行光散射实验。

(3) PMMA(polymethyl methacrylate)，是一种体积稳定的胶体系统。对于小的 PMMA 胶体球，其不均匀性可达 $0.1\sim0.2$，但对于半径 $a > 150\,\mathrm{nm}$ 的胶体球，其不均匀性可以做到 $\sigma \approx 0.04$。PMMA 的密度约为 $1.19\,\mathrm{g/cm^3}$，折射率约为 1.49。

在实验时，需要精确确定胶体悬浮液的体积分数 $\phi$。一种简单的方法是，通过已知的胶体球密度和溶剂密度，用天平精确确定加入的胶体球的重量和溶剂的重量，换算得到胶体悬浮液的体积密度。这种方法不可能达到很高的精度，主要是由于胶体球的密度通常与构成胶体球的大块材料并不相同。特别是对于体积稳定的胶体球，其密度的变化就更大了。对于稀悬浮液，通过测量剪切黏滞系数并利用爱因斯坦关系[34]

$$\eta = \eta_0(1 + 2.5\,\phi + \cdots) \qquad (2.1.1)$$

可以得到较好的结果，此处 $\eta$ 和 $\eta_0$ 分别是胶体悬浮液和溶剂的剪切黏滞系数。

随着技术的进步，实验室已经可以制备出大小非常均匀的胶体球，并可通过各种化学方法对胶体球表面进行处理，得到符合各种理论要求的样品。一方面，由于胶体球尺寸比原子大很多，因此其各种弛豫时间都较慢，再加之其尺寸在光学波长范围，因此易于观察和测量；另一方面，胶体系统可以处于气态、液态和固态等各种原子系统可处于的状态，可以在人工控制下产生具有各种性质的拓扑性缺陷，也可表现出比原子系统更为丰富的结构，因此是一个理想的凝聚态物理实验系统，可用来实现和理解一系列的凝聚态理论预测和概念。

## 2.2   胶 体 稳 定

由于存在范德瓦耳斯相互作用，当胶体粒子非常靠近时，吸引相互作用能量将最终超越热运动能量，从而导致胶体粒子黏结在一起，形成越来越大的集团，最终导致胶体悬浮液的聚沉。为了得到稳定的胶体悬浮液，需要采用一些稳定的方法。常用的稳定方法有两种：一种是体积稳定法，另一种是静电稳定法。

### 2.2.1   体积排斥相互作用及胶体的体积稳定

由第 1 章我们知道，当胶体粒子相距较远时，其范德瓦耳斯相互作用按照距离的 7 次方的方式快速衰减，因此，只要胶体粒子不是非常靠近，热扰动就能使胶体悬浮液稳定存在。一种阻止胶体粒子靠近的方法是，通过对胶体球的处理，在胶体球表面黏结一层具有自回避特性的线状高分子，这些线状高分子形成线团，当胶体球相互接近时，胶体球上的高分子线团互相排斥，阻止胶体球靠近，使得胶体球相对球面之间的最小距离大于对范德瓦耳斯吸引作用有重要影响的距离，所以胶体球不会黏结在一起形成集团，阻止了聚沉的发生，使胶体悬浮液得以稳定。这种稳定胶体的方法称为体积稳定法（steric stabilization）。

### 2.2.2   DLVO 相互作用和胶体的静电稳定

这里先简单介绍电解液中的静电相互作用理论，再给出静电稳定的理论。

考虑 $N_c$ 个电荷为 $q_c$ 的带电胶体球处于电解液中，并假定其位置固定。电解液的介电常数为 $\varepsilon$，液体中具有电荷为 $q_+$ 和 $q_-$ 的离子，离子数分别为 $N_+$ 及 $N_-$。为了保证电中性，必有 $N_c q_c + N_+ q_+ + N_- q_- = 0$。胶体之外的溶液中的电势满足泊松方程：

$$\varepsilon \varepsilon_0 \nabla^2 \psi(\boldsymbol{r}) = -\rho_e(\boldsymbol{r}) \tag{2.2.1}$$

$\varepsilon$ 是溶液的介电常数，溶液中的电荷密度 $\rho_e(\boldsymbol{r})$ 由离子的分布给出：

$$\rho_e(\boldsymbol{r}) = q_+ \rho_+(\boldsymbol{r}) + q_- \rho_-(\boldsymbol{r}) \tag{2.2.2}$$

式中，$\rho_+(\boldsymbol{r})$ 和 $\rho_-(\boldsymbol{r})$ 分别为正离子和负离子的数密度分布，在平均场近似下，由玻尔兹曼分布给出[35]：

$$\rho_i(\boldsymbol{r}) = \rho_{i0} \exp\left\{-\frac{q_i\psi(\boldsymbol{r})}{kT}\right\}, \qquad i = +, - \tag{2.2.3}$$

其中，$\rho_{i0}$ 由归一化条件 $N_i = \int \mathrm{d}\boldsymbol{r}\,\rho_i(\boldsymbol{r})$ 确定。为简单起见，设胶体球所带电荷均匀分布在胶体球的表面 (这与实际情况不符，实际上胶体球的电荷不是均匀分布的，这里的假定不影响定性结果)。方程(2.2.1)~(2.2.3)构成求解溶剂中电势的方程组，在给定的边界条件下，可以用来求解电势 $\psi$，进而得到带电胶体小球的相互作用。

这组方程称为泊松–玻尔兹曼方程 (PB 方程)。泊松–玻尔兹曼方程是非线性微分方程，求解非常困难，只有在一些十分特殊的情况下才能求得解析解，一般只能用数值方法求解。如果 $q_i\psi(\boldsymbol{r})/(kT) \ll 1$，则泊松–玻尔兹曼方程中的电荷密度可以线性化，从而得到溶剂中的电荷密度为

$$\rho_e(\boldsymbol{r}) = q_+\rho_{+0} + q_-\rho_{-0} - \frac{(q_+^2\rho_{+0} + q_-^2\rho_{-0})\psi(\boldsymbol{r})}{kT} \tag{2.2.4}$$

由此可以得到溶剂中的电势满足的方程为

$$\nabla^2\psi(\boldsymbol{r}) = \kappa^2\psi(\boldsymbol{r}) - \varepsilon\varepsilon_0(q_+\rho_{+0} + q_-\rho_{-0}) \tag{2.2.5}$$

其中，$\kappa^2 = (q_+^2 N_+ + q_-^2 N_-)/V\varepsilon\varepsilon_0 kT$。$\kappa^{-1}$ 具有长度量纲，称为德拜长度。这个方程叫做线性化泊松–玻尔兹曼方程 (LPB 方程) 或德拜方程。方程右边的第二项是常数项，其数值等于 $-q_c n_c$，$n_c$ 是带电胶体球的数密度。除了溶剂中的方程外，还需要胶体球面上的边界条件（胶体球内部的电势为常数），才能构成完整的定解问题。对于多个胶体球，线性化的泊松–玻尔兹曼方程仍然无法解析求解。现在，我们把注意力放到一个胶体球上，把其他胶体球的电荷设想为均匀分布在整个系统中，这样，其他 $N_c - 1$ 个胶体球的电荷密度正好抵消了方程(2.2.5)右边第二项，得到方程

$$\nabla^2\psi(\boldsymbol{r}) = \kappa^2\psi(\boldsymbol{r}) \tag{2.2.6}$$

取这个胶体球的球心为原点，在无穷远处电势为零的边界条件下，LPB 方程的解可容易求得为

$$\psi(r) = \frac{q_c}{4\pi\varepsilon_0\varepsilon} \frac{\exp\{\kappa a_c\}}{1 + \kappa a_c} \frac{\exp\{-\kappa r\}}{r} \tag{2.2.7}$$

其中，$a_c$ 为胶体球的半径。这个解可以视为带电胶体球与联系于它的电荷密度分布产生的电势，即溶剂中的正负离子在胶体球电荷的作用下重新分布，形成对于胶体球的电荷的屏蔽效应，屏蔽长度为 $1/\kappa$，导致电势以指数方式快速衰减。

式(2.2.7)也可看成是位于胶体球球心的一个电荷量为 $q_c \exp(\kappa a_c)/(1 + \kappa a_c)$ 的点电荷的屏蔽势。于是，对于 $N_c$ 个胶体球的情形，我们可以把每个胶体球近似看成带有电荷 $q_c \exp(\kappa a_c)/(1 + \kappa a_c)$ 的点电荷。对于两个相距为 $r$ 的相同胶体球，一个带有 $q_c \exp(\kappa a_c)/(1 + \kappa a_c)$ 的点电荷在另一个胶体球的电势中的能量为

$$U_R(r) = \frac{q_c^2}{4\pi\varepsilon_0\varepsilon}\left[\frac{\exp(\kappa a_c)}{1 + \kappa a_c}\right]^2 \frac{\exp(-\kappa r)}{r} \tag{2.2.8}$$

这就是两个胶体球的静电相互作用。

在得到这个结果时，我们做了若干近似。首先是平均场近似，泊松方程是精确方程，但电势和电荷密度之间的关系用玻尔兹曼分布，实际上是平均场的结果（后面会仔细讨论）；其次是线性近似，即对于电势的展开只取到线性项，这只有在弱场情况下才成立，对应于离开胶体球比较远的地方；最后是在计算相互作用时，我们把每个胶体球看成一个等效的点电荷。尽管做了这些近似，这个简单的解析结果仍然能够给出较好的定性或定量结果。在上述近似不成立的范围内，通过调整电荷 $q_c$ 和 $\kappa$，这个相互作用的形式可以作为描述屏蔽库仑相互作用的一个相当普适的形式。

胶体球带电后，静电排斥相互作用给出一个很高的势垒，从而阻止胶体球靠近到范德瓦耳斯吸引作用起作用的距离，避免了胶体的聚沉，使胶体稳定。胶体球之间的总相互作用为排斥相互作用和吸引相互作用之和：

$$U(r) = U_R(r) + U_A(r) \tag{2.2.9}$$

图 2.2.1画出了这个相互作用的一种情况，因相互作用的极大值远大于 $kT$，因而极大值之后的吸引势是不可能达到的，因此，胶体粒子之间仅仅表现出排斥相互作用。静电相互作用和范德瓦耳斯相互作用联合的胶体理论称为 DLVO 理论，分

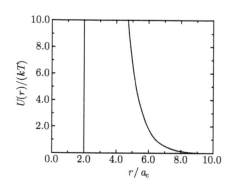

图 2.2.1　DLVO 相互作用势，$q_c = 600\,e$，$\varepsilon = 78$，$a_c = 500\text{Å}$，$\rho_c = 5\times10^{18}\,\text{m}^{-3}$，$T = 300\,\text{K}$，$A = 10^{-20}\,\text{J}$。在 $r = 2a_c$ 附近有一个很深的源于范德瓦耳斯相互作用的极小，在 $r = 2.0148\,a_c$ 处是高度为 $525\,kT$ 的极大，这一势垒阻止了胶体球聚沉，使胶体稳定

别由苏联科学家 Derjaguin 和 Landau[36] 以及荷兰科学家 Verwey 和 Overbeek[37] 在 20 世纪 40 年代做出，在胶体理论研究中占有重要位置。通过静电相互作用使胶体稳定的方法称为静电稳定方法。

## 2.3　几个理论模型：硬球胶体，带电硬球胶体，硬棒胶体，硬盘胶体

从理论物理的角度来看，胶体悬浮系统是一个"脏"的系统。实际制备的胶体粒子的尺寸有一定的分散，并不是一样大小；即便大小几乎相同的胶体粒子，仍然是各不相同的。胶体粒子之间的相互作用也很复杂。如果以实际的胶体悬浮系统作为对象进行理论研究，不仅难度大，而且也很难理解现象后面的物理原理和得出有普适性的规律。为此，我们需要建立若干胶体悬浮液的理想模型系统，通过对这样一些理想模型的透彻研究，获得具有重要科学价值的普适性结果，以及对于胶体悬浮系统的透彻理解。在此基础上，如果再引入实际系统的复杂因素，则理解其特殊的现象就比较容易了。

本节，我们介绍几个常用的有一定代表性的理想模型系统。

### 2.3.1　硬球胶体

从纯物理研究的角度出发，首先需要彻底研究清楚的应该是能够代表胶体系统的最简单的模型系统，例如由相同大小的球形胶体粒子构成的胶体系统。球形胶体粒子的几何形状简单，易于制备，易于理论处理，特别重要的是，这样的系统包含了足够多的物理信息。

硬球胶体是最简单的一种胶体模型，胶体粒子之间除了不能互相进入之外没有其他的相互作用。这个模型是胶体物理处理的最简单的理论模型，同时也是最简单的液体模型。在实验上，通过一些技术，能够近似实现硬球胶体系统。

硬球胶体模型虽然简单，但也无法精确求解。在过去的近 80 年的时间内，人们对这个模型做了大量细致的研究，得到了非常精确的结果。这个模型也就成为检验新的理论或计算方法的一个很好的模型，同时也是研究一系列更复杂系统的零级近似。在第 4 章和第 7 章中，我们将给出这个模型的一些主要结果。

### 2.3.2　带电硬球胶体

如果使硬球胶体带电，就成为带电硬球胶体。胶体之间除了硬球相互作用外，还有静电相互作用。一种最简单的模型是把溶剂的作用完全等效为屏蔽库仑作用，即胶体粒子之间的相互作用势写成

$$U(r) = \begin{cases} \infty, & r < 2a \\ \dfrac{Q^2}{4\pi\varepsilon_0} \dfrac{\mathrm{e}^{-\kappa r}}{r}, & r > 2a \end{cases}$$

这里，$Q$ 是胶体球的等效电荷；$\kappa$ 是等效德拜长度的倒数。这个模型可以看成 2.2.2 节的近似下得到的带电胶体的模型。

### 2.3.3　其他形状

硬棒胶体和硬盘胶体也是被研究较多的胶体系统，分别由圆棒状或圆柱状的硬粒子悬浮于溶剂中而成。相对于硬球，硬棒和硬盘胶体粒子的对称性较低，处理起来也更麻烦一些。另外一种胶体模型是硬旋转椭球胶体，通过调整椭球的两个轴的长度的比值，这个模型可以模拟从细棒到薄盘的一系列胶体模型，也可以近似硬棒和硬盘胶体。

描述硬球胶体的位形只需要知道其球心的位置矢量 $\boldsymbol{r}$ 即可。对于非球形胶体，则需要知道其代表点（一般取为质心）的位置矢量 $\boldsymbol{r}$ 和其取向，取向一般用代表粒子方向的某个对称轴相对于固定坐标的方向角 $\boldsymbol{\Omega}$ 来表示，或者用欧拉角来表示。本书主要研究球形胶体。若需要深入了解非球形胶体（或非球形分子）位形的表述方法，可以参看文献 [38]。

# 第 3 章　胶体的统计物理基础及理论方法

　　从微观角度看，胶体悬浮液由分子构成。构成胶体粒子的分子限制在胶体粒子内，在相对于胶体粒子的平衡位置振动；构成分散体系的分子则可以在整个分散系统中运动。如果在这个层次上处理，问题将变得过于复杂。对于胶体悬浮液，我们关心的是胶体粒子的运动。在达到热平衡时，原则上，我们可以积分掉分子的自由度，仅仅保留胶体粒子的自由度。这样，对处于平衡态的胶体悬浮液，分散系统起了两方面的作用：一方面，对分散系统分子自由度的消除，对于胶体粒子之间的相互作用带来一些修正，所以，胶体粒子之间的相互作用是考虑了分散体系分子运动的修正的等效相互作用；另一方面，分散体系起了热库的作用，给定了胶体粒子系统的温度。在此后的处理中，除非特别指明，我们所说的胶体粒子之间的相互作用就是指考虑了分散体系修正的等效相互作用。

## 3.1　系　综　理　论

　　本节介绍系综理论。系综理论在关于统计物理的教材中有很详细的介绍[39,40]，这里仅仅针对胶体做一些介绍。我们先考虑单组元胶体，即构成胶体的粒子是相同的。胶体粒子的尺寸在纳米到微米之间，是由大量的分子所构成，所以，任何两个胶体粒子都不可能是全同的。这里，所谓单组元或胶体粒子相同，是指在一定近似下胶体粒子可以视为相同。事实上，人工制备的胶体粒子的尺寸、形状等都有一定的分散度，所以，单组元胶体仅仅是理想胶体模型。这里仅仅处理球形胶体粒子，对于其他形状的胶体粒子，还需要引入取向坐标。

　　因为胶体粒子是由大量分子构成的，所以在把胶体粒子作为一个整体描述时，可以完全忽略量子效应。一个胶体粒子的状态由其位置和动量 $(\boldsymbol{r}, \boldsymbol{p})$ 描述，$N$ 个胶体粒子的微观状态由每个粒子的位置和动量的集合描述，即$(\boldsymbol{r}_1, \boldsymbol{r}_2, \cdots, \boldsymbol{r}_N; \boldsymbol{p}_1, \boldsymbol{p}_2, \cdots, \boldsymbol{p}_N)$。在给定胶体粒子数 $N$、体积 $V$ 和温度 $T$ 下，胶体粒子的位置和动量满足正则分布

$$P(\boldsymbol{r}, \boldsymbol{p}) = \frac{1}{Q} \exp\{-\beta H(\boldsymbol{r}, \boldsymbol{p})\} \tag{3.1.1}$$

这里，$\beta = 1/(kT)$，$k$ 是玻尔兹曼常量；$H(\boldsymbol{r}, \boldsymbol{p})$ 是胶体粒子系统的哈密顿量：

$$H = \sum_{i=1}^{N} \frac{\boldsymbol{p}^2}{2m} + U(\boldsymbol{r}_1, \boldsymbol{r}_2, \cdots, \boldsymbol{r}_N) \tag{3.1.2}$$

$Q$ 是归一化常数，称为配分函数。利用正则分布，可以计算各个微观状态函数的平均值。例如，平均能量就是哈密顿量的平均值

$$E = \langle H \rangle \tag{3.1.3}$$

胶体粒子系统的亥姆霍兹自由能 $F$ 由下式给出：

$$F = -kT \ln Q \tag{3.1.4}$$

胶体系统（任何平衡系统）的宏观量可以分为两类：一类是微观力学量的平均值，如能量 $E$；另一类是没有对应的微观力学量的量，因而不能表示成微观力学量的平均值，如亥姆霍兹自由能 $F$。由热力学可知

$$F = E - TS \tag{3.1.5}$$

这里 $S$ 是熵，由式(3.1.4)和式(3.1.5)可知

$$S = \frac{E}{T} + k \ln Q \tag{3.1.6}$$

即 $S$ 与自由能一样，是不能表示为微观力学量的平均值的量。另一方面，熵 $S$ 确实可以表示为平均值的形式，由

$$P(\boldsymbol{r}, \boldsymbol{p}) = \frac{1}{Q} \exp\{-\beta H(\boldsymbol{r}, \boldsymbol{p})\}$$

$$\ln P(\boldsymbol{r}, \boldsymbol{p}) = -\beta H(\boldsymbol{r}, \boldsymbol{p}) - \ln Q$$

两边乘以 $-kP(\boldsymbol{r}, \boldsymbol{p})$ 再对所有状态求和，得到

$$-k \langle \ln P \rangle = \frac{E}{T} + k \ln Q$$

上式的右边就是由式(3.1.6)给出的熵，于是有

$$S = -k \langle \ln P \rangle \tag{3.1.7}$$

这里，被平均的是概率密度的对数，与力学量的平均是不同的。实际上，所有不能写成微观力学量的平均值的量都可以通过熵 $S$ 表示出来，所以熵 $S$ 被认为是此类量中最基本的。

两类宏观量都可以通过自由能 $F$ 求出，$F$ 是粒子数 $N$、体积 $V$ 和温度 $T$ 的函数，这就是热力学的特性函数。通过求导，可以得到化学势 $\mu$、压强 $p$、熵 $S$ 等，

$$\mu = \left(\frac{\partial F}{\partial N}\right)_{V,T}, \quad p = -\left(\frac{\partial F}{\partial V}\right)_{N,T}, \quad S = -\left(\frac{\partial F}{\partial T}\right)_{N,V} \tag{3.1.8}$$

以及其他所有的热力学量。

我们在此稍微仔细地讨论一下胶体系统的熵的问题。按照式(3.1.1) 及该式前面的表述, 每个微观状态定义为一组给定的 $(\boldsymbol{r}_1, \boldsymbol{r}_2, \cdots, \boldsymbol{r}_N; \boldsymbol{p}_1, \boldsymbol{p}_2, \cdots, \boldsymbol{p}_N)$, 简记为 $(\boldsymbol{r}^N, \boldsymbol{p}^N)$, 或抽象地记为 $X$。为了计算平均值和配分函数, 需要对所有可能的微观状态求和。粒子的位置和动量都是连续变化的, 为了确切表述, 一个简单而且实用的处理方法是把由 $(\boldsymbol{r}^N, \boldsymbol{p}^N)$ 张成的相空间划分成小的相格子, 每个小的相格的体积记为 $h^{3N}$, 这里 $h$ 是一个具有角动量量纲 (即位置乘以动量) 的小量。实际上, $h$ 就是普朗克常量, 而选择 $h$ 为普朗克常量的物理理由是, 根据不确定原理, 一个粒子的位置和动量之间满足不确定关系, 所以在量子力学中, 一个粒子的位置和动量大致只能确定到其乘积为普朗克常量 $h$ 的大小, 因此一个状态对应的相体积也就是 $h^3$。这样, 对于所有微观状态的求和就有了确切的含义, 考虑到 $h$ 很小, 求和可以化为积分。在量子力学中, 全同粒子的交换不产生新的状态, 而对于位置和动量的积分则计算了所有可能的交换, 所以应该除以总的交换数 $N!$, 于是

$$\sum_{\{\text{对微观状态的求和}\}} (\cdots) \equiv \frac{1}{N!} \sum_X (\cdots)$$

$$= \int \frac{\mathrm{d}\boldsymbol{r}_1\,\mathrm{d}\boldsymbol{r}_2 \cdots \mathrm{d}\boldsymbol{r}_N\,\mathrm{d}\boldsymbol{p}_1\,\mathrm{d}\boldsymbol{p}_2 \cdots \mathrm{d}\boldsymbol{p}_N}{N!h^{3N}} (\cdots) \tag{3.1.9}$$

对于胶体粒子, 粒子在量子力学意义下是可以分辨的, 因此似乎不需要 $N!$ 因子。这并不正确, 因为按照这样的方式计算得到的熵 $S$ 不是一个广延量, 所以在胶体情形下, 也是需要 $N!$ 因子的。

人工制备的胶体粒子不可能做到完全相同, 所谓单组元胶体是指胶体粒子尺寸的分散度小于某个值 (如小于 5%), 而不完全相同。即便是由例如病毒构成的胶体, 其分散度很小, 但每个粒子都是经典粒子, 也是完全可以分辨的。于是, 交换两个粒子对应的是新的微观状态, 因此, 在量子力学意义上, 不应该除以 $N!$ 因子。前面已经指出, 如果没有 $N!$ 因子, 计算得到的熵不是一个广延量。如果熵不是广延量, 则亥姆霍兹自由能以及其他热力学势都不是广延量。为了看清这一点, 我们计算一个最简单的情形, 即忽略胶体粒子之间相互作用的情形。因为粒子可分辨, 量子配分函数为 (没有 $N!$ 因子)

$$Q = \int \frac{\mathrm{d}\boldsymbol{r}^N\,\mathrm{d}\boldsymbol{p}^N}{h^{3N}} \exp\left\{-\beta \sum_{i=1}^N \frac{\boldsymbol{p}_i^2}{2m}\right\}$$

$$= \frac{V^N}{h^{3N}} \prod_{i=1}^N \int \mathrm{d}\boldsymbol{p}\, \exp\left\{-\beta \frac{\boldsymbol{p}^2}{2m}\right\}$$

$$= \left(\frac{V}{\lambda^3}\right)^N \tag{3.1.10}$$

这里，我们把 $N$ 粒子的相体积元 $\mathrm{d}\boldsymbol{r}_1\,\mathrm{d}\boldsymbol{r}_2\cdots\mathrm{d}\boldsymbol{r}_N\,\mathrm{d}\boldsymbol{p}_1\,\mathrm{d}\boldsymbol{p}_2\cdots\mathrm{d}\boldsymbol{p}_N$ 简记为 $\mathrm{d}\boldsymbol{r}^N\,\mathrm{d}\boldsymbol{p}^N$（以后将不再说明），而

$$\lambda = \frac{h}{\sqrt{2\pi m k T}} \tag{3.1.11}$$

为热波长。于是，我们得到

$$F = NkT \ln\left(\frac{\lambda^3}{V}\right) \tag{3.1.12}$$

显然，这不是广延量，因为在对数中出现了广延量体积 $V$。如果引入 $N!$，则在 $Q$ 中多出一个因子 $1/N!$，从而在自由能中贡献一项 $kT\ln N! = NkT\ln N - NkT$（$N$ 是一个阿伏伽德罗常数量级的大数，总可以使用斯特林公式）。这样，自由能成为

$$F = NkT \ln\left(\frac{N\lambda^3}{V}\right) - NkT \tag{3.1.13}$$

对数中出现粒子的数密度 $N/V$，$F$ 与 $N$ 成正比，成为广延量。

　　引入因子 $1/(h^{3N}N!)$ 不会改变微观量的平均值，而仅仅影响熵 $S$ 及与之联系的热力学势等。因子 $1/N!$ 的作用相当于给熵加了一个常数 $-Nk(\ln N - 1)$，实验测量的总是熵差，所以，对于 $N$ 固定的单组元系统，这个常数对于实验结果没有影响。但如果测量过程涉及 $N$ 的改变，或涉及不同组元的混合或分离，那么这个常数就非常重要，具有实际的测量后果。

　　有了自由能 $F$，所有热力学量都可以通过简单求导得到，而并不需要计算平均值。例如，熵 $S$ 是

$$S = -\left(\frac{\partial F}{\partial T}\right)_V = \frac{5}{2}NK - NK\ln\left(\frac{N\lambda^3}{V}\right) \tag{3.1.14}$$

平均能量为

$$E = F + TS = \frac{3}{2}NKT \tag{3.1.15}$$

压强 $p$ 为

$$p = -\left(\frac{\partial F}{\partial V}\right)_T = \frac{NkT}{V} \tag{3.1.16}$$

等等。这些都是熟知的结果。

　　对于实际的胶体，胶体粒子总有相互作用，在此情形下，注意到粒子的动量分布及其对应的配分函数可以与位置分布和对应的配分函数分开处理。动量部分的配分函数就是无相互作用系统的配分函数

$$\frac{1}{N!}\left(\frac{1}{\lambda^3}\right)^N$$

于是

$$Q(N, V, T) = \frac{1}{N!}\left(\frac{1}{\lambda^3}\right)^N Z(N, V, T) \tag{3.1.17}$$

其中

$$Z(N, V, T) = \int \mathrm{d}\boldsymbol{r}_1 \, \mathrm{d}\boldsymbol{r}_2 \cdots \mathrm{d}\boldsymbol{r}_N \exp\left\{-\beta U(\boldsymbol{r}_1, \boldsymbol{r}_2, \cdots, \boldsymbol{r}_N)\right\} \tag{3.1.18}$$

为位形配分函数（或位形积分），可简记为

$$Z(N, V, T) = \int \mathrm{d}\boldsymbol{r}^N \exp\left\{-\beta U(\boldsymbol{r}^N)\right\} \tag{3.1.19}$$

粒子的位置分布为

$$P(\boldsymbol{r}_1, \boldsymbol{r}_2, \cdots, \boldsymbol{r}_N) = \frac{1}{Z} \exp\left[-\beta U(\boldsymbol{r}_1, \boldsymbol{r}_2, \cdots, \boldsymbol{r}_N)\right] \tag{3.1.20}$$

简记为

$$P(\boldsymbol{r}^N) = \frac{1}{Z} \mathrm{e}^{-\beta U(\boldsymbol{r}^N)} \tag{3.1.21}$$

## 3.2　关于 $N!$ 的初步讨论

在物理图像上，$N!$ 因子的引入是考虑到粒子的交换不产生新的微观状态。但对于胶体粒子，因为粒子可以分辨，交换一对粒子后的状态与交换前是不同的微观构型，那么是否需要引入 $N!$ 因子？我们已经看到，如果不引入，则熵就不是一个广延量，这在热力学意义下是不合适的。如果引入，在概念上似乎会导致矛盾。与此相联系的一个问题是所谓吉布斯佯谬。设想一个容器被隔板分为两个部分，为简单起见，设想容器被分成大小相同的两部分，每部分的体积为 $V$，内有 $N$ 个无相互作用的粒子。如果没有 $N!$ 因子，则每部分的熵为

$$S_i = \frac{3}{2}NK - NK\ln\left(\frac{\lambda^3}{V}\right) \tag{3.2.1}$$

总的熵是

$$S_{ti} = 2S_i = 3NK - 2NK\ln\left(\frac{\lambda^3}{V}\right) \tag{3.2.2}$$

抽去隔板后，每部分的粒子将占据整个体积 $2V$。如果两部分的气体不同，则抽去隔板将导致气体混合，因每部分的气体占据的体积都是 $2V$，对应的熵为

$$S_f = \frac{3}{2}NK - NK\ln\left(\frac{\lambda^3}{2V}\right) \tag{3.2.3}$$

总熵为

$$S_{tf} = 2S_f = 3NK - 2NK \ln \left( \frac{\lambda^3}{2V} \right) \tag{3.2.4}$$

总熵的改变为

$$S_{tf} - S_{ti} = 2Nk \ln 2 \tag{3.2.5}$$

这个改变是混合熵, 表明气体混合后熵增加, 显然是一个合理的结果。但如果两部分的气体相同, 则撤去隔板后, 是 $2N$ 个粒子占据了 $2V$ 的体积, 总熵为

$$S_{tf} = 3NK - 2NK \ln \left( \frac{\lambda^3}{2V} \right) \tag{3.2.6}$$

总熵的改变还是 $2Nk \ln 2$。这个结果显然不合理。如果两边的气体相同, 则撤去隔板后气体的状态并无变化, 因为如果此时插入隔板, 我们基本上又回到了初始状态。因此, 在这种情况下, 熵应该不变。导致这个结果的原因是熵的表达式(3.2.2)不是广延量。如果引入了 $N!$ 因子, 熵的表达式由(3.1.14)给出, 则对于两边不同的情况

$$S_i = \frac{5}{2}NK - NK \ln \left( \frac{N\lambda^3}{V} \right) \tag{3.2.7}$$

$$S_{tf} = 5NK - 2Nk \ln \left( \frac{N\lambda^3}{2V} \right) \tag{3.2.8}$$

$$S_{tf} - 2S_i = 2NK \ln 2 \tag{3.2.9}$$

与前面的结果相同。对于两边相同的情况, 则

$$S_{tf} = 5NK - 2Nk \ln \left( \frac{2N\lambda^3}{2V} \right) \tag{3.2.10}$$

$$S_{tf} - 2S_i = 0 \tag{3.2.11}$$

给出了合理的结果。所谓吉布斯佯谬, 是指这两种情况的差别是一个与两边粒子的差别大小无关的量。如果两边粒子的差别非常小, 则只要有差别, 就有一个有限的混合熵。这一点与我们的直觉不符合, 如果两边的气体差别很小, 小到我们几乎不能区分, 那么混合后的气体与原来几乎是一样的, 混合的效果——混合熵应该也很小才合理。

关于吉布斯佯谬, 对于其内涵和解释, 在过去的百余年一直有讨论, 比较新的讨论可以参看文献 [41-47]。这里的核心问题在于粒子能否分辨取决于观察者（研究者）是否愿意分辨。对于量子力学意义上的全同粒子, 原则上是不能分辨的, 所以必须处理为全同, 也就是说必须要有 $N!$ 因子。对于量子力学意义上是可分辨的粒子, 如胶体粒子, 是否分辨则很大程度上取决于研究者。我们以两种气体的

混合为例说明一下这个看法。如果隔板分开的两边的气体为全同粒子，则抽去隔板后，两边分子均能够跑到对面，但由于分子全同，不可能产生可以观察的效应，而且原则上也不可能识别跑到对面的分子，以及把它们拉回。如果两边的气体不是全同粒子，在抽去隔板后，两边的气体混合。如果我们的观察限于热力学量的测量，如压强，温度等，显然混合并没有带来差别，但另一方面，如果需要，我们总是能够识别跑到对面的分子，并有办法将其分开。当然，这个分开的过程一定需要对系统做功，所需要做的最小功就与增加的混合熵对应。所以，如果我们不关心（不需要测量）与混合熵相关的物理性质，把两边原则上能够区分的气体看成是相同的气体，那么结果是一样的。

对于可以分辨的粒子的系统，在研究其统计热力学性质时，我们并不关心每个粒子的运动问题，在此情况下，则可以把它们看成是相同的。如果粒子的差别会导致可观察的统计热力学后果，则需要按照多组元系统来处理[48]。

## 3.3 其他系综

3.2 节给出的是给定了粒子数 $N$、体积 $V$ 和温度 $T$ 的宏观系统的统计分布和热力学量的计算公式，在统计热力学理论中，称为正则分布，对应的配分函数 $Q$ 为正则配分函数。在标准的统计力学理论表述中，这些结果能够从微正则系综推导出来，而微正则系综的分布则作为统计力学的基本假设。为了方便和明确，我们也可以把正则系综称为 $NVT$ 系综，以明确给出系综中指定的宏观量。本节介绍若干其他系综，在热力学极限（即粒子数 $N$ 和体积 $V$ 趋于无穷大，但保持其比值为恒定）意义下，这些系综都是等价的，由每个系综给出的热力学量均相同。所以，在统计热力学中，使用哪个系综处理问题仅仅取决于计算上的方便。但是，如果我们处理的系统粒子数较小，即粒子数远小于阿伏伽德罗常数 $N_0 = 6.02214076 \times 10^{23}$，不同的系综给出的热力学量会有与 $N$ 有关的差别，这种差别随 $N$ 趋于无穷大而趋于零。由于阿伏伽德罗常数非常大，所以粒子数 $N$ 的数量级为 $N_0$ 的系统可以视为 $N \to \infty$。

对于几乎所有的实际问题，我们都无法得到配分函数的精确解。随着计算机的发展和普及，利用数值方法模拟系统的热力学性质越来越重要。数值方法总是针对有限大小的系统，$N \ll N_0$，这种情况下需要特别注意不同系综的差别。本节给出除正则（$NVT$）系综之外的几个常用系综的相关公式。以下为简单起见，用 $X$ 代表微观状态变量 $(r_1, r_2, \cdots, r_N; p_1, p_2, \cdots, p_N)$。

### 3.3.1 微正则系综

标准的统计力学是从微正则 ($NVE$) 系综开始的，对于给定了粒子数 $N$、体积 $V$ 和能量 $E$ 的孤立系统，统计力学假定系统可以实现的每个微观状态是等概

率的，也就是说，其微观状态的分布可以写成

$$P(X) \propto \delta(H(X) - E) \tag{3.3.1}$$

系统的总的微观状态数是

$$\Omega(N, V, E) = \frac{1}{N!} \sum_X \delta(H(X) - E) \tag{3.3.2}$$

此处对 $X$ 求和由式(3.1.9)定义，而熵则直接与此微观状态数相联系。

$$S(N, V, E) = k \ln \Omega(N, V, E) \tag{3.3.3}$$

各个热力学量均可通过计算导数得到，例如

$$\frac{1}{T} = \left(\frac{\partial S}{\partial E}\right)_{N,V}, \quad \mu = -T\left(\frac{\partial S}{\partial N}\right)_{V,E}, \quad P = T\left(\frac{\partial S}{\partial V}\right)_{N,E} \tag{3.3.4}$$

这里的等概率假定是平衡态统计物理的基本假定，是平衡态统计的基本出发点。这也是整个平衡态统计的唯一的基本假定。前面所讲的正则系综可以从这个基本假定推导出来，后面介绍的几个统计系综也能够从这里推导出来。

关于微正则系综和统计物理基本假定，在统计物理的教材上都有详细和深入系统的讨论，我们在此不做进一步讨论。

### 3.3.2　$NpT$ 系综

给定粒子数 $N$、压强 $p$ 和温度 $T$ 的系统用 $NpT$ 系综处理。这个系综似乎没有特定的名字。在这里，体积 $V$ 和能量 $E$ 是可变的

$$P(V, X) = \frac{1}{\Upsilon} \exp\left\{-\beta[pV + H(X)]\right\} \tag{3.3.5}$$

其配分函数 $\Upsilon$ 是

$$\begin{aligned}
\Upsilon(N, p, T) &= \int \mathrm{d}V \frac{1}{N!} \sum_X \exp\left\{-\beta[pV + H(X)]\right\} \\
&= \int \mathrm{d}V \exp\left\{-\beta pV\right\} Q(N, V, T)
\end{aligned} \tag{3.3.6}$$

吉布斯自由能为

$$G(N, P, T) = -kT \ln \Upsilon(N, p, T) \tag{3.3.7}$$

求导得到

$$\mu = \left(\frac{\partial G}{\partial N}\right)_{p,T}, \quad V = \left(\frac{\partial G}{\partial p}\right)_{N,T}, \quad S = -\left(\frac{\partial G}{\partial T}\right)_{N,p} \tag{3.3.8}$$

### 3.3.3 巨正则系综

如果粒子数 $N$ 可变，而化学势 $\mu$ 给定，同时给定体积 $V$ 和温度 $T$，这样的系统的统计系综为巨正则 $(\mu V T)$ 系综。其概率分布是

$$P(N, X) = \frac{1}{\varXi} \exp\left\{-\beta[H(X) - \mu N]\right\} \tag{3.3.9}$$

巨正则配分函数是

$$
\begin{aligned}
\varXi(\mu, V, T) &= \sum_N \frac{1}{N!} \sum_X \exp\left\{-\beta[H(X) - \mu N]\right\} \\
&= \sum_N \exp\left\{\beta\mu N\right\} Q(N, V, T)
\end{aligned} \tag{3.3.10}
$$

巨正则势（称为巨势函数或广势函数，此后将其称为广势函数）为

$$\varPhi(\mu, V, T) = -kT \ln \varXi(\mu, V, T) \tag{3.3.11}$$

通过求导得到热力学量

$$\langle N \rangle = -\left(\frac{\partial \varPhi}{\partial \mu}\right)_{V,T}, \quad P = -\left(\frac{\partial \varPhi}{\partial V}\right)_{T,\mu}, \quad S = -\left(\frac{\partial \varPhi}{\partial T}\right)_{\mu,V} \tag{3.3.12}$$

这里的 $\langle N \rangle$ 是平均粒子数。

### 3.3.4 热力学关系

可以简单证明，前面定义的各个热力学势之间有如下关系：

$$
\begin{cases}
F = E - TS \\
G = F + PV = N\mu \\
\varPhi = F - \mu\langle N \rangle = -PV
\end{cases} \tag{3.3.13}
$$

系统的宏观物理量均可以通过对热力学势的求导得到，而热力学势直接与各种系综的配分函数相联系。但实际上，配分函数几乎无法通过解析得到，所以，我们在实践中并不计算各个配分函数，而是直接计算各种宏观量。前文已指出，宏观热力学量有两类，一类可以通过对其对应的微观表达式进行平均得到，典型的是 $H(X)$：

$$E = \langle H(X) \rangle$$

另一类则只能通过热力学势的导数得到，典型的是化学势 $\mu$ 及各个热力学势本身。由于后一类量无法写成可以直接进行数值计算的微观量的平均值，所以这类

量在数值模拟计算中要困难很多。在原理上，这类量可以写成某个平均值沿着某个任意指定的路径的积分，通过计算这个路径上对应平均值的一系列结果，再进行积分，即可得到。当然，利用这个方法时，还需要知道初始值。典型的例子是

$$
\begin{cases}
F(T, V_1) = F(T, V_0) - \displaystyle\int_{V_0}^{V_1} P(T, V)\,\mathrm{d}V \\
\dfrac{F(T_1, V)}{T_1} = \dfrac{F(T_0, V)}{T_0} - \displaystyle\int_{T_0}^{T_1} \dfrac{E(T, V)}{T^2}\,\mathrm{d}T
\end{cases}
\tag{3.3.14}
$$

其中，被积函数中的压强 $P$ 和能量 $E$ 能够通过数值模拟得到。而初始值则可以选取已知结果的理想系统，例如，可以选择 $(T_0, V_0)$ 对应于理想气体极限，其自由能已知。

## 3.4　胶体统计物理和吉布斯佯谬

　　本节给出关于吉布斯佯谬和胶体统计物理的稍微正式的表述。此处的表述基本上是基于文献 [46, 48]。

　　关于引入 $N!$ 因子，吉布斯在其晚年的名著《统计力学的基本原理》中有讨论[49,50]。随着量子力学的建立，这个因子被归因于量子力学中粒子的全同性，目前的统计物理教材关于这个问题的解释基本上都是基于此。Jaynes 仔细分析了这一点，正确指出把这个因子的引入完全归因于量子力学是不合适的[42]。我们首先来阐明这一点。

　　在统计热力学中，系统平衡的条件是其自由能为极小或配分函数为极大。考虑两个隔开的胶体系统，胶体粒子在量子力学意义上是可分辨的。每个系统的粒子数和体积分别为 $N_1$，$N_2$ 和 $V_1$，$V_2$，密度相同，即 $N_1/V_1 = N_2/V_2$，两个系统的压强和温度相同。如果在隔板上开一个小孔，则在小孔上显然没有净粒子流，整个系统的压强和温度不变。用 $Q$ 表示系统的量子配分函数（没有 $N!$ 因子）。如果把系统的总的配分函数 $Q_{\text{tot}}$ 写成两部分的配分函数的乘积

$$
Q_{\text{tot}} = Q(N_1, V_1, T) \times Q(N_2, V_2, T)
\tag{3.4.1}
$$

则这个总的配分函数在 $N_1/V_1 = N_2/V_2$ 时不处于极大值。

　　出现这个问题的原因是公式(3.4.1)错误。这里考虑的胶体粒子非常接近，当隔板上有孔后，把 $N$ 个粒子放在隔板的两边，每一边分别为 $N_1$ 和 $N_2$ 个，则有

$$
\frac{N!}{N_1! N_2!}
$$

种方式，在宏观上，这些方式是不可分辨的，给出的是相同的宏观状态。于是，总的配分函数是

$$Q_{\text{tot}}(N_1, V_1, N_2, V_2, T) = \frac{N!}{N_1! N_2!} Q(N_1, V_1, T) \times Q(N_2, V_2, T) \tag{3.4.2}$$

对于固定的粒子数 $N = N_1 + N_2$，求配分函数的极大值。依照统计物理的通常做法，我们计算其对数的极大值，极值要求一阶导数为零。把 $\ln Q_{\text{tot}}$ 对 $N_1$ 求导

$$\left( \frac{\partial \ln Q_{\text{tot}}}{\partial N_1} \right)_N = \left( \frac{\partial \ln \left[ \dfrac{N!}{N_1! N_2!} Q(N_1, V_1, T) \times Q(N_2, V_2, T) \right]}{\partial N_1} \right)_N \tag{3.4.3}$$

令式(3.4.3)为 0，注意到 $\mathrm{d}N_1 = -\mathrm{d}N_2$，得到

$$\frac{\partial \ln \left[ \dfrac{Q(N_1, V_1, T)}{N_1!} \right]}{\partial N_1} = \frac{\partial \ln \left[ \dfrac{Q(N_2, V_2, T)}{N_2!} \right]}{\partial N_2} \tag{3.4.4}$$

此式表示的是小孔两边的化学势相等。

$$\mu_1 = -kT \frac{\partial \ln \left[ \dfrac{Q(N_1, V_1, T)}{N_1!} \right]}{\partial N_1}$$

$$= -kT \frac{\partial \ln \left[ \dfrac{Q(N_2, V_2, T_2)}{N_2!} \right]}{\partial N_2} = \mu_2$$

这样，由化学势的热力学定义，我们只能把非常相似（但量子力学意义上可分辨）粒子系统的亥姆霍兹自由能定义为

$$F(N, V, T) = -kT \ln \left[ \frac{Q(N, V, T)}{N!} \right]$$

而这样定义的自由能满足广延性。$N!$ 因子的引入与量子力学无关。这样，回到微正则系综，如果用 $\Omega(N, V, E)$ 表示给定 $N$，$V$，$E$ 的可分辨粒子孤立系统的微观状态数，则对应的熵是

$$S = k \ln \left[ \frac{\Omega(N, V, E)}{N!} \right] \tag{3.4.5}$$

如果我们考虑的是量子全同粒子，在近独立极限下（量子理想气体）导致费米分布或玻色分布。在一般情况下，统计物理的正确出发点是量子统计物理，其经典极限自动给出 $N!$ 因子，且自动包含在配分函数（或微观状态数）的计算中，但

是，因为其不可分辨，公式(3.4.3)中的因子 $N!/(N_1!N_2!)$ 要换为 1。最终的结果是一致的。

从上面的推理中，我们看到 $N!$ 的来历是在宏观上（测量上）对于非常相似的粒子不做区分，但在量子力学意义上粒子是可分辨的。如果在宏观上（测量上）需要区分，将导致不同的结果，这就对应于多组元胶体系统。需要进一步指出的是，这里所说的不做区分或需要区分，在很大程度上取决于我们的测量能力。例如，当二组元胶体的粒子尺寸之差超过大约 5% 时，在密度较高时会发生相分离[51]，在此情况下，用二组元的理论处理则更为合适。当然，若二组元的尺寸相差很大，如排空力问题，显然需要用二组元理论处理。

基于完全相同的思考，我们给出多组元胶体的理论形式。设胶体粒子的尺寸满足分布 $P(\sigma)$，$\sigma$ 是胶体粒子的直径。我们把胶体粒子按照其直径大小分为 $m$ 组，直径处于 $\sigma_i \sim \sigma_{i+1}$ 之间的粒子所占的比例为

$$X(i) = \int_{\sigma_i}^{\sigma_{i+1}} P(\sigma)\, \mathrm{d}\sigma$$

显然，$\sum_i X(i) = 1$。直径在每个区间内的粒子可以视为相同的单组元粒子。如果把这样的多组元粒子放入由隔板分开的两边，在允许两边交换粒子时，则每组粒子都有

$$\frac{N(i)!}{N_1(i)!N_2(i)!}$$

种分配方式。其中，$N(i) = X(i)N$ 为第 $i$ 类粒子的数目，$N$ 为总粒子数。$N(i) = N_1(i) + N_2(i)$。总的分配方式数是

$$\omega_{\mathrm{perm}} = \frac{\prod\limits_{i=1}^{m} N(i)!}{\prod\limits_{i=1}^{m} N_1(i)! \prod\limits_{j=1}^{m} N_2(i)!}$$

由同样的论证立刻得到系统的自由能为

$$F(N,V,T) = -kT \ln \left[ \frac{Q(N,V,T)}{\prod\limits_{i=1}^{m} N(i)!} \right]$$

利用斯特林公式

$$\ln \prod_{i=1}^{m} N(i)! = \sum_{i=1}^{m} [NX(i) \ln NX(i) - NX(i)]$$

$$= \ln N! + N \sum_{i=1}^{m} X(i) \ln X(i)$$

我们可以定义一个混合熵 $S_{\text{mix}}$ 为

$$S_{\text{mix}} = -Nk \sum_{i=1}^{m} X(i) \ln X(i)$$

这样，亥姆霍兹自由能成为

$$F(N,V,T) = -kT \ln \left( \frac{Q(N,V,T)}{N!} \right) - TS_{\text{mix}}$$

混合熵与粒子数 $N$ 成正比，如果给定诸 $X(i)$，则这一项仅仅是一个附加常数，但如果是涉及两种不同的 $X(i)$ 系统的混合问题，这一项就是非常重要的。

在理论上，区分不同粒子的区间的大小应该趋于零，以得到连续分布的结果。但这个极限表面上有一些问题，在做了适当的处理后，得到的结果是

$$S_{\text{mix}} = -Nk \int_0^{\infty} \mathrm{d}\sigma \, P(\sigma) \ln P(\sigma)$$

在得到此结果时，略去了一个与物理结论无关的对数发散项。实际计算时，总是分成区间进行，数值上取连续化的极限时，这个对数发散的项不会引致麻烦。对于实际的物理问题，区间的尺寸不可能趋于数学上的零（测量尺寸有精度限制），所以即使在概念上也不会引致任何问题。

基于上述分析，我们可以给出所谓吉布斯佯谬的一个解释：混合熵取决于我们测量的能力和需要，当我们有能力（或需要）区分两种不同的粒子时，就需要考虑混合熵；当我们没有能力（或不需要）区分不同粒子时，就不需要引入混合熵。

## 3.5 对分布函数、结构函数与其他物理量的联系

在很多情况下，并不需要知道 $N$ 个粒子位置的概率分布，而只需要知道 $n(n \ll N)$ 个粒子的概率分布。为此，可以引入 $n$ 粒子概率密度

$$P^{(n)}(\boldsymbol{r}_1, \boldsymbol{r}_2, \cdots, \boldsymbol{r}_n) = \int \mathrm{d}\boldsymbol{r}_{n+1} \, \mathrm{d}\boldsymbol{r}_{n+2} \cdots \mathrm{d}\boldsymbol{r}_N \, P(\boldsymbol{r}_1, \boldsymbol{r}_2, \cdots, \boldsymbol{r}_N) \qquad (3.5.1)$$

定义 $n$ 粒子密度函数 $\rho^{(n)}(\boldsymbol{r}_1, \boldsymbol{r}_2, \cdots, \boldsymbol{r}_n)$ 为

$$\rho^{(n)}(\boldsymbol{r}_1, \boldsymbol{r}_2, \cdots, \boldsymbol{r}_n) \equiv \frac{N!}{(N-n)!} P^{(n)}(\boldsymbol{r}_1, \boldsymbol{r}_2, \cdots, \boldsymbol{r}_n) \tag{3.5.2}$$

显然，由 $P^{(n)}(\boldsymbol{r}_1, \boldsymbol{r}_2, \cdots, \boldsymbol{r}_n)$ 的归一化关系可得

$$\int \mathrm{d}\boldsymbol{r}^n\, \rho^{(n)}(\boldsymbol{r}_1, \boldsymbol{r}_2, \cdots, \boldsymbol{r}_n) = \frac{N!}{(N-n)!} \tag{3.5.3}$$

这里，为简单起见，用 $\mathrm{d}\boldsymbol{r}^n$ 代表 $\mathrm{d}\boldsymbol{r}_1 \mathrm{d}\boldsymbol{r}_2 \cdots \mathrm{d}\boldsymbol{r}_n$。在实际研究中最重要的是 $n=1$ 和 $n=2$ 的情形。

对于一个空间均匀的系统，概率分布具有平移不变性，即

$$P^{(n)}(\boldsymbol{r}_1 + \boldsymbol{a}, \boldsymbol{r}_2 + \boldsymbol{a}, \cdots, \boldsymbol{r}_n + \boldsymbol{a}) = P^{(n)}(\boldsymbol{r}_1, \boldsymbol{r}_2, \cdots, \boldsymbol{r}_n) \tag{3.5.4}$$

这里 $\boldsymbol{a}$ 为任一矢量。对于 $n=1$，有 $P^{(1)}(\boldsymbol{r}_1 + \boldsymbol{a}) = P^{(1)}(\boldsymbol{r}_1) =$ 常数，于是

$$\begin{cases} P^{(1)}(\boldsymbol{r}_1) = \dfrac{1}{V} \\ \rho^{(1)}(\boldsymbol{r}_1) = \dfrac{N}{V} \equiv \rho \end{cases} \tag{3.5.5}$$

这里，$V$ 为系统的体积；$\rho$ 为系统中胶体粒子的数密度。当 $n=2$ 时，均匀系统的概率分布为

$$P^{(2)}(\boldsymbol{r}_1, \boldsymbol{r}_2) = P^{(2)}(\boldsymbol{r}_1 - \boldsymbol{r}_2) \tag{3.5.6}$$

对于各向同性系统，式(3.5.6)进一步化简为

$$P^{(2)}(\boldsymbol{r}_1, \boldsymbol{r}_2) = P^{(2)}(|\boldsymbol{r}_1 - \boldsymbol{r}_2|) \tag{3.5.7}$$

现在引入相关长度的概念。当胶体粒子的间距很大时，任一粒子的概率分布不受其他粒子的影响，或各个粒子的分布是相互独立的。而当粒子比较靠近时，则粒子可以"感觉"到其他粒子的存在，即互相之间是相关的。我们把粒子从相关转向非相关的特征距离定义为相关长度 $\xi$。实际上，相关性不是突然消失。这里的相关长度通常是一个特征长度，若超过这个长度很多，则相关效应可以忽略不计。相关长度 $\xi$ 与相互作用的力程有关，但在临界点附近，相关长度发散。当粒子间距 $r \gg \xi$ 时，

$$P^{(n)}(\boldsymbol{r}_1, \boldsymbol{r}_2, \cdots, \boldsymbol{r}_n) = \prod_{i=1}^{n} P^{(1)}(\boldsymbol{r}_i) \tag{3.5.8}$$

及 (注意到 $n \ll N$)

$$\rho^{(n)}(\boldsymbol{r}_1, \boldsymbol{r}_2, \cdots, \boldsymbol{r}_n) = \prod_{i=1}^{n} \rho^{(1)}(\boldsymbol{r}_i) \tag{3.5.9}$$

定义 $n$ 粒子分布函数为

$$g^{(n)}(\boldsymbol{r}_1, \boldsymbol{r}_2, \cdots, \boldsymbol{r}_n) = \frac{\rho^{(n)}(\boldsymbol{r}_1, \boldsymbol{r}_2, \cdots, \boldsymbol{r}_n)}{\prod\limits_{i=1}^{n} \rho^{(1)}(\boldsymbol{r}_i)} \tag{3.5.10}$$

特别重要的情形是二粒子分布函数

$$g(\boldsymbol{r}_1, \boldsymbol{r}_2) \equiv g^{(2)}(\boldsymbol{r}_1, \boldsymbol{r}_2) = \frac{\rho^{(2)}(\boldsymbol{r}_1, \boldsymbol{r}_2)}{\rho^{(1)}(\boldsymbol{r}_1)\rho^{(1)}(\boldsymbol{r}_2)} \tag{3.5.11}$$

对于均匀各向同性系统

$$g(\boldsymbol{r}_1, \boldsymbol{r}_2) \equiv g(|\boldsymbol{r}_1 - \boldsymbol{r}_2|) = \frac{\rho^{(2)}(|\boldsymbol{r}_1 - \boldsymbol{r}_2|)}{\rho^2} \tag{3.5.12}$$

二粒子分布函数（又称对分布函数）具有明确的物理含义，它正比于当一个粒子固定（如 $\boldsymbol{r}_2$）时，在距该粒子 $|\boldsymbol{r}_1 - \boldsymbol{r}_2| = r$ 处发现另一个粒子的概率。当 $r \gg \xi$ 时，因粒子之间无关联，所以发现一个粒子的概率是一常数。由上述定义可知，此常数取为 1。

　　典型的对分布函数的行为在图 3.5.1 和图 3.5.2 中给出。对于 Lennard-Jones 液体，当 $r$ 小于粒子的典型直径时，$g(r)$ 较小，在 $r = 0$ 附近 $g(r)$ 基本上是 0，在 $r$ 为粒子的典型直径处有一个极大，在接近 2 倍典型直径处也是极大，然后随 $r$ 增加而趋于其渐近值 1。对于硬球液体，当 $r$ 小于硬球直径时 $g(r)$ 为 0，在直径处是一尖锐极大，同样在接近 2 倍直径处也是极大，并随 $r$ 增加而趋于其渐近值 1。对分布函数的这种特征很好理解，在 $r = 0$ 的粒子附近，由于强排斥作用，其他粒子很难到达或完全无法到达（硬球势），在一个直径处形成一个容易到达的壳层，然后是极小后的第二个壳层。当密度较大时，还能出现更多个明显的壳层。

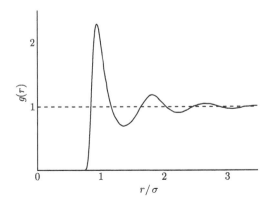

图 3.5.1　Lennard-Jones 液体的对分布函数

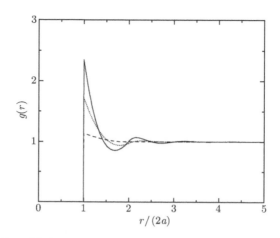

图 3.5.2　硬球粒子悬浮系统中，用 Percus-Yevick 方法求得的对分布函数 $g(r)$ 随粒子间距离 $r/(2a)$ 变化的曲线。实线对应于体积分数 $\phi = 0.3$ 的情况；点虚线对应于体积分数 $\phi = 0.2$ 的情况；虚线对应于体积分数 $\phi = 0.05$ 的情况

在稀薄极限下，对分布函数可以写成

$$g(r) \equiv g^{(2)}(r) = \mathrm{e}^{-\beta u(r)} \tag{3.5.13}$$

这里 $u(r)$ 为二体相互作用势。当 $\beta u(r) \gg 1$ 时，$g(r) \approx 0$。对硬球胶体

$$u(r) = \begin{cases} \infty, & r > 2a \\ 0, & r < 2a \end{cases} \tag{3.5.14}$$

此处 $2a$ 为胶体球的直径。于是，当 $r < 2a$ 时，$g(r) = 0$；当 $r \to \infty$ 时，$g(r) = 1$。一般地 $g(r)$ 具有如图 3.5.2 所示形状，其中 $g(2a^+)$ 的值随体积分数 $\phi$（定义为粒子占据的体积与系统总体积的比值）的增加而增加。在低密度近似下，$g(r)$ 可近似为

$$g(r) = \theta(r - 2a) \tag{3.5.15}$$

对分布函数包含了很多热力学的信息。对于二体相互作用系统，系统的内能可以写为

$$\begin{aligned} E &= \langle H \rangle \\ &= \frac{3}{2} NkT + \frac{1}{2} \rho N \int \mathrm{d}\boldsymbol{r}\, u(r)g(r) \\ &= \frac{3}{2} NkT + 2\pi \rho N \int \mathrm{d}r\, r^2 u(r)g(r) \end{aligned} \tag{3.5.16}$$

胶体系统的渗透压强为

$$\frac{p}{kT} = \rho - \frac{\beta}{3VZ} \int d\boldsymbol{r}^N \left( \sum_{i,j} \frac{\partial u(r_{ij})}{\partial r_{ij}} \cdot r_{ij} \right) e^{-\beta U}$$

$$= \rho - \frac{\rho^2}{6kT} \int d\boldsymbol{r} \, r u'(r) g(r)$$

$$= \rho - \frac{2\pi\rho^2}{3kT} \int_0^\infty d\boldsymbol{r} \, r^3 u'(r) g(r) \tag{3.5.17}$$

这就是胶体系统的物态方程。

从巨正则系综出发，粒子数的涨落为

$$\langle N^2 \rangle - \langle N \rangle^2 = kT \left( \frac{\partial \langle N \rangle}{\partial \mu} \right)_{T,V} = -kT \frac{\langle N \rangle^2}{V^2} \left( \frac{\partial V}{\partial P} \right)_{T,\langle N \rangle} \tag{3.5.18}$$

因 $\rho = \dfrac{\langle N \rangle}{V}$, $dV = -\dfrac{V^2}{\langle N \rangle} d\rho$, 则

$$\langle N^2 \rangle - \langle N \rangle^2 = \langle N \rangle kT \left( \frac{\partial \rho}{\partial P} \right)_T \tag{3.5.19}$$

可以证明

$$\langle N^2 \rangle - \langle N \rangle^2 = \langle N \rangle \left\{ 1 + \rho \int d\boldsymbol{r} \left[ g(\boldsymbol{r}) - 1 \right] \right\} \tag{3.5.20}$$

比较上述两个结果，得到

$$\rho \int d\boldsymbol{r} \left[ g(r) - 1 \right] = \rho kT \chi_T - 1 \tag{3.5.21}$$

这里

$$\chi_T = -\frac{1}{V} \left( \frac{\partial V}{\partial p} \right)_T \equiv \frac{1}{\rho} \left( \frac{\partial \rho}{\partial p} \right)_T > 0 \tag{3.5.22}$$

为等温压缩率。通过对压缩率方程积分，也可以得到系统的物态方程。这一方程应与方程(3.5.17)一致。这称为热力学自洽关系，可以作为检验各种近似方法好坏的一个判据。

二粒子分布函数也可以写成平均值的形式

$$g(\boldsymbol{r}, \boldsymbol{r}') = \frac{V^2}{N(N-1)} \left\langle \sum_{i,j;i \neq j} \delta(\boldsymbol{r} - \boldsymbol{r}_i) \delta(\boldsymbol{r}' - \boldsymbol{r}_j) \right\rangle \tag{3.5.23}$$

对于均匀系统，对分布函数只依赖于 $\boldsymbol{r}$ 和 $\boldsymbol{r}'$ 之间的距离。在此情况下我们有 $g(r)$。

系统的密度算符为

$$\hat{\rho}(\boldsymbol{r}) = \sum_{i=1}^{N} \delta(\boldsymbol{r} - \boldsymbol{r}_i) \tag{3.5.24}$$

其傅里叶变换是[①]

$$\rho_{\boldsymbol{q}} = \int \mathrm{d}\boldsymbol{r}\, \mathrm{e}^{-\mathrm{i}\boldsymbol{q}\cdot\boldsymbol{r}} \hat{\rho}(\boldsymbol{r}) = \sum_l \mathrm{e}^{-\mathrm{i}\boldsymbol{q}\cdot\boldsymbol{r}_l} \tag{3.5.25}$$

当 $q = 0$ 时，

$$\rho_0 = N \tag{3.5.26}$$

是均匀密度的傅里叶变换。记 $\Delta\hat{\rho}(\boldsymbol{r}) \equiv \hat{\rho}(\boldsymbol{r}) - N/V$ 为密度相对于均匀密度的涨落。对于 $\boldsymbol{q} \neq 0$，$\rho_{\boldsymbol{q}} = \Delta\rho_{\boldsymbol{q}}$。定义静态结构因子为

$$S(q) = \frac{1}{N} \langle \Delta\rho_{\boldsymbol{q}} \Delta\rho_{-\boldsymbol{q}} \rangle = \frac{1}{N} \left\langle \left| \sum_l \mathrm{e}^{\mathrm{i}\boldsymbol{q}\cdot\boldsymbol{r}_l} \right|^2 \right\rangle \tag{3.5.27}$$

第二个等号应排除 $\boldsymbol{q} = 0$。式(3.5.27)可以变换为

$$\begin{aligned} S(\boldsymbol{q}) &= \frac{1}{N} \sum_{ij; i\neq j} \langle \mathrm{e}^{-\mathrm{i}\boldsymbol{q}\cdot(\boldsymbol{r}_i-\boldsymbol{r}_j)} \rangle + 1 \\ &= \int \mathrm{d}\boldsymbol{r}\, \mathrm{d}\boldsymbol{r}'\, \mathrm{e}^{-\mathrm{i}\boldsymbol{q}\cdot(\boldsymbol{r}-\boldsymbol{r}')} \frac{1}{N} \sum_{ij; i\neq j} \langle \delta(\boldsymbol{r}-\boldsymbol{r}_i)\delta(\boldsymbol{r}'-\boldsymbol{r}_j) \rangle + 1 \\ &= \frac{N-1}{V^2} \int \mathrm{d}\boldsymbol{r}\, \mathrm{d}\boldsymbol{r}'\, \mathrm{e}^{-\mathrm{i}\boldsymbol{q}\cdot(\boldsymbol{r}-\boldsymbol{r}')} g(\boldsymbol{r}-\boldsymbol{r}') + 1 \\ &= 1 + \rho \int \mathrm{d}\boldsymbol{r}\, g(\boldsymbol{r}) \mathrm{e}^{-\mathrm{i}\boldsymbol{q}\cdot\boldsymbol{r}} \\ &= 1 + \rho \int \mathrm{d}\boldsymbol{r}\, [g(\boldsymbol{r}) - 1] \mathrm{e}^{-\mathrm{i}\boldsymbol{q}\cdot\boldsymbol{r}} + \rho V \delta_{\boldsymbol{q},0} \end{aligned}$$

这里的最后一项 $\rho V \delta_{\boldsymbol{q},0} = N \delta_{\boldsymbol{q},0} = \frac{1}{N} \langle \rho_0^2 \rangle \delta_{\boldsymbol{q},0}$，对应 $\boldsymbol{q} = 0$，应该排除。这样就得

---

[①] 在本书中，我们定义实空间函数 $f(\boldsymbol{r})$ 的傅里叶变换 $f_{\boldsymbol{q}} \equiv f(\boldsymbol{q})$ 为

$$f_{\boldsymbol{q}} = \int \mathrm{d}\boldsymbol{r}\, \mathrm{e}^{-\mathrm{i}\boldsymbol{q}\cdot\boldsymbol{r}} f(\boldsymbol{r})$$

其逆变换为

$$f(\boldsymbol{r}) = \frac{1}{V} \sum_{\boldsymbol{q}} f_{\boldsymbol{q}} \mathrm{e}^{\mathrm{i}\boldsymbol{q}\cdot\boldsymbol{r}}$$

其中 $V$ 是体积（二维空间时为面积，一维空间时为长度），当体积 $V \to \infty$ 时，逆变换成为

$$f(\boldsymbol{r}) = \frac{1}{(2\pi)^d} \int \mathrm{d}\boldsymbol{q}\, f(\boldsymbol{q}) \mathrm{e}^{\mathrm{i}\boldsymbol{q}\cdot\boldsymbol{r}}$$

其中 $f_{\boldsymbol{q}}$ 主要用在对 $\boldsymbol{q}$ 求和的公式中，而 $f(\boldsymbol{q})$ 主要用在对 $\boldsymbol{q}$ 积分的公式中。实际计算总是对于 $\boldsymbol{q}$ 的积分。

到了均匀系统对分布函数的傅里叶变换与静态结构因子的关系

$$S(q) = 1 + \rho \int \mathrm{d}\boldsymbol{r}\, \mathrm{e}^{-\mathrm{i}\boldsymbol{q}\cdot\boldsymbol{r}}[g(r)-1]$$
$$= 1 + \frac{4\pi\rho}{q} \int_0^\infty \mathrm{d}r\, r\sin(qr)[g(r)-1] \tag{3.5.28}$$

当 $q \to \infty$ 时，$S(q) \to 1$。对式(3.5.28)做逆傅里叶变换，就能得到对分布函数 $g(r)$ 为

$$g(r) = \frac{1}{(2\pi)^3} \int \mathrm{d}\boldsymbol{q}\, \mathrm{e}^{-\mathrm{i}\boldsymbol{q}\cdot\boldsymbol{r}}\left[\frac{S(q)-1}{\rho}\right]$$
$$= 1 + \frac{1}{2\pi^2\rho r} \int_0^\infty \mathrm{d}q\, q\sin(qr)[S(q)-1] \tag{3.5.29}$$

利用式(3.5.21)和式(3.5.28)，我们还可得到

$$\lim_{q\to 0} S(q) = \rho kT\chi_T \tag{3.5.30}$$

## 3.6 平 均 力 势

在胶体物理中，一个常用的物理量是所谓平均力势（potential of mean force），通常记为 $w(r)$，直接由对分布函数定义

$$g(r) = \mathrm{e}^{-\beta w(r)} \tag{3.6.1}$$

即

$$w(r) = -kT\ln g(r) \tag{3.6.2}$$

由定义，对于 $N$ 个粒子的系统，$g(r)$ 为

$$g(r_{12}) = \frac{V^2}{Z} \int \mathrm{d}\boldsymbol{r}_3\cdots\mathrm{d}\boldsymbol{r}_N\, \mathrm{e}^{-\beta U(\boldsymbol{r}^N)} \tag{3.6.3}$$

其中的 $\boldsymbol{r}_{12} = \boldsymbol{r}_1 - \boldsymbol{r}_2$，$r_{12} = |\boldsymbol{r}_{12}|$。把 $w(r)$ 看成粒子 2 固定时粒子 1 所受力的势能，则粒子 1 所受的力为

$$-\nabla_1 w(r) = \frac{\int \mathrm{d}\boldsymbol{r}_3\cdots\mathrm{d}\boldsymbol{r}_N\left[-\nabla_1 U(\boldsymbol{r}^N)\right]\mathrm{e}^{-\beta U(\boldsymbol{r}^N)}}{\int \mathrm{d}\boldsymbol{r}_3\cdots\mathrm{d}\boldsymbol{r}_N\, \mathrm{e}^{-\beta U(\boldsymbol{r}^N)}}$$
$$= \left\langle -\nabla_1 U(\boldsymbol{r}^N)\right\rangle_{1,2} \tag{3.6.4}$$

$\nabla_1$ 表示对于 $\boldsymbol{r}_1$ 求梯度。这个表达式可以解释为在固定粒子 2 时，其他 $N-2$ 个粒子的每一个位形下粒子 1 所受的力对于所有位形的平均，而 $w(r)$ 就是这个平

均力的势能。$w(r)$ 也可以理解为在给定了粒子数 $N$、体积 $V$ 和温度 $T$ 的条件下，把粒子 1 和粒子 2 从相距无穷远移动到相距为 $r_{12}$ 所做的可逆功。为了看清这一点，我们注意到，若固定粒子 1 和粒子 2，则其余 $N-2$ 个粒子的自由能为

$$F(r_{12}) = -kT \ln \int \mathrm{d}\boldsymbol{r}_3 \cdots \mathrm{d}\boldsymbol{r}_N \, \mathrm{e}^{-\beta U(\boldsymbol{r}^N)} + F_0(N-2) \qquad (3.6.5)$$

其中 $F_0(N-2)$ 为与位形无关的部分，来自 $N-2$ 个粒子的动量的贡献。于是有

$$\begin{cases} w(r_{12}) = F(r_{12}) - F(\infty) \\ -\nabla_{12} w(r_{12}) = -\nabla_{12} F(r_{12}) \end{cases} \qquad (3.6.6)$$

这里，$\nabla_{12}$ 表示对 $\boldsymbol{r}_{12}$ 求梯度。由热力学可知，自由能的改变为对系统做的可逆功（极小功），而当粒子数、体积和温度固定时，粒子 1 和 2 之间的无穷小位移 $\mathrm{d}\boldsymbol{r}_{12}$ 导致自由能改变

$$\mathrm{d}F = \nabla_{12} F(r_{12}) \cdot \mathrm{d}\boldsymbol{r}_{12} \qquad (3.6.7)$$

这就是与此改变所对应的对系统做的极小功，而其负值

$$\delta W_{\mathrm{rev}} = -\nabla_{12} F(r_{12}) \cdot \mathrm{d}\boldsymbol{r}_{12} = -\nabla_{12} w(r_{12}) \cdot \mathrm{d}\boldsymbol{r}_{12} \qquad (3.6.8)$$

就是 $N-2$ 个粒子的系统对于粒子 1 和 2 之间的无穷小位移所做的极大功。

$w(r)$ 比粒子之间的直接相互作用势 $u(r)$ 复杂得多，这是因为计入了其他 $N-2$ 个粒子的位形对于粒子 1 和 2 的影响。在密度极低的情形下，$g(r) \to \exp\{-\beta u(r)\}$，$w(r) \to u(r)$。对于硬球系统，$w(r)$ 在 $r$ 小于 2 倍硬球直径时，1 和 2 硬球之间不可能有其他硬球进入，从而形成排空效应，对应的 $w(r)$ 是吸引相互作用，这种相互作用称为排空相互作用。近年来排空相互作用及其效应得到深入研究，特别是当另外的粒子的尺寸远小于粒子 1 和 2 时，有一些特殊的表现。我们在第 4 章将较详细地介绍这种相互作用。

## 3.7    计算对分布函数的积分方程方法

理论上计算对分布函数的方法通常为数值模拟方法，如蒙特卡罗方法、分子动力学方法、密度泛函理论方法、积分方程方法等，其中积分方程方法比较简单，也较常用。除了对分布函数外，还可以引入总相关函数 $h(r)$，定义为

$$h(r) = g(r) - 1 \qquad (3.7.1)$$

显然，当 $r \to \infty$ 时，$h(r) \to 0$。$h(r)$ 代表两个相距为 $r$ 的粒子之间的关联。与总相关函数对应，可以引入直接相关函数 $c(r)$，它与总相关函数由下式联系

$$h(r) = c(r) + \rho \int \mathrm{d}\boldsymbol{r}' \, c(|\boldsymbol{r} - \boldsymbol{r}'|) h(r') \qquad (3.7.2)$$

这一公式称为 Ornstein-Zernike(OZ) 方程[52]，此处可以看成是直接相关函数 $c(r)$ 的定义。OZ 方程的傅里叶变换为

$$h(q) = c(q) + \rho c(q) h(q) \tag{3.7.3}$$

由此可得

$$h(q) = \frac{c(q)}{1 - \rho c(q)} \tag{3.7.4}$$

以及

$$[1 + \rho h(q)][1 - \rho c(q)] = 1 \tag{3.7.5}$$

为了求得相关函数，我们还需要引入一个闭合方程。对于二体相互作用体系，严格的闭合方程是

$$g(r) = e^{-\beta u(r) - c(r) + h(r) + b(r)} \tag{3.7.6}$$

式中，$u(r)$ 为二体相互作用势；$b(r)$ 为桥函数。这一闭合关系可以通过图形展开得到，也可以从密度泛函理论推出。桥函数 $b(r)$ 的名称来源于图形展开中的桥图。这个方程的推导过程比较长，这里不做详细推导，有兴趣的读者可以参看统计物理的专门著作，例如文献 [53]。

如果忽略桥函数 $b(r)$，得到的结果称为超网链 (hypernetted chain，HNC) 方程

$$g(r) = e^{-\beta u(r) - c(r) + h(r)} \tag{3.7.7}$$

把式(3.7.7)对 $h(r) - c(r)$ 线性化，得到的结果为 Percus-Yevick（PY）方程[54]

$$g(r) = e^{-\beta u(r)}[1 + h(r) - c(r)] = e^{-\beta u(r)}[g(r) - c(r)] \tag{3.7.8}$$

或

$$c(r) = g(r)[1 - e^{\beta u(r)}] \tag{3.7.9}$$

对于硬球胶体，通常 PY 方程给出比较精确的结果，而对于长程相互作用体系，则 HNC 方程的结果更好一些。为了得到更精确的结果，人们还提出了很多不同的近似闭合关系，其中比较著名的有 Rogers-Young（RY）方程[55]

$$g(r) = e^{-\beta u(r)} \left\{ 1 + \frac{e^{f(r)[h(r) - c(r)]} - 1}{f(r)} \right\} \tag{3.7.10}$$

其中，$f(r) = 1 - \exp\{-\lambda r\}$。方程中引入的参数 $\lambda$ 由热力学自洽关系决定。另一个参数更多的关系由 Verlet 给出[56,57]

$$g(r) = e^{-\beta u(r) + Y} \tag{3.7.11}$$

其中，

$$Y = [h(r) - c(r)] - A[h(r) - c(r)]^2 \frac{1 + \lambda[h(r) - c(r)]}{1 + \mu[h(r) - c(r)]}$$

其中，$A$，$\lambda$ 和 $\mu$ 为三个参数，通过热力学自洽关系来确定。实际上，热力学自洽关系只有当精确得到 $g(r)$ 时才能完全满足。利用热力学自洽关系确定参数的具体做法是：通过调节参数，两种途径得到的物态方程的差别取极小，则对应的参数即为所求的参数，而极小值的数字可以判定对应的闭合关系的好坏。

在低密度极限下，对于汤川势还可以引入更简单的近似——平均球近似 (MSA)

$$c(r) = e^{-\beta u(r)}, \quad r > 2a \tag{3.7.12}$$

通常，对于排斥相互作用，如汤川相互作用，RY 方程能给出非常好的结果。

求解 OZ 方程通常采用迭代解法，即先猜一个直接关联函数 $c(r)$，由 OZ 方程可以算出总相关函数 $h(r)$，再代入闭合关系可以得到新的 $c(r)$，反复迭代到收敛为止。对于密度较小的系统，这个迭代过程收敛很快；当密度较大时，收敛较慢，甚至不收敛，这时需要一些特别的处理方法。

## 3.8　多组元系统

对分布函数、直接相关函数等概念可直接推广到多组元系统，如多组元胶体。本节对此作一简短的介绍。设想 $m$ 个不同组元的胶体粒子构成的系统，粒子的直径记为 $\sigma_\alpha$，每一组元的密度为 $\rho_\alpha = N_\alpha/V$，$\alpha = 1, 2, \cdots, m$。假定粒子之间只有二体相互作用 $u_{\alpha\beta}(r)$，我们可以与单组元一样定义 $g_{\alpha\beta}(r)$ 及对应的 $c_{\alpha\beta}(r)$ 和 $h_{\alpha\beta}(r) = g_{\alpha\beta}(r) - 1$。$u_{\alpha\beta}(r)$ 对于 $\alpha$ 和 $\beta$ 对称，所以各个相关函数也对 $\alpha$ 和 $\beta$ 对称，这样，每一类相关函数总共有 $m(m+1)/2$ 个独立。OZ 方程成为 $m(m+1)/2$ 个联立的方程组

$$h_{\alpha\beta}(r) = c_{\alpha\beta}(r) + \sum_{\gamma=1}^{m} \rho_\gamma \int d\boldsymbol{r}' \, c_{\alpha\gamma}(|\boldsymbol{r} - \boldsymbol{r}'|) h_{\gamma\beta}(r') \tag{3.8.1}$$

其傅里叶变换为

$$h_{\alpha\beta}(q) = c_{\alpha\beta}(q) + \sum_{\gamma=1}^{m} \rho_\gamma c_{\alpha\gamma}(q) h_{\gamma\beta}(q) \tag{3.8.2}$$

为了求解 OZ 方程，我们还需要 $m(m+1)/2$ 个闭合关系。3.7 节讨论的各闭合关系均可以推广到多组元系统，这里不再继续讨论。

# 3.9 蒙特卡罗模拟，Metroplis 算法

为了计算热力学量，我们需要计算在各种分布下的平均值，这通常需要计算一个多重积分 (对于分立变量的系统，是一个对各种位形的求和)，如果所考虑的系统有 $N$ 个原子，就需要计算 $3N$ 重的积分，$N$ 通常是一个非常大的数。例如，为了得到可靠的结果，$N$ 一般取 100~10000。计算这样高重的积分，除非可以解析求解，否则蒙特卡罗（Monte Carlo）方法就是唯一选择。

蒙特卡罗方法计算积分的基本思路是在积分区域内取一系列均匀分布的随机点 $\boldsymbol{x}_1, \boldsymbol{x}_2, \boldsymbol{x}_3, \cdots, \boldsymbol{x}_M$，在这些随机点上计算被积函数的值并求平均，再乘以积分区域的体积。以正则系综为例，计算力学量 $b(\boldsymbol{x}_i)$ 的平均值所对应的积分可以写成

$$B = \frac{\sum_{i=1}^{M} b(\boldsymbol{x}_i) \exp\left\{-\beta H(\boldsymbol{x}_i)\right\}}{\sum_{i=1}^{M} \exp\left\{-\beta H(\boldsymbol{x}_i)\right\}} \tag{3.9.1}$$

稍一分析，就可发现这种做法完全行不通。由于指数因子的存在，整个被积函数在积分区域内剧烈变化，这将导致误差变大。实际情况比这还要糟糕，因为被积函数相差太大，对于有限位数的计算机来说，式(3.9.1)的求和根本无法进行。为了能够计算并得到结果，可以不在积分区域内均匀取点，而是按照某种分布 $P(\boldsymbol{x})$ 取点，此时式 (3.9.1)成为

$$B = \frac{\sum_{i=1}^{M} b(\boldsymbol{x}_i) \exp\left\{-\beta H(\boldsymbol{x}_i)\right\}/P(\boldsymbol{x}_i)}{\sum_{i=1}^{M} \exp\left\{-\beta H(\boldsymbol{x}_i)\right\}/P(\boldsymbol{x}_i)} \tag{3.9.2}$$

如果取

$$P(\boldsymbol{x}_i) = \frac{\exp\left\{-\beta H(\boldsymbol{x})\right\}}{Q} \tag{3.9.3}$$

为正则分布，则精度可大大提高，且式(3.9.2)简化为

$$B = \frac{1}{M} \sum_{i=1}^{M} b(\boldsymbol{x}_i) \tag{3.9.4}$$

现在的问题在于，如何实现按正则分布的抽样？为此，我们先简单介绍一下马尔可夫 (Markov) 过程。

　　对于一个我们所要研究的统计物理系统，它可以处于各种允许的微观状态。例如对于一个由 $N$ 个粒子组成的系统，给定了每个粒子的位置和动量就决定了一个状态，这可用由 $3N$ 维位置空间和 $3N$ 维动量空间构成的 $6N$ 维相空间的一个点来表示。从经典角度来讲，系统可有无穷多个微观状态，但量子力学的不确定关系限制了相空间一个"点"最小为 $h^{3N}$，$h$ 为普朗克常量，因而系统总的微观状态数约为

$$\left(\frac{4\pi}{3}\bar{p}^3 V\right)^N \frac{1}{h^{3N} N!}$$

式中，$\bar{p}$ 为单个粒子动量大小的平均值；$V$ 为体积；分母上的 $N!$ 因子是由于在微观上不区分非常相似的粒子。我们注意到，当 $N$ 较大时，系统的微观状态数非常大，因而对所有状态的求和根本无法做到。我们所要做的事情是，在所有微观状态中选出很小的一部分，并利用这一小部分微观状态做计算。这一小部分微观状态作为系统所有微观状态的代表，需要满足正则分布。实现这个要求的方法是通过一个随机的马尔可夫过程来抽样。

　　构造一个过程，从系统的某一微观状态出发，并在过程的每一步转移到一个新的状态。为了确定起见，下面用 $\boldsymbol{X}_i$ 代表系统的微观状态，如果从 $\boldsymbol{X}_0$ 出发，则这一过程产生一系列状态 $\boldsymbol{X}_1, \boldsymbol{X}_2, \cdots, \boldsymbol{X}_i, \cdots$，这一系列状态构成一个链。所谓马尔可夫过程，是指在过程的每一步所达到的状态只与前一状态有关，从一状态 $r$ 到另一状态 $s$ 的转移通过一转移概率 $W(\boldsymbol{X}_r \to \boldsymbol{X}_s)$ 来实现。由马尔可夫过程产生的一系列状态构成一个序列，称为马尔可夫过程链。

　　为了实现按照正则分布抽样，我们可以构造一个马尔可夫过程链，使得无论从何状态出发，都存在一个大数 $M_0$，在丢掉链的前面 $M_0$ 个状态后，链上其余的状态满足正则分布。现在我们来证明，只要取 $W(\boldsymbol{X}_r \to \boldsymbol{X}_s)$ 满足如下条件，就可达到我们的要求。

$$P(\boldsymbol{X}_r)W(\boldsymbol{X}_r \to \boldsymbol{X}_s) = P(\boldsymbol{X}_s)W(\boldsymbol{X}_s \to \boldsymbol{X}_r) \tag{3.9.5}$$

式中，$P(\boldsymbol{X})$ 为正则分布(3.9.3)。这一式子又称为细致平衡条件。为了证明式(3.9.5)，我们考虑很多个平行的马尔可夫过程链，在给定的某一步，有 $N_r$ 个链处于第 $r$ 个态，$N_s$ 个链处于第 $s$ 个态。于是在下一步从 $r$ 态到 $s$ 态的数目为

$$N_{r \to s} = N_r W(\boldsymbol{X}_r \to \boldsymbol{X}_s)$$

从 $s$ 态到 $r$ 态的数目为

$$N_{s \to r} = N_s W(\boldsymbol{X}_s \to \boldsymbol{X}_r)$$

从 $r$ 态到 $s$ 态净转移的数目为

$$\Delta N_{r \to s} = N_r W(\boldsymbol{X}_s \to \boldsymbol{X}_r) \left[ \frac{W(\boldsymbol{X}_r \to \boldsymbol{X}_s)}{W(\boldsymbol{X}_s \to \boldsymbol{X}_r)} - \frac{N_s}{N_r} \right] \tag{3.9.6}$$

若 $W(\boldsymbol{X}_r \to \boldsymbol{X}_s)$ 满足式(3.9.5)，则式(3.9.6)成为

$$\Delta N_{r \to s} = N_r W(\boldsymbol{X}_s \to \boldsymbol{X}_r) \left[ \frac{P(\boldsymbol{X}_s)}{P(\boldsymbol{X}_r)} - \frac{N_s}{N_r} \right] \tag{3.9.7}$$

这是一个十分重要的结果。式 (3.9.7)表明，如果两个状态之间不满足正则分布，则这一马尔可夫过程的演化结果将总是使其趋于满足。这样，就证明了我们的论断。

有了上面的定理，就可以实现正则分布的抽样，我们只要选择一个满足细致平衡条件的转移概率，产生一个马尔可夫过程链，丢掉链的前面 $M_0$ 个状态，并用其余状态进行计算即可。这一算法是 20 世纪 50 年代初由 Metropolis 提出来的，因此现在一般称为 Metropolis 算法[58]。考虑从 $r$ 态到 $s$ 态的转移，若二状态的能量差为

$$\delta H \equiv H(\boldsymbol{X}_s) - H(\boldsymbol{X}_r)$$

则

$$\frac{W(\boldsymbol{X}_r \to \boldsymbol{X}_s)}{W(\boldsymbol{X}_s \to \boldsymbol{X}_r)} = \exp\{-\beta \delta H\}$$

$W(\boldsymbol{X}_r \to \boldsymbol{X}_s)$ 由两部分构成，一部分是选择概率 $W_p(\boldsymbol{X}_r \to \boldsymbol{X}_s)$，即在所有微观状态中选择状态 $s$，第二部分是接受概率 $W_a(\boldsymbol{X}_r \to \boldsymbol{X}_s)$，即接受所选状态的概率。

$$W(\boldsymbol{X}_r \to \boldsymbol{X}_s) = W_p(\boldsymbol{X}_r \to \boldsymbol{X}_s) W_a(\boldsymbol{X}_r \to \boldsymbol{X}_s) \tag{3.9.8}$$

通常，$W_p(\boldsymbol{X}_r \to \boldsymbol{X}_s)$ 在离开状态 $r$ 的一定"范围"内取为常数，"范围"之外为 0。对于粒子系统，实际的操作过程就是选择一个粒子，使其移动到附近的一点。当年 Metropolis 选择

$$W_a(\boldsymbol{X}_r \to \boldsymbol{X}_s) = \begin{cases} \exp\{-\beta \delta H\}, & \delta H > 0 \\ 1, & \delta H \leqslant 0 \end{cases} \tag{3.9.9}$$

目前常用的另一种选择是

$$W_a(\boldsymbol{X}_r \to \boldsymbol{X}_s) = \frac{1}{2} \left[ 1 - \tanh\left( \frac{\beta \delta H}{2} \right) \right] \tag{3.9.10}$$

需要特别注意的是，这个 $s$ 的集合包含 $r$ 自己，如果选择的一个 $s$ 不被接受，则 $r$ 就作为马尔可夫链上的一个新的状态。

应当注意的是，$W$ 的选择并不唯一，只要满足式(3.9.5)的要求即可，但不同的 $W$ 收敛速度往往差别很大，如何选择合适的 $W$ 以达到尽可能快的收敛速度和尽可能高的计算精度，仍然是当前蒙特卡罗算法研究的前沿课题之一。

## 3.10　Lennard-Jones 模型的蒙特卡罗模拟

Lennard-Jones 模型是一个重要的液体模型，对于理解蒙特卡罗方法也很有帮助，本节介绍这一模型及其模拟。Lennard-Jones 模型假定分子是球形的，其二体相互作用为

$$U = \sum_{\langle i,j \rangle} u_{ij} = \sum_{\langle i,j \rangle} 4\varepsilon \left[ \left( \frac{\sigma}{r_{ij}} \right)^{12} - \left( \frac{\sigma}{r_{ij}} \right)^6 \right] \tag{3.10.1}$$

这里，$r_{ij} = |\boldsymbol{r}_i - \boldsymbol{r}_j|$；$\sigma$ 和 $\varepsilon$ 是模型的两个参量；求和对所有的粒子对进行。

这一模型由两部分构成：一部分是吸引相互作用，与距离的 6 次方成反比，来自中性原子的涨落偶极矩的相互作用，是一个纯量子力学效应，在第 1 章中做过仔细分析；另一部分是与距离的 12 次方成反比的排斥相互作用，这一部分主要来自泡利不相容原理，但并没有很好的量子力学计算，基本上是唯象引入。

系统的位形由所有粒子的位置来确定。Metropolis 算法的蒙特卡罗模拟由如下几步构成。

（1）把粒子的位置初始化到 FCC 格点上。

（2）随机选择第 $k$ 个粒子作为打算移动的粒子，并设想做了移动：$\boldsymbol{r}'_k = \boldsymbol{r}_k + \delta \boldsymbol{r}_k$，这里

$$\begin{cases} \delta x_k = \Delta \left( \text{rand}() - 0.5 \right) \\ \delta y_k = \Delta \left( \text{rand}() - 0.5 \right) \\ \delta z_k = \Delta \left( \text{rand}() - 0.5 \right) \end{cases} \tag{3.10.2}$$

$\Delta$ 是一个事先指定的值，计算中把它调节到接受概率为 0.3 左右，rand() 可以是任何能够产生 0 到 1 之间的均匀随机数的好的随机数发生器。

（3）计算能量改变

$$\Delta E = U(\{\boldsymbol{r}'\}) - U(\{\boldsymbol{r}\})$$

（4）如果 $\exp\{-\beta \Delta E\}$ 大于一个 0 到 1 之间的均匀分布的随机数，则接受这个移动，形成新的位形；否则把原来的位形作为新的位形。

（5）跳到第 2 步。

计算分为两个步骤：① 达到平衡的过程，只要重复上述算法足够多次即可；② 在达到平衡后，则利用上述过程生成的位形计算各个所需的物理量，并重复运行，积累这些物理量并最终得到其算术平均值。我们定义平均每个粒子被访问了一次为一个蒙特卡罗步，物理量的计算一般是每个蒙特卡罗步做一次。对于任一

用微观位形表示的物理量 $A$，其平均值为

$$\langle A \rangle = \frac{1}{M} \sum_{i=1}^{M} A_i \tag{3.10.3}$$

这里，$A_i$ 是由第 $i$ 个蒙特卡罗步的位形计算出来的 $A$ 的数值；$M$ 是所用的蒙特卡罗步数。如果每个用来计算的位形是独立的，按照中心极限定理，在一定的可靠程度下，$\langle A \rangle$ 的统计误差可以用下式来估计：

$$\Delta A = \frac{\sigma}{\sqrt{M}} \tag{3.10.4}$$

这里 $\sigma$ 为 $A$ 的根方差，可以由下式估计：

$$\sigma \approx \sqrt{\langle A^2 \rangle - \langle A \rangle^2} \tag{3.10.5}$$

对于粒子系统，通常计算如下量的平均值。

（1）动能 $\sum_{i=1}^{N} \frac{1}{2} m v_i^2$；

（2）势能 $U = \sum_{\langle i,j \rangle} u(r_{ij})$，这里 $\langle i,j \rangle$ 表示所有的粒子对，由动能和势能的平均值就可以得到能量的平均值（即内能）；

（3）位力 $\sum_{\langle i,j \rangle} r_{ij} \frac{\partial u(r_{ij})}{\partial r_{ij}}$，位力的平均值与物态方程相联系

$$\frac{p}{kT} = 1 - \frac{1}{3NkT} \left\langle \sum_{\langle i,j \rangle} r_{ij} \frac{\partial u}{\partial r_{ij}} \right\rangle \tag{3.10.6}$$

（4）我们还需要积累计算对分布函数的数据。由于系统的尺寸限制，只能计算一个范围内的对分布函数。设能够计算的最大距离为 $r_{\max}$，我们可以把区间 $[0, r_{\max}]$ 划分为一些小区间，第 $i$ 个区间为 $[i\Delta r, (i+1)\Delta r]$，在模拟的每一次取样时，在数组 $n(i)$ 中加入相距在第 $i$ 个区间的粒子对的数目，并在计算结束后取平均。由此可以得到对分布函数

$$g(r) = \frac{V}{N(N-1)/2} \frac{\langle n(r) \rangle}{4\pi r^2 \Delta r} \tag{3.10.7}$$

因为实际计算中所用到的粒子数 $N$ 比较小，一般是 $10^3 \sim 10^5$ 的数量级，对于一些特殊需要的计算，目前大概可以到更多粒子数，例如 $10^7$，但计算量也非常巨大。这样的数目与宏观系统的 $10^{23}$ 个粒子相距甚远，所以边界条件的选择也非常重要。一般地，除了特殊需要外，都选择周期性边界条件 (PBC)，即把所要

模拟的系统在所有方向周期性地延伸，当选择的粒子移动导致粒子从系统的一边移出时，对应在对面的边界移入。

在蒙特卡罗模拟的每一步，能量改变的计算是整个模拟过程中计算量最大的部分，为了提高计算速度，注意到 Lennard-Jones 势能随距离衰减较快，所以可以通过把势能截断来减小计算量，目前，大家都习惯取截断距离为 $r_c = 2.5\sigma$，即对于相距 $r > r_c$ 的粒子，认为其相互作用为 0。在截断处，势能由 $u(r_c)$ 突变为 0，其导数发散，这可能导致位力计算的误差。解决这个问题的简单方法是计算位力时用截断移动势能，即对截断势能 $u_c$ 做一移动，使 $u_c(r_c) = 0$，这只要取

$$u_c(r) = \begin{cases} u(r) - u(r_c), & r \leqslant r_c \\ 0, & r > r_c \end{cases} \tag{3.10.8}$$

这个截断和移动导致的误差可以通过计算尾修正得到部分补偿，即用下面的式子计算最后的势能和物态方程。

$$\begin{cases} \langle U \rangle = \langle U \rangle_{\text{cutoff}} + 2\pi\rho N \int_{r_{\text{cutoff}}}^{\infty} \mathrm{d}r\, r^2 u(r) g(r) \\ \dfrac{p}{\rho kT} = 1 - \dfrac{1}{3NkT} \left\langle \sum_{\langle i,j \rangle} r_{ij} \dfrac{\partial u}{\partial r_{ij}} \right\rangle_{\text{cutoff}} \\ \qquad - \dfrac{2\pi\rho}{3kT} \int_{r_{\text{cutoff}}}^{\infty} \mathrm{d}r\, r^3 \dfrac{\partial u}{\partial r} g(r) \end{cases} \tag{3.10.9}$$

在 Metropolis 算法中，每一个位形来自其前一个位形的微小变化（或不变），显然每一个位形与前一个位形紧密相关。通常在经过几个蒙特卡罗步之后，位形之间的关联才会消失。统计误差的公式 $\Delta A = \sigma/\sqrt{M}$ 通常低估了统计误差，正确的公式应该是

$$\Delta A = \sigma \sqrt{\frac{1 + 2\tau}{M}} \tag{3.10.10}$$

$\tau$ 为相关时间，大致上就是为了产生相互独立的位形所需要的蒙特卡罗步。相关时间 $\tau$ 可以通过下面的方式来计算。定义相关函数

$$f(t) = \frac{\langle A(0)A(t) \rangle - \langle A \rangle^2}{\langle A^2 \rangle - \langle A \rangle^2} \tag{3.10.11}$$

此处时间 $t$ 以蒙特卡罗步来量度。这里的角括号代表对于蒙特卡罗步的平均，

$$\langle A(0)A(t) \rangle = \frac{1}{M} \sum_{n=1}^{M} A(n)A(n+t)$$

$A(n)$ 为物理量 $A$ 在第 $n$ 个蒙特卡罗步的值。相关时间可以由下式定义和计算：

$$\tau = \sum_{t=1}^{\infty} f(t) \tag{3.10.12}$$

在临界点附近，很多热力学量具有奇异性，相关时间也是如此。对于一个无穷大的格点，相关时间按照幂律的方式发散，即

$$\tau \propto |T - T_c|^{-\nu z} \tag{3.10.13}$$

这里，$\nu$ 是相关长度的临界指数，而 $z$ 是动态临界指数。相关时间变得非常长的现象称为临界慢化，它不仅发生在蒙特卡罗计算中，也发生在实际的系统中，在临界点附近，实际系统趋向平衡的时间也会变得非常长。对于尺度为 $L$ 的有限系统，相关时间不会趋向无穷。当 $T = T_c$ 时，相关时间随系统的尺寸而增长，即

$$\tau \propto L^z, \quad T = T_c \tag{3.10.14}$$

把这个结果代入误差公式，我们得到，当 $T = T_c$ 时

$$\Delta A \approx \frac{\sigma L^{z/2}}{\sqrt{N}} \tag{3.10.15}$$

由此可见，数值模拟临界点附近的性质将会非常困难，直接利用 Metropolis 算法几乎不可能得到可靠的结果。1987 年，Swendsen 和王建生针对 Ising 模型发展了处理这个问题的集团算法。这一方法已经推广到粒子系统中，这里不再做进一步介绍，有兴趣的读者可以参看相关文献[59-62]。

本节以正则系综为例，简单介绍了蒙特卡罗方法，我们在处理实际问题时，应根据需要采用不同的系综。针对定压定温系综，巨正则系综等的蒙特卡罗方法都已经有了很好的发展和研究，读者可以查阅相关专著和文献[63]。

## 3.11 蒙特卡罗方法计算自由能

在蒙特卡罗方法中，计算自由能、熵、化学势等量比计算力学量的平均值要困难得多。本节简单讨论自由能的计算，并介绍若干非常实用的计算方法。

最常规的计算方法是热力学积分方法，这已经在前面做了介绍。这里先介绍 Bennett 方法[64]。这个方法用来计算两个系统的自由能之差，即如果知道其中一个系统的自由能，利用这个方法就能计算出另一个系统的自由能。在很多问题中，我们并不需要知道自由能的绝对数值，需要计算的就是两个系统之间的自由能之差，Bennett 方法就能够直接满足这个要求。

设想两个系统的粒子数等约束条件均相同，但其势能分别为 $U_0$ 和 $U_1$。其自由能之差为

$$\beta \Delta F = \beta F_1 - \beta F_0 = -\ln \frac{Z_1}{Z_0} \tag{3.11.1}$$

这里

$$\begin{cases} Z_1 = \int \exp\left[-\beta U_1(X)\right] \mathrm{d}X \\ Z_0 = \int \exp\left[-\beta U_0(X)\right] \mathrm{d}X \end{cases} \tag{3.11.2}$$

分别为对应于势能 $U_1$ 和 $U_0$ 的位形积分。为了简化符号，这里的 $X$ 代表所有粒子位置的集合，而对 $\mathrm{d}X$ 的积分则是对所有粒子位置的积分。这两个位形积分的比值可以做如下变换：

$$\frac{Z_1}{Z_0} = \frac{Z_1}{Z_0} \frac{\int W(X) \exp\left\{-\beta[U_0(X) + U_1(X)]\right\} \mathrm{d}X}{\int W(X) \exp\left\{-\beta[U_0(X) + U_1(X)]\right\} \mathrm{d}X}$$

$$= \frac{\langle W \exp\left(-\beta U_1\right)\rangle_0}{\langle W \exp\left(-\beta U_0\right)\rangle_1} \tag{3.11.3}$$

这里，尖括号的下标 0 和 1 代表对于势能 $U_0$ 和 $U_1$ 的正则分布的平均。$W$ 是一个任意的位形的函数。现在，如果选取

$$W \propto \left[\frac{1}{n_1}\exp\left(-\beta U_0\right) + \frac{1}{n_0}\exp\left(-\beta U_1\right)\right]^{-1} \tag{3.11.4}$$

其中的 $n_0$ 和 $n_1$ 是两个任意常数，便有

$$\frac{Z_1}{Z_0} = \frac{n_0}{n_1} \frac{\left\langle \left\{1 + \dfrac{n_0}{n_1}\exp\left[\beta(U_1 - U_0)\right]\right\}^{-1}\right\rangle_0}{\left\langle \left\{1 + \dfrac{n_1}{n_0}\exp\left[\beta(U_0 - U_1)\right]\right\}^{-1}\right\rangle_1} \tag{3.11.5}$$

如果令

$$\frac{n_0}{n_1} = \mathrm{e}^C \tag{3.11.6}$$

就可以得到

$$\frac{Z_1}{Z_0} = \mathrm{e}^C \frac{\langle f(\beta U_1 - \beta U_0 + C)\rangle_0}{\langle f(\beta U_0 - \beta U_1 - C)\rangle_1} \tag{3.11.7}$$

这里 $f(x) = (1 + \mathrm{e}^x)^{-1}$ 为费米函数。于是自由能的差就成为

$$\beta \Delta F = -\ln \frac{Z_1}{Z_0} = -\ln \frac{\langle f(\beta U_1 - \beta U_0 + C)\rangle_0}{\langle f(\beta U_0 - \beta U_1 - C)\rangle_1} - C \tag{3.11.8}$$

选取合适的常数 $C$, 用 Metropolis 方法计算式(3.11.8)中的两个平均值, 就能得到自由能之差。

另一类与自由能相关的计算方法是计算态密度。在统计物理中, 态密度定义为单位能量间隔内的微观状态数, 通常记为 $\Omega(E)$。如果已知一个系统的态密度, 那么配分函数可以写成

$$Q(\beta) = \int \Omega(E) \mathrm{e}^{-\beta E} \,\mathrm{d}E \tag{3.11.9}$$

对 $Q$ 求对数并乘以 $-kT$ 就得到了自由能。

1988 年, Ferrenberg 和 Swendsen[65] 提出了一个直方图算法, 实际上用到了态密度。利用这一方法, 可以通过很少几个点的模拟得到整个温区的结果。其基本思路非常简单: 在给定温度下系统按照能量的分布是

$$P(\beta, E) = \frac{\Omega(E)\mathrm{e}^{-\beta E}}{Q(\beta)} \tag{3.11.10}$$

对于一个确定的温度, 由 Metropolis 算法可以得到这个分布的直方图。直方图 $H(\beta, E)$ 与 $P(\beta, E)$ 成正比, 或

$$H(\beta, E) \propto \Omega(E)\mathrm{e}^{-\beta E} \tag{3.11.11}$$

于是

$$\Omega(E) \propto H(\beta, E)\mathrm{e}^{\beta E} \tag{3.11.12}$$

对于另一个温度 $\beta'$, 其分布可由上述 $\Omega(E)$ 得到

$$P(\beta', E) = \frac{\Omega(E)\mathrm{e}^{-\beta' E}}{Q(\beta')} = \frac{H(\beta, E)\mathrm{e}^{(\beta-\beta')E}}{\int \mathrm{d}E\, H(\beta, E)\mathrm{e}^{(\beta-\beta')E}} \tag{3.11.13}$$

这样, 在一个温度下的模拟结果原则上可以用来计算所有温度的平均值。而式(3.11.13)的分母则可以用来估算配分函数, 从而估算自由能（相差一个任意常数）。

这一方法取得了巨大成功, 大致可以把蒙特卡罗的计算时间减少一个量级, 同时也提供了计算自由能的思路和方法。

另一个直接针对态密度的计算方法是由 Berg 在 1992 年提出来的多正则系综方法[66,67]。这是一个迭代算法, 基于如下观察。设系统的态密度为 $\Omega(E)$, 现在, 如果我们已经知道了态密度, 并利用 $1/\Omega(E)$ 取样做模拟计算, 那么我们将得到一个平的分布, 也就是说模拟结果对能量做直方图 $H(E)$, 将得到一个常数。

Berg 算法的思路是, 先假设一个态密度 $\Omega(E)$, 由此态密度的倒数取样, 得到直方图 $H(E)$, 然后, 把态密度变为 $\Omega(E)/H(E)$, 开始一轮新的迭代, 直到直方图变平（在给定的精度下）, 最后得到的 $\Omega(E)$ 就是所求的态密度。

这一方法思路很清楚，但实现起来非常困难。首先，方法本身的稳定性不好，对于一个比较任意的初始态密度，很难得到收敛的结果。其次，需要认真处理能量的上界处和下界处的问题，在这些地方，态密度很小，容易出问题。

一个非常健壮的计算态密度的方法是王福高-Landau 方法[68,69]。这一算法的基本思路与 Berg 算法的思路相似，但采取了一个不满足细致平衡条件的做法，克服了 Berg 算法的缺点。王福高-Landau 算法的核心是在模拟的每一步都修正态密度。其基本步骤是：① 给定一个初始态密度 $\Omega(E)$，从一个初始位形（对应于一个确定能量）出发；② 按照 $1/\Omega(E)$ 取样，前进一步，到达新的位形和对应能量；③ 立刻把这个新的能量对应的态密度乘以一个放大因子，继续进行计算。在计算中同时统计直方图，当直方图基本变平时，缩小放大因子，并把所得态密度作为新的初始态密度，开始计算。当放大因子缩得足够小，且直方图在精度要求下变平时，得到最终的态密度计算结果。

这个方法的稳定性非常好，几乎对于所有模型，任何初始态密度都能得到收敛的结果。这个算法的发现被看成是蒙特卡罗方法历史上具有里程碑意义的事件。但是，这个算法也有比较严重的问题，也就是它虽然能够保证收敛且计算非常稳定，但收敛的精度似乎有一个极限，到达此极限后，无法通过加大计算量来提高精度。另外，一个显而易见的问题是，即便以精确态密度作为初始态密度，一旦开始计算，也开始引进误差，最终得到的是有一定误差的态密度。

## 3.12   分子动力学方法

蒙特卡罗方法是通过一个随机过程来生成一系列状态，使其满足特定的分布，例如正则分布。本节简单介绍分子动力学（MD）方法。分子动力学方法利用真实的动力学过程产生一系列状态，所以特别适合微正则系综。

在微正则系综（NVE 系综）中，一个一般的分子动力学计算包含如下步骤：

（1）初始化；

（2）开始模拟并使得系统达到平衡；

（3）继续计算并存储结果。

我们现在解释上面三个步骤。

**初始化**：指明粒子数和粒子之间的相互作用，给定模拟系统的边界，指明总能量 $E$。在实际研究中，通常指定的是温度而不是能量，因此，在分子动力学计算中通过调整能量的数值以达到指定的温度。

作为初始条件，需要给每个粒子指明初始位置和初始动量，在很多情况下，我们把粒子的位置指定到 FCC 格点上，这是一种密堆积结构，在给定体积下可以容纳最多的粒子，而且这也是很多固体的基态结构。如果我们使用立方的模拟盒子，因每个立方元胞的粒子数是 4,所以总的粒子数可以选为 $4M^3$,$M = 1, 2, 3, \cdots$。也就是说,模拟系统的总粒子数的比较合适的数字应该是 $N = 4, 32, 108, 256, 500, 864, \cdots$。粒子的初始速度则以给定温度下的麦克斯韦分布来指定。这可以通过按照高斯分布来指定速度的每一个分量来实现。例如,速度的 $x$-分量的分布为

$$P(v_x) = \sqrt{\frac{m}{2\pi kT}} \exp\left(-\frac{mv_x^2}{2kT}\right) \tag{3.12.1}$$

常用的从高斯分布中取样的方法之一是,考虑分布

$$P(v_x, v_y) = \frac{m}{2\pi kT} \exp\left(-\frac{mv_x^2}{2kT}\right) \exp\left(-\frac{mv_y^2}{2kT}\right)$$

$$= \frac{m}{2\pi kT} \exp\left[-\frac{m(v_x^2 + v_y^2)}{2kT}\right] \tag{3.12.2}$$

则

$$P(v_x, v_y)\, \mathrm{d}v_x\, \mathrm{d}v_y = P(v)\, \mathrm{d}v\, \frac{\mathrm{d}\phi}{2\pi} \tag{3.12.3}$$

这里 $v^2 = v_x^2 + v_y^2$ 及

$$P(v) = \frac{m}{kT} v \exp\left(-\frac{mv^2}{2kT}\right) \tag{3.12.4}$$

于是 $v_x$ 和 $v_y$ 的分布可以从 $v$ 和 $\phi$ 的分布得到,$v$ 的分布是式(3.12.3)的 $P(v)$,$\phi$ 的分布在 $[0, 2\pi]$ 内是均匀的。由于

$$\int_0^v P(v)\, \mathrm{d}v = \int_0^v \frac{m}{kT} v \exp\left(-\frac{mv^2}{2kT}\right) \mathrm{d}v$$

$$= 1 - \exp\left(-\frac{mv^2}{2kT}\right)$$

如果我们在区间 $[0, 1]$ 内抽取 $x$,则

$$v = \sqrt{-\frac{2kT}{m} \ln(1-x)} \tag{3.12.5}$$

满足分布 $P(v)$[①],通过在区间 $[0, 2\pi]$ 均匀抽取 $\phi$,我们可以得到两个满足高斯分布的随机速度 $v_x = v\cos\phi$, $v_y = v\sin\phi$。

---

① 设 $x$ 满足 $[0, 1]$ 上的均匀分布,另有变量 $y = y(x)$ 是 $x$ 的函数,满足分布 $P(y)$,则

$$\int_0^x \mathrm{d}x = \int_{-\infty}^y P(y)\, \mathrm{d}y \equiv F(y)$$

即

$$x = F(y), \quad y = F^{-1}(x)$$

$F^{-1}(x)$ 是函数 $F(y)$ 的反函数。

　　另一个比较常用的抽取满足高斯分布的随机数的方法如下：考虑高斯分布

$$\frac{1}{\sqrt{2\pi}} \exp\left(-\frac{x^2}{2}\right) \tag{3.12.6}$$

根据中心极限定理，如果抽取在区间 $[0,1]$ 均匀分布的随机数 $r_i$，定义变量 $\xi$ 如下：

$$\xi = \frac{\frac{1}{n}\sum_{i=1}^{n} r_i - \frac{1}{2}}{\sqrt{\frac{1}{12n}}} \tag{3.12.7}$$

当 $n \to \infty$ 时，$\xi$ 满足高斯分布

$$\frac{1}{\sqrt{2\pi}} \exp\left(-\frac{\xi^2}{2}\right)$$

而 $\xi' = \xi\sigma$ 的分布为

$$\frac{1}{\sqrt{2\pi}\sigma} \exp\left(-\frac{\xi'^2}{2\sigma^2}\right)$$

如果我们选 $n = 12$，则得到

$$\xi = \sum_{i=1}^{12} r_i - 6 \tag{3.12.8}$$

$n = 12$ 已经足够大，也就是说，我们可以通过 12 个均匀分布的随机数得到一个满足高斯分布的随机数。在生成所有粒子的初始速度后，因为粒子数有限，系统的总动量一般不为零，这只要对每个粒子的速度做简单平移就能够使得总的动量为 0。

　　**开始模拟并使得系统达到平衡：**由上述方式确定的系统显然不是处于平衡态，我们需要从上述初始条件出发，通过积分动力学方程，逐步使系统达到平衡态。对于运动方程的积分有多种方法，这里仅介绍一种常用而且比较简单的方法，主要说明该方法的内容，同时也提供一种可以实际操作的方法。其他方法可以参看相关专著和文献[70,71]。

　　在分子动力学模拟计算的历史上，标准的 Verlet 算法可能是第一个计算运动方程积分的成功算法，该算法目前仍然在广泛使用。另外，还有一些比较新的更好的算法，也是由此算法改进而来。这个算法是，对于每个粒子

$$\boldsymbol{r}(t+h) = 2\boldsymbol{r}(t) - \boldsymbol{r}(t-h) + h^2 \frac{\boldsymbol{F}(\boldsymbol{r}(t))}{m} \tag{3.12.9}$$

这里，$\boldsymbol{r}(t)$ 是粒子在时间 $t = nh$ 的位置矢量；$\boldsymbol{F}(\boldsymbol{r}(t))$ 是 $t$ 时刻作用在所考虑的粒子上的合力。为了能够开始计算，除了给定的初始位置 $\boldsymbol{r}(0)$ 外，还需要 $\boldsymbol{r}(h)$，可以由初始速度求出

$$\boldsymbol{r}(h) = \boldsymbol{r}(0) + h\boldsymbol{v}(0) + h^2\frac{\boldsymbol{F}(\boldsymbol{r}(0))}{m} \qquad (3.12.10)$$

在计算过程中，每个时间的速度由下式计算：

$$\boldsymbol{v}(t) = \frac{\boldsymbol{r}(t+h) - \boldsymbol{r}(t-h)}{2h} \qquad (3.12.11)$$

这种方法的简单变形有

$$\begin{cases} \boldsymbol{v}(t+h/2) = \boldsymbol{v}(t-h/2) + h\boldsymbol{F}(\boldsymbol{r}(t)) \\ \boldsymbol{r}(t+h) = \boldsymbol{r}(t) + h\boldsymbol{v}(t+h/2) \end{cases} \qquad (3.12.12)$$

以及

$$\begin{cases} \boldsymbol{r}(t+h) = \boldsymbol{r}(t) + h\boldsymbol{v}(t) + h^2\boldsymbol{F}(\boldsymbol{r}(t)) \\ \boldsymbol{v}(t+h) = \boldsymbol{v}(t) + h\dfrac{\boldsymbol{F}(\boldsymbol{r}(t+h)) + \boldsymbol{F}(\boldsymbol{r}(t))}{2} \end{cases} \qquad (3.12.13)$$

这些变形在数学上与原算法等价，但对于有限位数的数值计算，比原算法的稳定性更好一些。

通常，我们使用周期性边界条件，其实现方式一般有两种：一种是最小镜像方法，即在每个方向上只计算距离不大于 $L/2$ 的粒子的作用力；另一种是截断方法，是把相互作用势能在 $r_{\max}$ 处截断，大于这个距离的势能取为 0。在截断方式下，$r_{\max}$ 处的不连续性可能导致较大的误差，这通常用势能的平移来解决，即

$$V_{\mathrm{sh}}(r) = V(r) - V(r_{\max}) \qquad (3.12.14)$$

对于像静电相互作用一样的长程相互作用，需要考虑所有距离的贡献，这需要采用一些特殊的方法来处理，比较经典的方法是 Ewald 求和方法，将在附录中给出。

系统的温度由能量均分定律给出，即每个自由度的动能的平均值为 $kT/2$，

$$\frac{3}{2}kT = \frac{1}{N-1}\sum_{i=1}^{N}\left\langle \frac{1}{2}mv_i^2 \right\rangle \qquad (3.12.15)$$

这里 $N-1$ 是由于总的动量守恒，从而独立的速度的数目是 $3(N-1)$。如果我们实际上指定的是温度，那么，为了达到所给定的温度，我们需要对系统的速度进行重新标度，

$$\boldsymbol{v}_i(t) \to \lambda\boldsymbol{v}_i(t) \qquad (3.12.16)$$

标度因子 $\lambda$ 可以如下选择：

$$\lambda = \sqrt{\frac{(N-1)3kT}{\displaystyle\sum_{i=1}^{N}mv_i^2}} \qquad (3.12.17)$$

在开始的若干步中，可以每隔几个时间步做一次重新标度，总共做 10～20 次即可。

**继续计算并存储结果：**在系统达到平衡后，我们继续进行计算，同时计算感兴趣的物理量的平均值，除了前面 3.11 节列出的之外，还要计算温度的平均值。因为前面已经做过重新标度，计算得到的温度平均值应该非常接近事先指定的温度。物理量 $A$ 的平均值由如下时间平均得到：

$$\bar{A} = \frac{1}{n} \sum_{\nu=1}^{n} A_\nu \tag{3.12.18}$$

这里 $A_\nu$ 是 $A$ 在第 $\nu$ 个时间步的值，这里的时间步在达到平衡后重新从 1 开始。

## 3.13　硬球系统的分子动力学

硬球系统的分子动力学模拟是人类历史上第一个用模拟方法研究统计物理的工作[72,73]。由于硬球相互作用特别简单，其模拟计算也特别简单，初始化和计算物理量等均与前述相同，唯一不同的是运动方程的积分。每个硬球粒子在与其他粒子碰撞前做匀速直线运动，碰撞后改变速度的大小和方向，于是，动力学方程的积分简化为：

（1）确定下一次碰撞；

（2）把所有粒子移动到对应于下一次碰撞的位置；

（3）由碰撞动力学确定一对粒子碰撞后的速度。

考虑两个粒子 $i$ 和 $j$，直径为 $\sigma$，在时间 $t$ 位于 $\boldsymbol{r}_i$ 和 $\boldsymbol{r}_j$，其速度分别为 $\boldsymbol{v}_i$ 和 $\boldsymbol{v}_j$。如果这两个粒子在 $t + t_{ij}$ 发生碰撞，则必须满足下面的方程

$$|\boldsymbol{r}_{ij}(t + t_{ij})| = |\boldsymbol{r}_{ij}(t) + \boldsymbol{v}_{ij}t_{ij}| = \sigma \tag{3.13.1}$$

这里，$\boldsymbol{r}_{ij} = \boldsymbol{r}_i - \boldsymbol{r}_j$，$\boldsymbol{v}_{ij} = \boldsymbol{v}_i - \boldsymbol{v}_j$。如果定义 $b_{ij} = \boldsymbol{r}_{ij} \cdot \boldsymbol{v}_{ij}$，则方程成为

$$v_{ij}^2 t_{ij}^2 + 2b_{ij}t_{ij} + r_{ij}^2 - \sigma^2 = 0 \tag{3.13.2}$$

如果 $b_{ij} > 0$ 或 $b_{ij}^2 - v_{ij}^2(r_{ij}^2 - \sigma^2) < 0$，这个方程没有正实数解。在其他情况下，有

$$t_{ij} = \frac{-b_{ij} - \left[b_{ij}^2 - v_{ij}^2(r_{ij}^2 - \sigma^2)\right]^{1/2}}{v_{ij}^2} \tag{3.13.3}$$

这就是 $i$ 和 $j$ 粒子将要碰撞的时间。对于每一对粒子，我们能够得到一个碰撞时间 $t_{ij}$，或者知道其不会碰撞，下一个实际的碰撞时间则为 $t + \min(t_{ij})$。

如果我们采用光滑硬球的弹性碰撞，则碰撞中动能和动量守恒，对于质量和直径相同的两个球 $i$ 和 $j$ 的碰撞，可以得到

$$\begin{cases} \boldsymbol{v}_i^{\text{new}} = \boldsymbol{v}_i^{\text{old}} + \delta\boldsymbol{v}_i \\ \boldsymbol{v}_j^{\text{new}} = \boldsymbol{v}_j^{\text{old}} - \delta\boldsymbol{v}_i \end{cases} \tag{3.13.4}$$

这里 $\delta\boldsymbol{v}_i$ 为

$$\delta\boldsymbol{v}_i = -\frac{b_{ij}}{\sigma^2}\boldsymbol{r}_{ij} \tag{3.13.5}$$

在碰撞的时刻计算 $b_{ij}$。

## 3.14 密度泛函理论

1964 年，Kohn 和 Hohenberg[74] 证明了量子多体系统的基态的密度与外势之间的一一对应关系，这意味着量子多体系统的基态能量可以写成密度的泛函极小值。Mermin 在 1965 年[75] 将其推广到有限温度情形，证明了多体系统的平衡态的密度与外势场的一一对应关系，即自由能可以写成密度的泛函极小值。本节介绍有限温度的密度泛函理论。

在给定粒子数 $N$、体积 $V$ 和温度 $T$ 时，系统的自由能为

$$\begin{aligned} F &= -kT\ln Q \\ &= E - TS \\ &= \langle H \rangle + kT\langle \ln P \rangle \\ &= \langle H + kT\ln P \rangle \end{aligned} \tag{3.14.1}$$

这里的 $\langle \cdots \rangle$ 表示对于哈密顿量 $H$ 的正则分布的平均，其具体形式是

$$\langle \cdots \rangle = \frac{1}{Q}\int \frac{\mathrm{d}\boldsymbol{r}^N\,\mathrm{d}\boldsymbol{p}^N}{N!h^{3N}}\mathrm{e}^{-\beta H}(\cdots) \tag{3.14.2}$$

其中的积分元 $\mathrm{d}\boldsymbol{r}^N\,\mathrm{d}\boldsymbol{p}^N$ 表示对于所有 $N$ 个粒子的位置和动量的积分，$P$ 是正则分布函数，

$$Q = \int \frac{\mathrm{d}\boldsymbol{r}^N\,\mathrm{d}\boldsymbol{p}^N}{N!h^{3N}}\mathrm{e}^{-\beta H} \tag{3.14.3}$$

为配分函数。在量子统计中

$$\begin{cases} \langle \cdots \rangle = \dfrac{1}{Q}\operatorname{Tr}\mathrm{e}^{-\beta H}(\cdots) \\ Q = \operatorname{Tr}\mathrm{e}^{-\beta H} \end{cases} \tag{3.14.4}$$

下面的表述中,我们利用量子统计的写法,在经典情形下,Tr 代表积分 $\int \mathrm{d}\boldsymbol{r}^N \, \mathrm{d}\boldsymbol{p}^N /$ $(N!h^{3N})$。系统的哈密顿量可以写成

$$H = H_s + H_e \tag{3.14.5}$$

其中, $H_s$ 为系统的动能与粒子间相互作用能量之和; $H_e$ 为外势,即系统的粒子所受到的外部作用的势能。 $H_e$ 可以写为

$$H_e = \sum_{i=1}^{N} v(\boldsymbol{r}_i) \tag{3.14.6}$$

此处 $v(\boldsymbol{r}_i)$ 是第 $i$ 个粒子所受到的外部作用势。粒子的密度算符定义为

$$\hat{\rho}(\boldsymbol{r}) = \sum_{i=1}^{N} \delta(\boldsymbol{r} - \boldsymbol{r}_i) \tag{3.14.7}$$

其平均值为系统中粒子的密度,记为

$$\rho(\boldsymbol{r}) = \langle \hat{\rho}(\boldsymbol{r}) \rangle \tag{3.14.8}$$

利用密度算符, $H_e$ 可以写成

$$H_e = \sum_{i=1}^{N} v(\boldsymbol{r}_i) = \int \mathrm{d}\boldsymbol{r} \, v(\boldsymbol{r})\hat{\rho}(\boldsymbol{r}) \tag{3.14.9}$$

其平均值为

$$\langle H_e \rangle = \int \mathrm{d}\boldsymbol{r} \, v(\boldsymbol{r}) \langle \hat{\rho}(\boldsymbol{r}) \rangle = \int \mathrm{d}\boldsymbol{r} \, v(\boldsymbol{r})\rho(\boldsymbol{r}) \tag{3.14.10}$$

现在,设想有两个不同的外势 $v(\boldsymbol{r})$ 和 $v'(\boldsymbol{r})$,对应有两个不同的哈密顿量 $H$ 和 $H'$,其正则概率分布分别是

$$P = \frac{\mathrm{e}^{-\beta H}}{\mathrm{Tr}\,\mathrm{e}^{-\beta H}}, \quad P' = \frac{\mathrm{e}^{-\beta H'}}{\mathrm{Tr}\,\mathrm{e}^{-\beta H'}} \tag{3.14.11}$$

对于这两个分布,有如下极值定理(见附录):

$$\mathrm{Tr}\,P'(H + kT \ln P') > \mathrm{Tr}\,P(H + kT \ln P) = F, \quad P' \neq P \tag{3.14.12}$$

把 $P$ 和 $P'$ 互换, $H$ 与 $H'$ 互换,有

$$\mathrm{Tr}\,P(H' + kT \ln P) > \mathrm{Tr}\,P'(H' + kT \ln P') = F', \quad P' \neq P \tag{3.14.13}$$

对于一个确定的系统（粒子之间的相互作用和粒子数给定），给定外势 $v(\boldsymbol{r})$，也就给定了哈密顿量 $H$，于是就对应地有密度 $\rho(\boldsymbol{r}) = \langle \hat{\rho}(\boldsymbol{r}) \rangle$。反过来，如果我们指定了一个密度分布 $\rho(\boldsymbol{r})$，那么，能够给出这个密度的外势 $v(\boldsymbol{r})$ 是否唯一？从 Kohn-Hohenberg 到 Mermin 的工作回答了这个问题，答案是唯一，也就是说，给定一个密度 $\rho(\boldsymbol{r})$，就唯一地对应着一个产生这个密度的外势 $v(\boldsymbol{r})$。在泛函意义下，密度 $\rho(\boldsymbol{r})$ 与外势 $v(\boldsymbol{r})$ 是一一对应的。我们来证明这个结论。用反证法，假定有两个不同的外势 $v(\boldsymbol{r})$ 和 $v'(\boldsymbol{r})$ 都能产生同一个密度 $\rho(\boldsymbol{r})$，于是由极值定理

$$\mathrm{Tr}\, P'(H_{\mathrm{s}} + H_{\mathrm{e}} + kT \ln P') = \mathrm{Tr}\, P'(H_{\mathrm{s}} + H_{\mathrm{e}}' + kT \ln P') + \mathrm{Tr}\, P'(H_{\mathrm{e}} - H_{\mathrm{e}}')$$
$$= F' + \int [v(\boldsymbol{r}) - v'(\boldsymbol{r})]\rho(\boldsymbol{r})\,\mathrm{d}\boldsymbol{r} > F$$

即

$$F' - F > \int [v'(\boldsymbol{r}) - v(\boldsymbol{r})]\rho(\boldsymbol{r})\,\mathrm{d}\boldsymbol{r}$$

同理

$$\mathrm{Tr}\, P(H_{\mathrm{s}} + H_{\mathrm{e}}' + kT \ln P) = \mathrm{Tr}\, P(H_{\mathrm{s}} + H_{\mathrm{e}} + kT \ln P) + \mathrm{Tr}\, P(H_{\mathrm{e}}' - H_{\mathrm{e}})$$
$$= F - \int [v(\boldsymbol{r}) - v'(\boldsymbol{r})]\rho(\boldsymbol{r})\,\mathrm{d}\boldsymbol{r} > F'$$

即

$$F - F' > -\int [v'(\boldsymbol{r}) - v(\boldsymbol{r})]\rho(\boldsymbol{r})\,\mathrm{d}\boldsymbol{r}$$

这两个不等式相互矛盾，所以原假定不成立，也就是说 $v(\boldsymbol{r})$ 和 $v'(\boldsymbol{r})$ 相同 (当然，二者可以相差一个常数，在这种情况下 $P$ 和 $P'$ 相同，实际上是同一个外势)。

由这个定理，我们可以做出如下论证：给定了一个密度 $\rho(\boldsymbol{r})$，也就决定了给出这个密度的外势 $v(\boldsymbol{r})$，从而确定了一个哈密顿量 $H_{\mathrm{s}} + H_{\mathrm{e}}$，进而可以得到自由能 $F$。或者，给定一个密度，就唯一对应于一个自由能 $F$，自由能 $F$ 是密度的泛函。自由能 $F$ 可以写成

$$F[\rho(\boldsymbol{r})] = \mathrm{Tr}\, P(H_{\mathrm{s}} + H_{\mathrm{e}} + kT \ln P)$$
$$= \mathrm{Tr}\, P(H_{\mathrm{s}} + kT \ln P) + \int v(\boldsymbol{r})\rho(\boldsymbol{r})\,\mathrm{d}\boldsymbol{r} \tag{3.14.14}$$

记

$$F_{\mathrm{s}}[\rho(\boldsymbol{r})] = \mathrm{Tr}\, P(H_{\mathrm{s}} + kT \ln P) \tag{3.14.15}$$

则

$$F[\rho(\boldsymbol{r})] = F_{\mathrm{s}}[\rho(\boldsymbol{r})] + \int v(\boldsymbol{r})\rho(\boldsymbol{r})\,\mathrm{d}\boldsymbol{r} \tag{3.14.16}$$

这里的 $F_s[\rho(\boldsymbol{r})]$ 仅仅是密度的泛函,也就是说,这个泛函的具体形式只取决于系统本身,而与实际的外势无关,实际的外势用以确定密度的具体形式,代入这个泛函得到 $F_s$ 的数值进而得到 $F$ 的数值。这是一个非常了不起的结果,它意味着,对于给定了相互作用的粒子系统,存在一个内禀的密度的泛函 $F_s[\rho(\boldsymbol{r})]$,而极值条件则告诉我们,在取定外势后,实际的密度是由 $F[\rho(\boldsymbol{r})]$ 取极小得到的。如果能够知道 $F_s[\rho(\boldsymbol{r})]$ 的形式,则求自由能的问题就成为简单的泛函极值问题了。实际计算时,需要注意到我们的系统是给定粒子数 $N$ 的系统,所以还要加上 $\int \rho(\boldsymbol{r})\,\mathrm{d}\boldsymbol{r} = N$ 的限制。如果我们把系统改为开放系统,则这个限制可以取消。对应的内禀泛函是广势泛函 $\Omega_s[\rho(\boldsymbol{r})]$,与 $F_s[\rho(\boldsymbol{r})]$ 的关系是

$$\Omega_s[\rho(\boldsymbol{r})] = F_s[\rho(\boldsymbol{r})] - \mu \int \rho(\boldsymbol{r})\,\mathrm{d}\boldsymbol{r} \tag{3.14.17}$$

$\mu$ 是系统的化学势。

但是不幸的是,以上的证明过程并不能提供任何关于 $F_s[\rho(\boldsymbol{r})]$ 的具体形式的信息,而仅仅是证明了这个泛函的存在和唯一。对于实际问题,我们还需要利用各种办法去寻找这个泛函的具体形式。在实际应用中,常常把 $F_s[\rho(\boldsymbol{r})]$ 写成

$$F_s[\rho(\boldsymbol{r})] = F_{id}[\rho] + F_{ex}[\rho] \tag{3.14.18}$$

其中,$F_{id}$ 为理想气体的内禀自由能泛函,可以精确求出;$F_{ex}$ 为过量(excess)自由能,是理想气体之外的部分,无法精确给出,通常采用各种近似方案来得到。

作为一个简单例子,这里给出 $F_{id}$ 的计算过程。在给定外势 $v(\boldsymbol{r})$ 下,$N$ 个无结构、无相互作用的粒子的哈密顿量为

$$H = \sum_i \frac{\boldsymbol{p}_i^2}{2m} + \sum_i v(\boldsymbol{r}_i)$$

对应的正则配分函数是

$$\begin{aligned}
Q_N &= \frac{1}{N!h^{3N}} \int \mathrm{d}\boldsymbol{r}^N \,\mathrm{d}\boldsymbol{p}^N\, \mathrm{e}^{-\beta \sum_i \left[\frac{\boldsymbol{p}_i^2}{2m} + v(\boldsymbol{r}_i)\right]} \\
&= \frac{1}{N!h^{3N}} \left[\int \mathrm{d}\boldsymbol{r}\,\mathrm{d}\boldsymbol{p}\, \mathrm{e}^{-\beta \frac{\boldsymbol{p}^2}{2m} + v(\boldsymbol{r})}\right]^N \\
&= \frac{(2\pi m)^{3N/2}}{N!h^{3N}\beta^{3N/2}} \left[\int \mathrm{d}\boldsymbol{r}\, \mathrm{e}^{-\beta v(\boldsymbol{r})}\right]^N = \frac{1}{N!\lambda^{3N}} \left[\int \mathrm{d}\boldsymbol{r}\, \mathrm{e}^{-\beta v(\boldsymbol{r})}\right]^N
\end{aligned}$$

现在,设想取 $\boldsymbol{r}$ 处一个很小的体积元 $\Delta V$ 作为我们的研究对象,其中 $v(\boldsymbol{r})$ 几乎是常量,则对于这个体积元,

$$\int \mathrm{d}\boldsymbol{r}\, \mathrm{e}^{-\beta v(\boldsymbol{r})} = \mathrm{e}^{-\beta v(\boldsymbol{r})} \Delta V$$

若体积元内的粒子数为 $N$，则此体积元的配分函数是

$$Q_N(\boldsymbol{r}) = \frac{1}{N!\lambda^{3N}}\mathrm{e}^{-N\beta v(\boldsymbol{r})}(\Delta V)^N \tag{3.14.19}$$

自由能为（我们假定体积元内包含的粒子数 $N$ 足够大，可以使用斯特林公式）

$$F_N(\boldsymbol{r}) = -kT\ln Q_N(\boldsymbol{r}) = NkT\left[\ln\left(\lambda^3\frac{N}{\Delta V}\right) - 1\right] + Nv(\boldsymbol{r})$$

由 $N = \rho(\boldsymbol{r})\Delta V$，得到自由能密度

$$\begin{aligned}
f(\boldsymbol{r}) &= \frac{F_N}{\Delta V}\\
&= kT\rho(\boldsymbol{r})\{\ln\left[\lambda^3\rho(\boldsymbol{r})\right] - 1\} + \rho(\boldsymbol{r})v(\boldsymbol{r})\\
&= f_{\mathrm{s}}(\boldsymbol{r}) + \rho(\boldsymbol{r})v(\boldsymbol{r}) \tag{3.14.20}
\end{aligned}$$

从而，内禀自由能为

$$F_{\mathrm{id}} = \int f_{\mathrm{s}}(\boldsymbol{r})\,\mathrm{d}\boldsymbol{r} = kT\int\mathrm{d}\boldsymbol{r}\,\rho(\boldsymbol{r})\{\ln\left[\lambda^3\rho(\boldsymbol{r})\right] - 1\} \tag{3.14.21}$$

利用巨正则系综，可以给出更严格的推导。同样设想在 $\boldsymbol{r}$ 处的体积元 $\Delta V$，其 $N$ 粒子正则配分函数由式(3.14.19)给出，巨配分函数为

$$\begin{aligned}
\Xi(\boldsymbol{r}) &= \sum_{N=0}^{\infty} Q_N(\boldsymbol{r})\mathrm{e}^{N\beta\mu}\\
&= \sum_{N=0}^{\infty}\frac{1}{N!\lambda^{3N}}\mathrm{e}^{-N\beta v(\boldsymbol{r})}(\Delta V)^N\mathrm{e}^{N\beta\mu}\\
&= \exp\left\{\frac{\Delta V\mathrm{e}^{\beta[\mu-v(\boldsymbol{r})]}}{\lambda^3}\right\}
\end{aligned}$$

广势函数为

$$\Phi(\boldsymbol{r}) = -kT\ln\Xi = -kT\frac{\Delta V\mathrm{e}^{\beta[\mu-v(\boldsymbol{r})]}}{\lambda^3}$$

体积元内的平均粒子数为

$$\langle N\rangle = -\frac{\partial\Phi}{\partial\mu} = \frac{\Delta V\mathrm{e}^{\beta[\mu-v(\boldsymbol{r})]}}{\lambda^3}$$

记粒子密度 $\rho(\boldsymbol{r}) = \langle N\rangle/\Delta V$，解出 $v(\boldsymbol{r})$ 为

$$v(\boldsymbol{r}) = -kT\ln[\lambda^3\rho(\boldsymbol{r})] + \mu$$

则广势函数密度可以写成

$$\phi(\boldsymbol{r}) = \frac{\Phi(\boldsymbol{r})}{\Delta V} = -kT\rho(\boldsymbol{r})$$

而内禀广势函数密度为

$$\begin{aligned}
\phi_s(\boldsymbol{r}) &= \phi(\boldsymbol{r}) - v(\boldsymbol{r})\rho(\boldsymbol{r}) \\
&= -kT\rho(\boldsymbol{r}) + kT\rho(\boldsymbol{r})\ln[\lambda^3\rho(\boldsymbol{r})] - \mu\rho(\boldsymbol{r}) \\
&= kT\rho(\boldsymbol{r})\big\{\ln[\lambda^3\rho(\boldsymbol{r})] - 1\big\} - \mu\rho(\boldsymbol{r})
\end{aligned}$$

再由

$$\phi_s(\boldsymbol{r}) = f_s(\boldsymbol{r}) - \mu\rho(\boldsymbol{r})$$

得到

$$f_s(\boldsymbol{r}) = kT\rho(\boldsymbol{r})\big\{\ln[\lambda^3\rho(\boldsymbol{r})] - 1\big\}$$

在量子多体问题中,对于库仑相互作用的电子系统,有大量关于内禀泛函形式的研究和结果。在胶体和液体物理问题中,对于硬球系统有非常细致的系统研究,构造了若干非常精确的密度泛函的形式,我们在后面的章节中会做一些介绍,并利用这里的密度泛函理论的原理解决一些比较具体的问题。

# 3.15　附　　录

## 3.15.1　库仑相互作用的 Ewald 求和

库仑相互作用是长程相互作用,其相互作用势能随距离以一次方的方式衰减,考虑到粒子的数目(指定距离下的粒子数目)与距离的平方成正比,所以,相互作用能是发散的。实际上,带电系统均需要满足电中性条件,通过不同电荷之间相互作用的抵消,才能够得到有限的结果。由于相互作用衰减太慢,如果利用前面所介绍的截断方式处理,将带来太大的误差,因此,必须要对所有的周期性的像求和。在周期性边界条件下,用 $\boldsymbol{R}$ 表示周期性重复的模拟盒子的位置(选盒子上的某个点为代表点),$\boldsymbol{R} = 0$ 为模拟盒子,其他 $\boldsymbol{R}$ 为其周期性重复的像。库仑相互作用能量由下式给出:

$$U = \frac{1}{2}\sum_{\boldsymbol{R}\neq 0}\sum_i\sum_j{}' \frac{q_i q_j}{|\boldsymbol{r}_i - \boldsymbol{r}_j - \boldsymbol{R}|} \tag{3.15.1}$$

求和号上的 "′" 表示当 $\boldsymbol{R} = 0$ 时不包括 $i = j$ 的项,求和受到电中性条件的限制

$$\sum_i q_i = 0 \tag{3.15.2}$$

$\boldsymbol{R} \neq 0$ 时包含 $\boldsymbol{r}_i = \boldsymbol{r}_j$ 的项，是周期性边界条件下系统的所有周期性扩展的像系统对于模拟系统的作用，像系统的 $\boldsymbol{r}_i$ 位置的粒子与实际系统的同一位置的粒子有相互作用。这个求和可以利用 Ewald 求和计算。

$$U = \frac{1}{2} \sum_{\boldsymbol{R} \neq 0} \sum_i \sum_j{}' \frac{q_i q_j}{|\boldsymbol{r}_{ij} - \boldsymbol{R}|} \mathrm{erfc}(\eta |\boldsymbol{r}_{ij} - \boldsymbol{R}|)$$

$$+ \sum_{\boldsymbol{G} \neq 0} \frac{2\pi}{V G^2} \mathrm{e}^{-\frac{G^2}{4\eta^2}} \left| \sum_i q_i \mathrm{e}^{\mathrm{i}\boldsymbol{G}\cdot\boldsymbol{r}_i} \right|^2 - \frac{\eta}{\sqrt{\pi}} \sum_i q_i^2 \tag{3.15.3}$$

这里 $\boldsymbol{G}$ 是以模拟盒子为元胞的周期性格点 $\boldsymbol{R}$ 的倒格矢。例如，对于 $L \times L \times L$ 的盒子，

$$\boldsymbol{R} = L(m_1, m_2, m_3), \quad \boldsymbol{G} = \frac{2\pi}{L}(n_1, n_2, n_3)$$

这里，$m_i$，$n_i$ 取整数。$\mathrm{erfc}(x)$ 是余误差函数，$\eta$ 是一个收敛参数，其设置使得上式中对于 $\boldsymbol{G}$ 和 $\boldsymbol{R}$ 的求和均能较快收敛。因 $U$ 的计算结果与 $\eta$ 无关，所以改变 $\eta$ 并观察计算结果是否变化，也可以用来检验程序是否有错。

下面给出式(3.15.3)的推导过程。由下述恒等式：

$$\frac{1}{x} \equiv \frac{2}{\sqrt{\pi}} \int_0^\infty \mathrm{e}^{-x^2 t^2} \, \mathrm{d}t \tag{3.15.4}$$

记 $\boldsymbol{r}_{ij} = \boldsymbol{r}_i - \boldsymbol{r}_j$，将右边的积分分为两部分，

$$\frac{1}{|\boldsymbol{r}_{ij} - \boldsymbol{R}|} = \frac{2}{\sqrt{\pi}} \int_0^\eta \mathrm{e}^{-|\boldsymbol{r}_{ij} - \boldsymbol{R}|^2 t^2} \, \mathrm{d}t + \frac{2}{\sqrt{\pi}} \int_\eta^\infty \mathrm{e}^{-|\boldsymbol{r}_{ij} - \boldsymbol{R}|^2 t^2} \, \mathrm{d}t$$

$$= \frac{2}{\sqrt{\pi}} \int_0^\eta \mathrm{e}^{-|\boldsymbol{r}_{ij} - \boldsymbol{R}|^2 t^2} \, \mathrm{d}t + \frac{1}{|\boldsymbol{r}_{ij} - \boldsymbol{R}|} \mathrm{erfc}(\eta |\boldsymbol{r}_{ij} - \boldsymbol{R}|) \tag{3.15.5}$$

在最后一步中利用了余误差函数的定义

$$\mathrm{erfc}(x) = \frac{2}{\sqrt{\pi}} \int_x^\infty \mathrm{e}^{-t^2} \, \mathrm{d}t$$

式(3.15.5)两边对 $\boldsymbol{R}$ 求和，右边的第二项由于余误差函数的性质而快速收敛，我们现在考虑第一项

$$I(\boldsymbol{r}_{ij}) = \sum_{\boldsymbol{R}} \frac{2}{\sqrt{\pi}} \int_0^\eta \mathrm{e}^{-|\boldsymbol{r}_{ij} - \boldsymbol{R}|^2 t^2} \, \mathrm{d}t$$

显然 $I(\boldsymbol{r}_{ij})$ 是格矢的周期函数，$I(\boldsymbol{r}_{ij}) = I(\boldsymbol{r}_{ij} + \boldsymbol{R})$，因此可以展开为格点傅里叶级数

$$I(\boldsymbol{r}_{ij}) = \frac{1}{V} \sum_{\boldsymbol{G}} I(\boldsymbol{G}) \mathrm{e}^{\mathrm{i}\boldsymbol{G}\cdot\boldsymbol{r}_{ij}} \tag{3.15.6}$$

这里，$\boldsymbol{G}$ 是倒格矢；$\mathcal{V}$ 是系统做周期性扩展后的总体积。

$$
\begin{aligned}
I(\boldsymbol{G}) &= \int \mathrm{d}\boldsymbol{r}\, I(\boldsymbol{r}) \mathrm{e}^{-\mathrm{i}\boldsymbol{G}\cdot\boldsymbol{r}} \\
&= \sum_{\boldsymbol{R}} \frac{2}{\sqrt{\pi}} \int_0^\eta \mathrm{d}t \int \mathrm{d}\boldsymbol{r}\, \mathrm{e}^{-|\boldsymbol{r}+\boldsymbol{R}|^2 t^2} \mathrm{e}^{-\mathrm{i}\boldsymbol{G}\cdot(\boldsymbol{r}+\boldsymbol{R})} \\
&= \mathcal{N} \frac{2}{\sqrt{\pi}} \int_0^\eta \mathrm{d}t\, \mathrm{e}^{-\frac{G^2}{4t^2}} \frac{\pi^{3/2}}{t^3} \\
&= \mathcal{V} \frac{4\pi}{VG^2} \mathrm{e}^{-\frac{G^2}{4\eta^2}}
\end{aligned}
\tag{3.15.7}
$$

这里的 $\mathcal{N}$ 是对应的周期性扩展的数目（实际上 $\mathcal{V}$ 和 $\mathcal{N}$ 都是无穷大，但 $\mathcal{V}/\mathcal{N} = V$，$V$ 是模拟盒子的体积。这里先保留 $\mathcal{V}$ 和 $\mathcal{N}$，并在此后趋于无穷大）。在式(3.15.7)的第二行我们插入了因子 $\mathrm{e}^{-\mathrm{i}\boldsymbol{G}\cdot\boldsymbol{R}} = \mathrm{e}^{-\mathrm{i}2\pi} = 1$，在第三行利用了被求和量与 $\boldsymbol{R}$ 无关，从而给出 $\mathcal{N}$，并与 $\mathcal{V}$ 一起给出因子 $1/V$。把式 (3.15.7) 代入式 (3.15.6)，得

$$
I(\boldsymbol{r}_{ij}) = \sum_{\boldsymbol{G}} \frac{4\pi}{VG^2} \mathrm{e}^{-\frac{G^2}{4\eta^2}} \mathrm{e}^{\mathrm{i}\boldsymbol{G}\cdot\boldsymbol{r}_{ij}}
\tag{3.15.8}
$$

这一表达式因有一指数因子，而快速收敛。这样就有

$$
\sum_{\boldsymbol{R}} \frac{1}{|\boldsymbol{r}_{ij} - \boldsymbol{R}|} = \sum_{\boldsymbol{R}} \frac{1}{|\boldsymbol{r}_{ij} - \boldsymbol{R}|} \operatorname{erfc}(\eta|\boldsymbol{r}_{ij} - \boldsymbol{R}|) + \sum_{\boldsymbol{G}} \frac{4\pi}{VG^2} \mathrm{e}^{-\frac{G^2}{4\eta^2}} \mathrm{e}^{\mathrm{i}\boldsymbol{G}\cdot\boldsymbol{r}_{ij}}
\tag{3.15.9}
$$

这一求和本身是发散的，我们应该把其发散部分分离出来。如果 $\boldsymbol{r}_{ij} \neq 0$，实空间的求和是收敛的，唯一的发散部分来源于倒空间求和中的 $\boldsymbol{G} = 0$ 项。因此上述方程应写为

$$
\begin{aligned}
\sum_{\boldsymbol{R}} \frac{1}{|\boldsymbol{r}_{ij} - \boldsymbol{R}|} = {}& \sum_{\boldsymbol{R}} \frac{1}{|\boldsymbol{r}_{ij} - \boldsymbol{R}|} \operatorname{erfc}(\eta|\boldsymbol{r}_{ij} - \boldsymbol{R}|) \\
& + \sum_{\boldsymbol{G}\neq 0} \frac{4\pi}{VG^2} \mathrm{e}^{-\frac{G^2}{4\eta^2}} \mathrm{e}^{\mathrm{i}\boldsymbol{G}\cdot\boldsymbol{r}_{ij}} + \lim_{g\to 0} \frac{4\pi}{Vg^2} - \frac{\pi}{V\eta^2}
\end{aligned}
\tag{3.15.10}
$$

当 $\boldsymbol{r}_{ij} = 0$ 时，我们应当计算

$$
\begin{aligned}
\sum_{\boldsymbol{R}\neq 0} \frac{1}{R} = {}& \lim_{r\to 0} \left( \sum_{\boldsymbol{R}} \frac{1}{|\boldsymbol{r} - \boldsymbol{R}|} - \frac{1}{r} \right) \\
= {}& \sum_{\boldsymbol{R}\neq 0} \frac{1}{R} \operatorname{erfc}(\eta R) + \sum_{\boldsymbol{G}\neq 0} \frac{4\pi}{VG^2} \mathrm{e}^{-\frac{G^2}{4\eta^2}} \\
& + \lim_{g\to 0} \frac{4\pi}{Vg^2} - \frac{\pi}{V\eta^2} + \lim_{r\to 0} \frac{1}{r}[\operatorname{erfc}(r\eta) - 1]
\end{aligned}
\tag{3.15.11}
$$

利用关系式

$$\operatorname{erfc}(x) \approx 1 - \frac{2}{\sqrt{\pi}}x + \frac{2}{\sqrt{\pi}}\frac{x^3}{3} + \cdots$$

有

$$\sum_{\boldsymbol{R}\neq 0} \frac{1}{R} = \sum_{\boldsymbol{R}\neq 0} \frac{1}{R}\operatorname{erfc}(\eta R) + \sum_{\boldsymbol{G}\neq 0} \frac{4\pi}{VG^2}\mathrm{e}^{-\frac{G^2}{4\eta^2}} + \lim_{g\to 0}\frac{4\pi}{Vg^2} - \frac{\pi}{V\eta^2} - \frac{2}{\sqrt{\pi}}\eta \quad (3.15.12)$$

有了上述准备，我们来求式(3.15.1)。由式(3.15.10)和式(3.15.12)可以得到

$$
\begin{aligned}
\sum_i \sum_{\boldsymbol{R}\neq 0} \sum_j \frac{q_iq_j}{|\boldsymbol{r}_{ij}-\boldsymbol{R}|} &= \sum_i \sum_{\boldsymbol{R}\neq 0} \sum_{j\neq i} \frac{q_iq_j}{|\boldsymbol{r}_{ij}-\boldsymbol{R}|} + \sum_{\boldsymbol{R}\neq 0} \sum_i \frac{q_i^2}{R} \\
&= \sum_{\boldsymbol{R}\neq 0} \sum_i \sum_j \frac{q_iq_j}{|\boldsymbol{r}_{ij}-\boldsymbol{R}|}\operatorname{erfc}(\eta|\boldsymbol{r}_{ij}-\boldsymbol{R}|) \\
&\quad + \sum_{\boldsymbol{G}\neq 0} \sum_i \sum_j q_iq_j\frac{4\pi}{VG^2}\mathrm{e}^{-\frac{G^2}{4\eta^2}}\mathrm{e}^{\mathrm{i}\boldsymbol{G}\cdot\boldsymbol{r}_{ij}} \\
&\quad + \left(\lim_{g\to 0}\frac{4\pi}{Vg^2} - \frac{\pi}{V\eta^2}\right)\left(\sum_i \sum_j q_iq_j\right) \\
&\quad - \frac{2}{\sqrt{\pi}}\eta \sum_i q_i^2 \\
&\quad + \sum_i \sum_{j\neq i} \frac{q_iq_j}{|\boldsymbol{r}_i-\boldsymbol{r}_j|}[\operatorname{erfc}(\eta|\boldsymbol{r}_{ij}|)-1]
\end{aligned}
$$

注意到，由电中性条件

$$\sum_i \sum_j q_iq_j = \left(\sum_i q_i\right)^2 = 0$$

以及

$$\sum_i \sum_j q_iq_j\mathrm{e}^{\mathrm{i}\boldsymbol{G}\cdot\boldsymbol{r}_{ij}} = \sum_i q_i\mathrm{e}^{\mathrm{i}\boldsymbol{G}\cdot\boldsymbol{r}_i}\sum_j q_j\mathrm{e}^{-\mathrm{i}\boldsymbol{G}\cdot\boldsymbol{r}_j} = \left|\sum_i q_i\mathrm{e}^{\mathrm{i}\boldsymbol{G}\cdot\boldsymbol{r}_i}\right|^2$$

得到

$$
\begin{aligned}
U &= \frac{1}{2}\sum_{\boldsymbol{R}\neq 0}\sum_i{\sum_j}'\frac{q_iq_j}{|\boldsymbol{r}_{ij}-\boldsymbol{R}|}\operatorname{erfc}(\eta|\boldsymbol{r}_{ij}-\boldsymbol{R}|) \\
&\quad + \sum_{\boldsymbol{G}\neq 0}\frac{2\pi}{VG^2}\mathrm{e}^{-\frac{G^2}{4\eta^2}}\left|\sum_i q_i\mathrm{e}^{\mathrm{i}\boldsymbol{G}\cdot\boldsymbol{r}_i}\right|^2 - \frac{\eta}{\sqrt{\pi}}\sum_i q_i^2
\end{aligned}
$$

### 3.15.2  极值定理的证明

由式(3.14.12)和式(3.14.13)给出的极值定理可以证明如下。注意到

$$\ln P = -\beta H - \ln \mathrm{Tr}\, e^{-\beta H}$$

即

$$H = -kT \ln \mathrm{Tr}\, e^{-\beta H} - kT \ln P$$

$$H + kT \ln P' = H + kT \ln P + kT(\ln P' - \ln P)$$

$$= -kT \ln \mathrm{Tr}\, e^{-\beta H} + kT(\ln P' - \ln P)$$

所以

$$\mathrm{Tr}\, P'(H + kT \ln P') = -kT \ln \mathrm{Tr}\, e^{-\beta H} \,\mathrm{Tr}\, P' + kT \,\mathrm{Tr}\, P'(\ln P' - \ln P)$$

$$= \mathrm{Tr}\, P(H + kT \ln P) + kT \,\mathrm{Tr}\, P'(\ln P' - \ln P)$$

在上式中，我们利用了 $\ln \mathrm{Tr}\, e^{-\beta H}$ 已经是一个平均量及归一化关系 $\mathrm{Tr}\, P' = \mathrm{Tr}\, P = 1$。容易证明（例如通过计算 $\ln x - x + 1$ 的导数，并利用 $x = 1$ 的值）$\ln x \leqslant x - 1$ 且等号只有在 $x = 1$ 时成立，于是

$$\mathrm{Tr}\, P'(\ln P' - \ln P) = -\mathrm{Tr}\, P' \ln \frac{P}{P'} \geqslant -\mathrm{Tr}\, P'\left(\frac{P}{P'} - 1\right)$$

$$= -\mathrm{Tr}\, P + \mathrm{Tr}\, P' = 0$$

即

$$\mathrm{Tr}\, P'(\ln P' - \ln P) \geqslant 0$$

且等号只有在 $P = P'$ 时成立。这就证明了极值定理。

# 第 4 章  硬球胶体的平衡性质和有效相互作用

从纯物理研究的角度出发，首先需要彻底研究清楚的应该是能够代表胶体系统的最简单的模型系统，由相同大小的球形胶体粒子构成的胶体系统就是这样的系统。球形胶体粒子的几何形状简单，不仅易于制备，而且易于理论处理，特别重要的是，这样的系统同时也包含了足够多的物理信息。

硬球胶体是最简单的一种胶体模型，胶体粒子之间除了不能互相进入之外没有其他的相互作用。这个模型是胶体物理处理的最简单的理论模型，同时也是一个最简单的液体模型。在实验上，通过一些技术，也能够近似实现硬球系统。

硬球模型虽然简单，但无法精确求解。在过去的近 80 年的时间内，人们对这个模型做了大量细致的研究，得到了非常精确的结果。这个模型也就成为检验新的理论或计算方法的一个很好的模型，同时，也是研究一系列更复杂系统的零级近似。

## 4.1  结构和相行为

在过去近一个世纪的研究中，人们对于硬球系统的认识不断深化。利用积分方程理论，如 Percus-Yevick 方程、超网链方程 (HNC)、平均球近似 (MSA) 等以及蒙特卡罗和分子动力学模拟等方法仔细研究了硬球系统的平衡结构、相变等一系列性质。

相同大小硬球构成的硬球胶体是目前了解得比较清楚的胶体系统。该系统在不同密度下可以处于不同的状态，在体积分数 $\phi \approx 0.49$ 以下为液态（fluid state），在 $0.49 < \phi < 0.54$ 为固液共存状态，而在 $\phi > 0.54$ 为固态。固态的稳定结构基本上可以确认是 FCC。但 HCP 结构的自由能只是略高于 FCC，是一个非常接近平衡态的亚稳态。在高密度下，硬球系统的弛豫时间会变得非常长，因此在实验和数值模拟中，系统很容易演化到某种玻璃态并锁死在这种状态。硬球系统没有气液转变，只有一种流体态，其原因是硬球之间没有吸引相互作用，从而不存在相互作用的极小位置。

硬球液体的径向分布函数可以通过计算机数值模拟方法（如蒙特卡罗方法或分子动力学方法）计算，也可以通过一些近似方法（如积分方程方法、密度泛函方法）得到。

由于硬球之间没有吸引相互作用，而硬球相互作用所起的作用是限制粒子相互接近的最小距离，对于系统的能量没有贡献，因而硬球系统的热力学性质完全由熵来决定。硬球的最密集结构是 FCC 或 HCP 结构（也可以是 RHCP）[①]，这些结构具有相同的密堆体积。

FCC 和 HCP 结构的熵差非常小，从而自由能之差非常小。这种差别一般小于各种近似方法的误差，因此确定二者的熵差就成为一个挑战性的理论难题。目前似乎还没有对 RHCP 的熵的精确计算，但其数值应该和 FCC 非常接近。

第 3 章已经指出，在分子动力学或蒙特卡罗模拟中，能量、对分布函数等可以直接计算，但熵及自由能则不能直接求得，常规的做法是从一个已知结果的状态沿一可逆过程的路径积分求得[71]。这意味着对这一路径的每一点都需要进行模拟，同时还要保证系统在这一路径上没有相变。这些要求使得熵或自由能的计算非常困难。近年来，发展了一些精确计算熵和自由能的有效模拟方法，如多正则模拟方法[66,67]，王福高-Landau 方法[68,69] 等。

在密度接近密堆时，利用分子动力学模拟，Alder 等[76,77]，Kratky [78] 计算了 $\phi_0$（密堆的体积分数）附近的 $\Delta F$：

$$\Delta F \equiv \frac{F_{\text{HCP}} - F_{\text{FCC}}}{N}$$

但这些早期计算所得结果的误差较大。在熔化点附近，Frenkel 和 Ladd[79] 的蒙特卡罗计算给出 $-0.001\,kT < \Delta F < 0.002\,kT$，Woodcock[80,81] 巧妙地设计了一个计算路径，用分子动力学方法得到 $\Delta F \approx 0.005\,kT$。在这一计算中，使用了 12000 个硬球，并且系统分析了每一步的计算误差，指出其结果的误差大致为 20%。其后的计算又改进了这个结果，把数字降低到 $\Delta F \approx 0.0023\,kT$。Mau 的计算表明，在熔化点附近，$\Delta F \approx 0.000902\,kT$，而在接近密堆极限时为 $\Delta F \approx 0.00115\,kT$[82]。Bruce 的计算给出熔化点附近 $\Delta F \approx 0.00086\,kT$，而在接近密堆极限时为 $\Delta F \approx 0.00094\,kT$[83]。杨明成等的计算给出熔化点附近，$\Delta F \approx 0.00133\,kT$[51]，而最新的一个计算得到接近密堆极限时为 $\Delta F \approx 0.00116\,kT$[84]。这些精确的计算表明，FCC 结构具有更小的自由能。

实验上发现在熔化点附近，硬球系统通常形成 FCC 和 RHCP 结构的混合体。然而，Chaikin 小组[85,86] 在"哥伦比亚"和"发现号"航天飞机上所做的微重力

---

① FCC（面心立方，face centered cubic），HCP(六角密堆，hexagonal closed packed) 和 RHCP(随机六角密堆，random hexagonal closed packed) 结构均可以由平面的六角密堆面叠合而成。相同大小的硬球在一个平面上的最密排列是六角密堆结构，这种结构有三个等价的取向，可分别记为 A，B，C。把这些密排面叠合起来，就可以构成密排的三维结构。为了达到密排，A 层上面可以叠合 B 或 C，B 上面可以叠合 A 和 C，C 上面可以叠合 A 和 B。如果以 ABABAB··· 的方式叠合，就得到 HCP 结构；如果按照 ABCABCABC··· 的方式叠合，则得到 FCC 结构；如果每层上面随机地选取另外两种之一叠合，就得到 RHCP 结构。关于 FCC 和 HCP 结构的更详细的描述，读者可以参看固体物理学的教材。

下的实验表明: 在熔化点附近形成 RHCP 结构, 而没有 FCC 的成分。微重力实验也发现硬球的玻璃态会很快结晶, 而在地球的重力环境下玻璃态可以长期存在。

比硬球系统稍微复杂的是所谓的近硬球系统, 其相互作用如图 4.1.1(b) 所示。实际上, 所有实验室制备的硬球或天然存在的硬球 (如某些病毒) 都是近硬球而非硬球。由于不存在长程相互作用, 因此其性质应该与硬球系统相似。

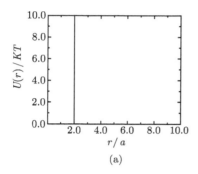
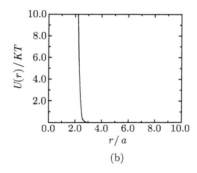

图 4.1.1　硬球相互作用势 (a) 和近硬球相互作用势 (b)

## 4.2　对分布函数的 PY 方程及其精确解

对于硬球胶体, PY 闭合近似下的 OZ 方程能够解析求解。用 $\sigma$ 表示硬球的直径, 当 $r > \sigma$ 时, $u(r) = 0$, 由式 (3.7.8)可知 $c(r) = 0$; 当 $r < \sigma$ 时, 其直接相关函数可以解出为

$$c(r < \sigma) = -\left[\lambda_1\left(1 + \frac{1}{2}\phi x^3\right) + \lambda_2 x\right] \tag{4.2.1}$$

这里 $x = r/\sigma$, $\phi = \pi\sigma^3\rho/6$ 为体积分数。

$$\lambda_1 = \frac{(1 + 2\phi)^2}{(1 - \phi)^4}, \quad \lambda_2 = -\frac{6\phi(1 + 0.5\phi)^2}{(1 - \phi)^4}$$

这是一个非常重要的结果。

这个结果首先由 Wertheim[87] 和 Thiele[88] 分别得到, 所用方法基本相同。其后 Baxter[89] 给出了一个简洁的解法。这里给出原始解法的思路, Baxter 的解法在附录中给出。

对于硬球, 当 $r < \sigma$ 时, 因为 $u(r)$ 为无限大, 粒子不能重叠, 所以 $g(r) = 0$, 即 $h(r) = -1$。当 $r > \sigma$ 时, 由式 (3.7.9), $c(r) = 0$。在进一步计算前, 我们注意到, 对于各向同性的二体相互作用 $u$, $g(r_{12})$ 可以写为

$$g(r_{12}) = \mathrm{e}^{-\beta u(r_{12})}\frac{V^2}{Z}\int \mathrm{d}\boldsymbol{r}_3 \cdots \mathrm{d}\boldsymbol{r}_N \exp\left[-\beta\sum_{i<j}{}' u(r_{ij})\right]$$

这里，求和上的 "$'$" 表示排除 $\{i,j\} = \{1,2\}$ 后的所有粒子对。对于硬球相互作用，因子 $\mathrm{e}^{-\beta u(r_{12})}$ 在 $r_{12} = \sigma$ 处不连续，并导致对分布函数 $g(r)$ 在 $r = \sigma$ 处的跃变。显然，通过引入另一个函数，这个不连续可以消除。定义函数 $y(r)$ 为

$$y(r) = \mathrm{e}^{\beta u(r)} g(r)$$

这是一个 $r$ 的连续函数。事实上，可以证明，$y(r)$ 及其一阶和二阶导数均连续。由 PY 闭合关系式(3.7.9)得到

$$c(r) = g(r) - y(r) \tag{4.2.2}$$

当 $r < \sigma$ 时，因 $g(r) = 0$，有 $y(r) = -c(r)$；当 $r > \sigma$ 时，$c(r) = 0$，有 $y(r) = g(r)$。把 PY 闭合关系式(4.2.2)代入 OZ 方程，得到

$$y(r) = 1 + \rho \int \mathrm{d}\boldsymbol{r}' \left[ \mathrm{e}^{-\beta u(|\boldsymbol{r}-\boldsymbol{r}'|)} y(|\boldsymbol{r}-\boldsymbol{r}'|) - 1 \right] \left[ \mathrm{e}^{-\beta u(r')} - 1 \right] y(r') \tag{4.2.3}$$

这样，就得到了在 PY 闭合关系下关于函数 $y$ 的单一方程。求得了 $y$，就能得到其他相关函数。把硬球势代入，得到

$$y(r) = 1 + \rho \int_{r'<\sigma} \mathrm{d}\boldsymbol{r}' \, y(r') - \rho \int_{r'<\sigma, |\boldsymbol{r}-\boldsymbol{r}'|>\sigma} \mathrm{d}\boldsymbol{r}' \, y(r') y(|\boldsymbol{r}-\boldsymbol{r}'|) \tag{4.2.4}$$

在低密度近似下，把方程(4.2.3)迭代一次，得到准确到密度一次方的解为

$$y(r) = 1 + \rho \int \mathrm{d}\boldsymbol{r}' \, f(r') f(|\boldsymbol{r}-\boldsymbol{r}'|) + \mathcal{O}(\rho^2) \tag{4.2.5}$$

这里，$f(r) = \mathrm{e}^{-\beta u(r)} - 1$ 为迈厄函数。对于硬球势，当 $r < \sigma$ 时，$f(r) = -1$，当 $r > \sigma$ 时，$f(r) = 0$，代入低密度近似解(4.2.5)，则积分就成为球心相距为 $r$、半径为 $\sigma$ 的两个球的交叠体积。显然，当 $r > 2\sigma$ 时，没有交叠，积分为零，当 $r < 2\sigma$ 时，这个积分可以方便积出（见附录 4.8.1），其结果为

$$\frac{4\pi\sigma^3}{3} \left[ 1 - \frac{3}{4}\frac{r}{\sigma} + \frac{1}{16}\left(\frac{r}{\sigma}\right)^3 \right]$$

用体积分数 $\phi$ 和 $x = r/\sigma$ 表示，得到低密度近似下硬球系统 PY 方程的解为

$$y(r) = 1 + 8\phi \left( 1 - \frac{3}{4}x + \frac{1}{16}x^3 \right) \theta(2-x) + \mathcal{O}(\phi^2) \tag{4.2.6}$$

这里 $\theta(x)$ 为阶跃函数。在 $r < \sigma$ 即 $x < 1$ 时，$y(r) = c(r)$ 是 $x$ 的三次多项式。我们假设这个性质一般成立，即 $c(r)$ 是 $r$ 的三次多项式（$x = r/\sigma$）

$$c(r) = a_0 + a_1 x + a_2 x^2 + a_3 x^3 \tag{4.2.7}$$

利用 $y(r)$ 在 $r = \sigma$ 的连续性和其一阶、二阶导数的连续性，可以得到三个方程。再计算方程(4.2.4)在 $r = 0$ 的值，得到

$$y(0) = 1 + \rho \int_{r' < \sigma} \mathrm{d}\boldsymbol{r}'\, y(r')$$

为第四个方程。通过这四个方程，可以解出 $a_0$，$a_1$，$a_2$ 和 $a_3$，从而得到直接相关函数。按照这个思路的计算过程比较烦琐。

对于 $c(r)$ 作傅里叶变换得到 $c(k)$，而结构因子

$$S(k) = 1 + \rho h(k) = \frac{1}{1 - \rho c(k)} \tag{4.2.8}$$

再由式(3.5.29)就能得到对分布函数 $g(r)$。$S(k)$ 的解析表达式比较烦琐[15]，这里不再给出。为了通过压缩率计算物态方程，只需要 $S(k \to 0)$，由 Baxter 方法的求解过程得到 (见附录)

$$S(0) = \frac{(1 - \phi)^4}{(1 + 2\phi)^2} \tag{4.2.9}$$

由式(3.5.30)，得

$$S(0) = \rho kT \chi_T = \frac{6}{\pi\sigma^3}\phi kT \frac{1}{\phi}\frac{\partial\phi}{\partial p}$$

即

$$\frac{12}{\pi\sigma^3 kT}\frac{\partial p}{\partial\phi} = \frac{(1 + 2\phi)^2}{(1 - \phi)^4}$$

$$\frac{6}{\pi\sigma^3 kT}p = \int_0^\phi \frac{(1 + 2\phi)^2}{(1 - \phi)^4}\,\mathrm{d}\phi = \phi\frac{1 + \phi + \phi^2}{(1 - \phi)^3}$$

得到压缩率物态方程 (以上标 C 标志)

$$\frac{p^{\mathrm{C}}}{\rho kT} = \frac{1 + \phi + \phi^2}{(1 - \phi)^3} \tag{4.2.10}$$

物态方程也可以由式(3.5.17)得到，对于硬球系统，因 $g(r)$ 在 $r = \sigma$ 不连续，我们把式(3.5.17)适当变换，用连续的 $y$ 来表示。

$$\frac{p}{\rho kT} = 1 - \frac{2\pi\rho}{3kT}\int_0^\infty \mathrm{d}r\, r^3 u'(r)g(r)$$
$$= 1 + \frac{2\pi\rho}{3}\int_0^\infty \mathrm{d}r\, r^3 y(r)\big[\mathrm{e}^{-\beta u(r)}\big]' \tag{4.2.11}$$

对于硬球相互作用，$\mathrm{e}^{-\beta u(r)}$ 在 $r < \sigma$ 时为 0，在 $r > \sigma$ 时为 1，从而 $\big[\mathrm{e}^{-\beta u(r)}\big]' = \delta(r - \sigma)$，于是

$$\frac{p}{\rho kT} = 1 + \frac{2\pi\rho}{3}\sigma^3 y(\sigma) = 1 - 4\phi c(\sigma_-) = 1 + 4\phi g(\sigma_+) \tag{4.2.12}$$

这里用到了，在硬球情形，$r < \sigma$ 时，$y(r) = -c(r)$，$r > \sigma$ 时，$y(r) = g(r)$，而 $y(r)$ 在 $r = \sigma$ 处连续。把式(4.2.1)的

$$c(r = \sigma) = -\left[\lambda_1\left(1 + \frac{1}{2}\phi\right) + \lambda_2\right] = -\frac{1 + \frac{1}{2}\phi}{(1-\phi)^2}$$

代入得到位力物态方程（以上标 V 标志）

$$\frac{p^{\mathrm{V}}}{\rho kT} = 1 - 4\phi c(\sigma_-) = \frac{1 + 2\phi + 3\phi^2}{(1-\phi)^2} \tag{4.2.13}$$

这个方程与压缩率物态方程不同，差别来自 PY 闭合关系的近似。

Carnahan 和 Starling[91] 通过观察前面几个位力系数，猜测了各阶位力系数的闭合形式，得到了一个物态方程的表达式：

$$\frac{p^{\mathrm{CS}}}{\rho kT} = \frac{1 + \phi + \phi^2 - \phi^3}{(1-\phi)^3} \tag{4.2.14}$$

而这个表达式恰好是这里两个方法所得结果的加权平均：

$$p^{\mathrm{CS}} = \frac{1}{3}p^{\mathrm{V}} + \frac{2}{3}p^{\mathrm{C}}$$

这是一个非常精确的物态方程。这个方程对液态的所有 $\phi$ 值都与模拟结果非常接近，其精度对于大部分的应用都已足够。Kolafa 对这个方程做了一点小的修正，使其精度更高[92]

$$\frac{p^{\mathrm{K}}}{\rho kT} = \frac{1 + \phi + \phi^2 - \frac{2}{3}(1+\phi)\phi^3}{(1-\eta)^3} \tag{4.2.15}$$

图 4.2.1给出了这几个物态方程与分子动力学模拟结果[93] 的比较。

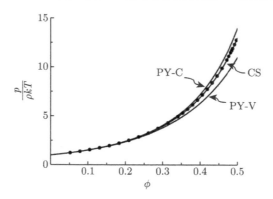

图 4.2.1 各种不同闭合近似的硬球物态方程，实心点来自蒙特卡罗计算[90]，可以看成是精确结果

# 4.3  排空力的简单图像

在热平衡下，物质所处的相由自由能 $F = E - TS$ 的极小决定，其中 $E$ 为内能，$T$ 为温度，$S$ 为熵。对于硬物质，内能起主要作用，物质的结构主要由内能的极小决定，而热涨落可以作为内能极小相的扰动来处理，如固体中的声子等元激发就是在内能极小态 (晶体) 上的低激发态 (或微扰)。对于软物质，则往往处于另一种情形，内能或者比 $TS$ 小很多，或者与物质的构型无关或关系很小。在这种情况下，平衡态的结构由熵的极大 (从而自由能极小) 来决定，同时，对熵极大状态的偏离将产生力，这种力的效果与势能的梯度所产生的力的效果完全一样。事实上，这种力在日常生活中并不少见。一个直观的例子是，当我们拉伸高聚物 (如橡胶) 时，其链状分子将有拉直的趋向，从而减小其熵而产生力。

当硬球胶体悬浮液中加入高分子时，胶体粒子之间会产生由高分子线团引致的吸引相互作用，这种相互作用来源于熵，称为排空力（depletion force）。第一篇明确描述排空力的文章是 Asakura 和 Oosawa[94] 在 1954 年发表的，Vrij 在 1976 年更为详细地描述了这个相互作用[95]。Asakura 和 Oosawa 的文章考虑了两个半径为 $r_b$ 的胶体球在高分子线团环境下的有效吸引作用。这里，高分子线团近似成半径为 $r_s$ 的小球，这些小球与胶体球之间的相互作用是硬球相互作用，而小球之间没有相互作用。这样，每个胶体球表面有一个高分子线团无法进入的排空层，或者，对于高分子线团而言，胶体球的等效半径为 $R_d = r_b + r_s$，称为排空半径，如图 4.3.1 所示。如果两个胶体球的最近距离大于 $2r_s$，则高分子线团对于两个胶体球之间的相互作用没有影响。如果两个胶体球的最近距离小于 $2r_s$，则胶体球的排空层有重合，高分子线团的自由体积增加。设增加的体积是 $v$，并设排空层没有重合时系统的体积为 $V$，则两种情况的自由能之差是

$$\Delta F = -NkT \ln \frac{V+v}{V} \approx -NkT \frac{v}{V} = -\rho_s kT v$$

这里，$N$ 是总的高分子线团数；$\rho_s$ 是高分子线团的数密度。若两个胶体球的球心间距是 $r$，当 $r \geqslant 2R_d$ 时，$v = 0$，当 $r \leqslant 2R_d$ 时，简单地计算得到（附录 4.8.1）

$$v = \frac{4\pi}{3} R_d^3 \left[ 1 - \frac{3r}{4R_d} + \frac{1}{16} \left( \frac{r}{R_d} \right)^3 \right]$$

于是两个胶体球的等效排空相互作用势为

$$U(r) = -\frac{4\pi \rho_s kT}{3} R_d^3 \left[ 1 - \frac{3r}{4R_d} + \frac{1}{16} \left( \frac{r}{R_d} \right)^3 \right] \tag{4.3.1}$$

用 $h$ 表示两个胶体球表面的最近距离，则 $r = 2r_b + h$，式(4.3.1)也可用 $h$ 写成

$$U(r) = -\frac{\pi\rho_s kT}{12}(6R_d + h - 2r_s)(h - 2r_s)^2 \tag{4.3.2}$$

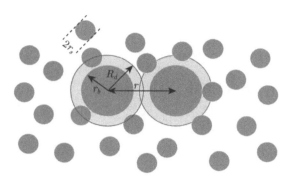

图 4.3.1　两个半径为 $r_b$ 的胶体硬球在半径为 $r_s$ 的硬球液体中的排空相互作用

如果把高分子线团换成自身具有相互作用的更小的胶体硬球，则上述图像基本上还是成立的，但由于胶体小球自身的相互作用，其对于两个大的胶体球的排空作用会复杂一些。这个问题无法解析求解，数值计算表明，在 $r \geqslant 2R_d$ 时，排空作用并不是零，而是振荡衰减到零。一个典型的相互作用势在图 4.3.2 中给出。

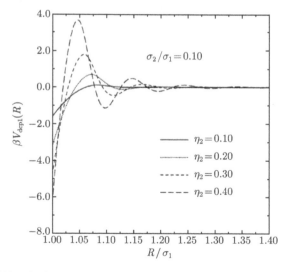

图 4.3.2　一个典型的两个球之间的排空相互作用势，$\eta_2$ 是小球的体积分数，$\sigma_2/\sigma_1 = 0.10$ 是小球与大球的直径比。横坐标是以大球直径为单位的两个大球球心的距离，纵坐标是以 $kT$ 为单位的排空势。取自文献 [17]

不同大小的胶体球构成的胶体系统提供了熵力的令人注目的实例。为简单起见，考虑两种直径相差很大 (例如 10 倍) 的胶体球散布于分散体系构成的胶体。在两种胶体球的体积分数差不多相同的条件下，小球的数量远大于大球的数量，因此小球对熵的贡献起主要作用。作为一个很好的近似，大球的位形将调节到使得小球的熵最大。如图 4.3.3 所示，当两个大球远离时，对小球的排斥体积要比两个大球接触时大，因此两个大球之间有一个由小球的熵而产生的引力，即排空力。在物理上，排空力来源于熵的变化，所以这种力也被称为熵力。从图中也可看出，当大球靠近容器壁时，对小球的排斥体积较小，因此小球存在时，大球有靠近器壁和结团的倾向。

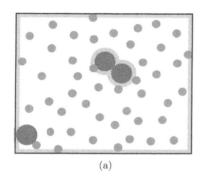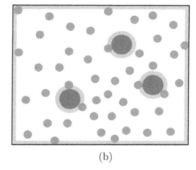

(a)         (b)

图 4.3.3　排空力的图像，图中大球和器壁的阴影区域为小球球心不可到达区域，当阴影区域重合时，小球的自由体积增加，增加量为重合区域，从而熵增加

上文基于大球间二体吸引相互作用的讨论自然导致如下结论：当体积分数增加时，大球和小球将产生相分离。实验上看到的现象要复杂得多，在适当条件下，可以观察到大球和小球的"合金"晶体结构，这种结构通常具有很大的元胞[97,98]。这些实验结果可在熵的基础上给予解释。如果大球形成密排结构，则小球无法进入大球的间隙，如果大球的间距拉开一点，使得小球可以进入大球的间隙，则小球的自由体积将增大，从而增大系统的熵。

熵力有一些直接的观察结果，图 4.3.4 中的两张照片清楚地表明熵力的作用，在 (a) 中，直径为 825 nm 的聚苯乙烯胶体球悬浮于水中，从容器表面只能看到很少的球，大球分布于水中; 在 (b) 中，当加入直径为 69 nm 的小球后，大球由于小球的熵的作用而被推向器壁，并且聚集成团，形成晶体结构。

另外一个有趣的例子是当在胶体中加入小球时，大球将被推离台阶边缘，这是由于位于边缘的大球对小球有更大的排斥体积，见图 4.3.5。Dinsmore[99] 等测量了大球在台阶边缘的自由能，在小球直径为 83 nm，体积分数为 30% 的条件下，得到大球 (直径 460 nm) 所受的力为 0.04 pN，见图 4.3.6。

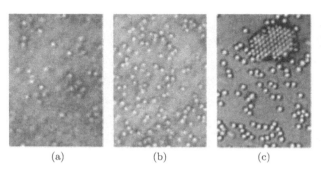

图 4.3.4　(a) 直径为 825 nm 的聚苯乙烯胶体球以 2% 的体积分数置入水中，在容器表面得到的照片，胶体球散布在容器内，只有很少在器壁; (b) 加入直径为 69 nm 的小球，体积分数 8%，表面上大球的份额增加; (c) 小球的体积分数增加到 16%，则大球由于熵力被推向器壁并聚集成晶格结构 (大约 40 小时后)[96]

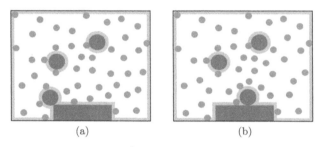

图 4.3.5　当大球位于台阶边缘时 (a)，小球的熵比大球位于台阶之上时 (b) 小，因此大球被推离台阶边缘

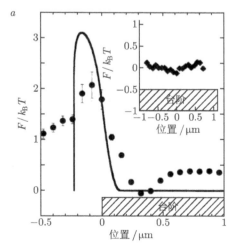

图 4.3.6　实验测量到的大球在台阶边缘的自由能，由此得到大球所受的力为 0.04 pN[99]

熵力的物理图像是清楚的, 但定量理论研究则比较困难, 目前大部分工作是分子动力学模拟的结果, 由于熵的计算和自由能的计算在模拟计算中相当困难 (相比之下, 内能的计算要容易得多), 因此目前定量的结果并不是非常完整, 构造计算熵的模拟方法并对熵力及其后果进行定量计算是一个很有意义的研究课题。

## 4.4 排空力的理论基础和计算方法

本节将比较系统地建立排空力的理论基础。由 4.3 节给出的简单图像可知, 排空力是由整个系统的自由能确定的。为了明确起见, 我们考虑由两类粒子构成的胶体系统, 若胶体粒子之间只有二体直接相互作用, 其相互作用记为 $u^{bb}$, $u^{bs}$ 和 $u^{ss}$。这里上标 $b$, $s$ 分别代表 $b$ 类和 $s$ 类粒子。每一个相互作用可以依赖于对应的两个粒子的位置和取向。这样, 可以写出胶体的哈密顿量为

$$H = T_b + T_s + \frac{1}{2}\sum_{i,j}^{N_b} u_{ij}^{bb} + \frac{1}{2}\sum_{i,j}^{N_s} u_{ij}^{ss} + \sum_{i,j}^{N_b,N_s} u_{ij}^{bs}$$
$$= (T_b + U^{bb}) + (T_s + U^{ss}) + U^{bs} = H_b + H_s + H_{bs}$$

其中, $T_b$ 和 $T_s$ 分别是 $b$ 类粒子和 $s$ 类粒子的动能; $U^{bb}$ 和 $U^{ss}$ 分别是其相互作用; $U^{bs}$ 是 $b$ 类粒子与 $s$ 类粒子的相互作用。

如果我们只关注 $b$ 类粒子的行为, 就可以把 $s$ 类粒子的自由度消掉。$s$ 类粒子的影响可以通过 $b$ 类粒子的等效相互作用表现出来。以正则系综为例, 这个系统的正则分布是

$$P = \frac{\mathrm{e}^{-\beta H}}{Q}$$

这里 $\beta = \dfrac{1}{kT}$, $k$ 是玻尔兹曼常量。

$$Q = \mathrm{Tr}\, \mathrm{e}^{-\beta H}$$

是正则配分函数。为了简化符号, 这里用 $\mathrm{Tr}$ 表示对相空间的积分。现在, 如果我们只对 $b$ 类粒子的分布有兴趣, 原则上, 可以以如下方式得到这个分布:

$$P_b = \mathrm{Tr}_s P$$

这里, $\mathrm{Tr}_s$ 表示对于 $s$ 类粒子的相空间的积分。把得到的分布 $P_b$ 写成

$$P_b = \frac{\mathrm{e}^{-\beta \tilde{H}_b}}{Q_b}$$

的形式，就得到考虑了 $s$ 类粒子影响的 $b$ 类粒子的等效哈密顿量。在这里所处理的经典统计下，动能部分与相互作用部分没有关联，$s$ 类粒子的动能部分的积分给出一个温度相关的因子，$b$ 类粒子的动能部分保留。由于两类粒子之间存在相互作用，对于 $s$ 类粒子的相空间积分会给出一个对于 $b$ 类粒子相互作用的修正。即便对于二体相互作用，这个修正也会包含三体及三体以上的相互作用。

如果 $b$ 类粒子的密度非常小，那么，三体以上的修正可以忽略不计。如果 $b$ 类粒子的密度不是很小，或者，即便只有一类粒子，但我们关注的是选定的两个粒子之间的相互作用，也可以引进一个描述这种相互作用的量 $w(1,2)$，称为平均力势能 (potential of mean force，PMF)，这个势实际上是对分布函数的另一种表示方法：

$$g(1,2) = \mathrm{e}^{-\beta w(1,2)} \tag{4.4.1}$$

此处，为简洁起见，我们用数字 1，2 作为变量，分别表示两个粒子的位置、取向等，并且略去了上标 $b$。当 $b$ 类粒子的密度趋于零时，$w(1,2)$ 趋于二体等效相互作用[100,101]。

上面是关于等效相互作用的一般说明，现在具体讨论排空力。从狭义而言，排空力就是 $s$ 类粒子的体积效应导致的 $b$ 类粒子的等效相互作用，通常考虑 $b$ 类粒子的尺寸比 $s$ 类粒子大很多，而数密度 $\rho_b$ 远小于 $\rho_s$。在此条件下，由式(4.4.1)给出的 $w(1,2)$ 就是排空力的势能，这样，也就直接给出了计算排空力的一个方法，通过计算 $g(1,2)$ 而得到排空力。在研究排空相互作用时，粒子之间的基本相互作用除了体积排斥之外，还存在其他类型的相互作用，但为了突出体积排斥的影响，同时也基于理论上处理起来比较简单方便的理由，大量关于排空力的理论和数值研究均针对仅有体积排斥这种基本相互作用的情形。本书后面的处理也都基于这样的简化。

## 4.5　硬球体系的排空相互作用

考虑 $b$ 类粒子 (大粒子) 和 $s$ 类粒子 (小粒子) 分别是半径为 $r_b$ 和 $r_s$ 的硬球，$r_b \gg r_s$，并设 $\rho_b \ll \rho_s$。在此条件下，我们可以考虑 $b$ 类只有两个粒子。显然，排空相互作用势只与两个粒子的距离 $r$ 有关，当 $r < 2r_b$ 时，相互作用就是基本作用硬球势，当 $r \geqslant 2r_b$ 时，基本相互作用势为 0，但 $s$ 类粒子给出一个排空势。另外一种排空相互作用问题是 $b$ 类粒子与硬容器壁之间的排空势，此时，只需要考虑靠近容器壁的一个 $b$ 类粒子。计算排空势有几种常用的方法，首先，如果忽略 $s$ 类粒子的相互作用，就对应于前面给出的 AO 模型，其结果可以简单求得，由式(4.3.1)和式 (4.3.2)给出。如果 $s$ 类粒子的相互作用不能忽略，这样的模型没有精确解析结果，需要用近似方法来处理。

### 4.5.1 一个精确的公式

利用正则分布，可以得到一个精确的排空力相关的公式[102,103]。设想有一个由 $s$ 类粒子构成的系统，系统内有外加的某个势场 $U$，其具体的形式任意，例如可以是一个硬的边界，也可以是另一个固定的 $b$ 类粒子。由于这个势场的存在，$s$ 类粒子的密度将不再均匀，而随位置变化。现在考虑一个 $b$ 类粒子处于位置 $\boldsymbol{R}$，对于 $s$ 类粒子而言，这个粒子提供的是一个外加势 $u(\boldsymbol{r}-\boldsymbol{R})$。在势场 $U$ 和 $u(\boldsymbol{r}-\boldsymbol{R})$ 中，$s$ 类粒子的位形配分函数成为

$$Z = \int \prod_i \mathrm{d}\boldsymbol{r}_i \exp\left[-\beta U^{ss} - \beta U - \beta \sum_i u(\boldsymbol{r}_i - \boldsymbol{R})\right]$$

对应的自由能 $F_{\mathrm{e}}$ 是

$$F_{\mathrm{e}} = -kT \ln Z$$

而位于 $\boldsymbol{R}$ 的粒子受力

$$
\begin{aligned}
\boldsymbol{f} &= -\nabla_{\boldsymbol{R}} F_{\mathrm{e}} \\
&= \frac{1}{Z} N_s kT \int \prod_i \mathrm{d}\boldsymbol{r}_i \, \mathrm{e}^{[-\beta U^{ss} - \beta U - \beta \sum_{i=2}^{N_s} u(\boldsymbol{r}_i - \boldsymbol{R})]} \nabla_{\boldsymbol{R}} \mathrm{e}^{[-\beta u(\boldsymbol{r}_1 - \boldsymbol{R})]}
\end{aligned}
$$

(4.5.1)

对于硬球相互作用，$\exp\left[-\beta u(\boldsymbol{r}_1 - \boldsymbol{R})\right]$ 在以 $\boldsymbol{R}$ 为球心，$d = r_a + r_s$ 为半径的球内为 0，在球外为 1，于是

$$\nabla_{\boldsymbol{R}} \exp\left[-\beta u(\boldsymbol{r}_1 - \boldsymbol{R})\right] = -\delta(|\boldsymbol{r}_1 - \boldsymbol{R}| - d)\boldsymbol{n}$$

(4.5.2)

此处 $\boldsymbol{n}$ 是球面的外法线方向。代入式(4.5.1) 并利用式(3.5.2)得到

$$\boldsymbol{f} = -kT \int \mathrm{d}\boldsymbol{r}\, \rho_s(\boldsymbol{r}) \delta(|\boldsymbol{r} - \boldsymbol{R}| - d)\boldsymbol{n} = -kT \int \mathrm{d}\boldsymbol{S}\, \rho_s(\boldsymbol{r})$$

(4.5.3)

这里的积分沿半径为 $d$，$\boldsymbol{R}$ 为球心的球面进行。公式(4.5.3)是精确的，如果 $U$ 由另一个 $b$ 类硬球提供，$\boldsymbol{f}$ 就是两个硬球的排空力，如果 $U$ 由一个平面或者弯曲的硬墙提供，得到的就是硬墙的排空力。为了使用这个公式，就需要计算接触处，即受力粒子与 $s$ 类粒子接触面上 $s$ 类粒子的密度分布，这个计算往往是很困难的。

### 4.5.2 利用数值模拟方法计算接触密度

为了利用公式(4.5.3)计算排空力，需要知道粒子的接触面上的 $s$ 类粒子的密度。一种计算这个密度的简洁而又比较可靠的方法是数值模拟方法。对于硬球系统，分子动力学方法和蒙特卡罗方法都是非常高效的方法。具体到排空力的问题，给定外势 $U$ 和 $u$ 之后，对 $s$ 类粒子模拟，并在达到平衡后取样计算接触密度。实

际计算时，直接计算接触密度是不可能的，具体的做法是在所考虑的 $b$ 类粒子的外面做若干个不同厚度的球壳，通过模拟计算不同厚度球壳中 $s$ 类粒子的密度分布，然后外推到厚度为零，就可以得到接触密度。一般地，所研究的问题具有某种对称性，例如，对于外势 $U$ 为一个硬墙或硬球的情况，则 $b$ 类粒子表面的 $s$ 类粒子密度具有轴对称性，如果取对称轴为 $z$ 轴，则 $\rho_s$ 只与 $\theta$ 有关，与 $\phi$ 无关，可以简化计算。

### 4.5.3　直接模拟方法：接受比率法

利用第 3 章介绍的 Bennett 方法，可以直接计算排空相互作用。为具体起见，考虑两个 $b$ 类粒子之间的排空相互作用。若两个粒子之间的距离足够大，其直接相互作用和排空相互作用都不存在，可以取为相互作用的零点。当粒子之间的距离变小时，排空效应开始起作用，此时，系统的自由能变化。这个自由能与足够大距离时的自由能之差就是排空相互作用。在两种情况下，两个 $b$ 类粒子可以看成是对于 $s$ 类粒子的不同外场，这也就定义了两个不同外场的系统。

考虑一个由 $s$ 类粒子构成的系统，分别处于外势 $U_1$ 和 $U_2$ 时对应的位形配分函数是 $Z_1$ 和 $Z_2$。设 $W$ 是一任意给定的权重函数，则[64,71]

$$\frac{Z_2}{Z_1} = \frac{Z_2\,\mathrm{Tr}_s W \exp\left[-\beta(U + U_1 + U_2)\right]}{Z_1\,\mathrm{Tr}_s W \exp\left[-\beta(U + U_1 + U_2)\right]} = \frac{\langle W \exp(-\beta U_2)\rangle_1}{\langle W \exp(-\beta U_1)\rangle_2} \tag{4.5.4}$$

这里，$\mathrm{Tr}_s$ 表示对于 $s$ 类粒子的位形积分，$U$ 是 $s$ 类粒子的相互作用势能，下标 1，2 分别代表对于外势 $U_1$ 和 $U_2$ 下的系统的系综平均。选取 $W$ 为

$$W \propto \left[\exp\left(-\beta U_2 - C/2\right) + \exp\left(-\beta U_1 + C/2\right)\right]^{-1} \tag{4.5.5}$$

这里 $C$ 是一个可调参数，则

$$\frac{Z_2}{Z_1} = \frac{\langle F(\beta\Delta U + C)\rangle_1}{\langle F(-\beta\Delta U - C)\rangle_2} \exp\left\{C\right\} \tag{4.5.6}$$

其中，$\Delta U = U_2 - U_1$，

$$F(x) = \frac{1}{1 + \exp(x)} \tag{4.5.7}$$

对式(4.5.7)取对数，再乘以 $-kT$，就是外势 $U_2$ 和 $U_1$ 下系统的自由能之差。

这个方法可以用来计算排空相互作用。设想所有粒子为硬球，两个 $b$ 粒子相距分别为 $r_1$ 和 $r_2$ 时，对应于 $U_1$ 和 $U_2$。取 $C = 0$，并注意到 $\Delta U$ 只能是 0 或 $\pm\infty$。这样，我们可以同时模拟两个系统，系统 1 中 $b$ 粒子相距 $r_1$，系统 2 中 $b$ 粒子相距 $r_2$，对每个系统取样 $M$。对于系统 1 的每一个位形，检验是否与系统 2 相容，若是，对应 $\Delta U = 0$，$F(\beta\Delta U) = \frac{1}{2}$，若否，对应 $\Delta U = \infty$，$F(\beta\Delta U) = 0$；

同样，对于系统 2 的每一个位形，检验是否与系统 1 相容，若是，对应 $\Delta U = 0$，$F(-\beta \Delta U) = \dfrac{1}{2}$，若否，对应 $\Delta U = -\infty$，$F(-\beta \Delta U) = 0$。把系统 2 能够与系统 1 相容的取样数记为 $M_{12}$，系统 1 能够与系统 2 相容的取样数记为 $M_{21}$，则显然

$$\frac{Z_2}{Z_1} = \frac{M_{12}}{M_{21}} \tag{4.5.8}$$

这样，我们可以在 $r$ 足够大和 $r = 2r_b$ 之间取若干个点，利用上述方法计算相邻两点的自由能差，合成就能得到排空相互作用与 $R$ 的关系。实际计算时，为了保证有足够多的取样数，$r_1$ 和 $r_2$ 的差别要足够小，但为了减少分点的数目，$r_1$ 和 $r_2$ 的差别要尽可能大。在这两者之间，一般通过试算找到一个合适的取值。文献 [104] 最早利用这个方法计算了两个大球在小球液体中的排空势能，由于当时的计算资源限制，所得结果的统计误差比较大。这个方法还用来模拟弯曲面附近的排空相互作用[105]，台阶附近的排空相互作用[106]，硬墙对于一个椭球的排空力和排空力矩[107]。这个方法也被推广到硬棒胶体系统，计算了硬棒胶体对于胶体球的排空相互作用[108]。

## 4.6 密度泛函理论方法

硬球系统的比较成功的密度泛函理论是所谓基本测度密度泛函，这个理论的最简单形式是 Rosenfeld 在 1989 年建立的[109]。这里仅仅给出这个最简单形式，其建立和推导过程可参看相关文献[18,110]。这个理论是针对多组元硬球胶体建立的，这里，为简洁起见，仅仅给出其单组元的形式。在这个理论中，过量自由能泛函写成加权平均密度的泛函形式

$$\frac{f_{\mathrm{ex}}}{kT} = \Phi_1 + \Phi_2 + \Phi_3 \tag{4.6.1}$$

其中

$$\begin{cases} \Phi_1 = -n_0 \ln(1 - n_3) \\ \Phi_2 = \dfrac{n_1 n_2 - \boldsymbol{n}_{V1} \cdot \boldsymbol{n}_{V2}}{1 - n_3} \\ \Phi_3 = \dfrac{n_2^3 - 3n_2 (\boldsymbol{n}_{V2} \cdot \boldsymbol{n}_{V2})}{24\pi (1 - n_3)^2} \end{cases} \tag{4.6.2}$$

上式中用到了四个标量加权密度平均和两个矢量加权密度平均，分别为

$$\begin{cases} n_\alpha = \displaystyle\int w^{(\alpha)}(\boldsymbol{r} - \boldsymbol{r}')\rho(\boldsymbol{r}') \, \mathrm{d}\boldsymbol{r}', \quad \alpha = 0, 1, 2, 3 \\ \boldsymbol{n}_{V\beta} = \displaystyle\int \boldsymbol{w}^{(\beta)}(\boldsymbol{r} - \boldsymbol{r}')\rho(\boldsymbol{r}') \, \mathrm{d}\boldsymbol{r}', \quad \beta = 1, 2 \end{cases} \tag{4.6.3}$$

权重函数与硬球的基本测度（体，面）相联系，分别为

$$
\begin{cases}
w^{(3)}(\boldsymbol{r}) = \theta(R - r) \\[4pt]
w^{(2)}(\boldsymbol{r}) = \delta(R - r) \\[4pt]
w^{(1)}(\boldsymbol{r}) = \dfrac{w^{(2)}(\boldsymbol{r})}{4\pi R} \\[8pt]
w^{(0)}(\boldsymbol{r}) = \dfrac{w^{(2)}(\boldsymbol{r})}{4\pi R^2} \\[8pt]
\boldsymbol{w}^{(2)}(\boldsymbol{r}) = \dfrac{\boldsymbol{r}}{r}\delta(R - r) \\[8pt]
\boldsymbol{w}^{(1)}(\boldsymbol{r}) = \dfrac{\boldsymbol{w}^{(2)}(\boldsymbol{r})}{4\pi R}
\end{cases}
\tag{4.6.4}
$$

对于均匀系统，这个密度泛函能够给出 PY 的压缩率物态方程。对于非均匀情形，通过数值计算泛函极值，能够计算密度分布及其他物理量，例如通过求得接触密度而获得排空势等。对于各种约束的硬球系统，这个泛函都能给出与数值模拟符合得相当好的结果。

实际计算时，把系统划分成小的网格，每个格点上的密度值为一个变量，然后计算一个多变量函数的极小值。对于一般的三维问题，为达到合适的精度，网格的数目非常大，从而计算量也非常大。对于具有对称性的问题，则可以约化为二维或一维，能够在目前的计算能力下很快得到结果。

前文已指出，CS 物态方程与数值模拟的结果符合得很好，而 PY 的压缩率方程在体积分数较大时有明显偏差。如果能够建立一个密度泛函，在均匀情形给出 CS 物态方程，则可以期望这样的泛函更为精确，这或许是一个值得探索的问题。

## 4.7　一些近似解析结果

相对于数值结果，近似解析结果往往能够给出更多的信息和更深入的理解。本节给出若干物理图像比较清楚的近似解析结果。但同时需要指出的是，这些结果的精度往往都不高，只能用于定性分析，在计算定量结果时，还是需要采用前文介绍的数值方法。

### 4.7.1　AO 近似

前面已经给出了两个硬球在可相互穿透的小球液体中的排空力，即 AO 近似的表达式(4.3.1)。这个表达式可以直接推广到两个硬球的半径不等的情形。设两个硬球的半径分别为 $R_1$ 和 $R_2$，直接计算（略烦琐）可得

$$
\frac{U(r)}{\rho_s kT} = -\frac{2}{3}\pi(R_{d1}^3 + R_{d2}^3)\left[ -\frac{3}{8}\frac{(R_{d1}^2 - R_{d2}^2)^2}{R_{d1}^3 + R_{d2}^3}\frac{1}{r} + 1 \right.
$$

$$-\frac{3}{4}\frac{R_{d1}^2+R_{d2}^2}{R_{d1}^3+R_{d2}^3}r+\frac{r^3}{8(R_{d1}^3+R_{d2}^3)}\Bigg] \tag{4.7.1}$$

其中，$R_{d1}=R_1+r_s$，$R_{d2}=R_2+r_s$，$r$ 是两个球心之间的距离。令 $R_1=R_2=r_b$，就回到式(4.3.1)。令 $r=R_1+R_2+h$，并使 $R_2\to\infty$，$R_1=r_b$，对应于半径为 $r_b$ 的硬球与硬墙的排空相互作用，结果是

$$U(h)=-\rho_skT\pi\Bigg[(r_b+r_s)(2r_s-h)^2-\frac{1}{3}(2r_s-h)^3\Bigg] \tag{4.7.2}$$

如果 $r_b\gg r_s$，式(4.7.2)简化为

$$U(h)=-\rho_skT\pi r_b(2r_s-h)^2 \tag{4.7.3}$$

这里 $0\leqslant h<2r_s$ 是球面与硬墙之间的距离。当 $h\geqslant 2r_s$ 时，排空力为零。

对于弯曲曲面附近一个胶体球所受的排空势,在 AO 近似下可以方便求出[105]。当 $h\geqslant 2r_s$ 时，排空力为零。在 $0\leqslant h<2r_s$，当胶体球位于凹面侧时 (图 4.7.1 (a))

$$\frac{U(h)}{\rho_skT}=-\frac{1}{3}\pi\frac{(3r_b+r_s+h)R_c-(r_br_s+r_sh+r_bh+h^2/4)}{R_c+h+r_b}(2r_s-h)^2 \tag{4.7.4}$$

当胶体球位于凸面侧时 (图 4.7.1 (b))

$$\frac{U(h)}{\rho_skT}=-\frac{1}{3}\pi\frac{(3r_b+r_s+h)R_c+(r_br_s+r_sh+r_bh+h^2/4)}{R_c-h-r_b}(2r_s-h)^2 \tag{4.7.5}$$

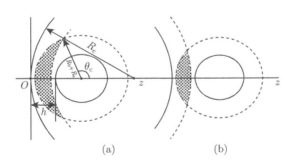

图 4.7.1 处于曲率半径为 $R_c$ 的曲面内 (a) 和外 (b) 的一个半径为 $R_b$ 的胶体球受到的半径为 $R_s$ 的小球的排空力，取自文献 [105]

## 4.7.2 Derjaguin 近似

先考虑两个无限大平行平板之间的排空相互作用。若平板之间的距离 $h<2r_s$，则小球无法进入平板中间，其压强（渗透压）为 0，平板外的压强设为 $p_o$，

则平板单位面积所受的力为 $p_o$。若平板之间的距离 $h \geqslant 2r_s$，小球可以进入平板中间，设其压强为 $p_i$，平板单位面积所受的力为 $p_o - p_i$。对于可相互穿透小球的液体，因小球之间没有相互作用，故 $p_o = p_i = \rho_s kT$，于是得到单位面积的排空力是

$$f_a = \begin{cases} \rho_s kT, & h < 2r_s \\ 0, & h \geqslant 2r_s \end{cases} \tag{4.7.6}$$

而排空势为

$$U_a(h) = \int_h^\infty f_a(h')\,\mathrm{d}h' = \begin{cases} -\rho_s kT(h - 2r_s), & h < 2r_s \\ 0, & h \geqslant 2r_s \end{cases} \tag{4.7.7}$$

Derjaguin 近似就是从两个无限大平板的排空相互作用出发，获得其他形状的粒子之间的排空相互作用[111]。这个近似考虑两个粒子上所有正对着的面积元，假设每一对面积元之间的排空相互作用势与无限大平板的情形相同，然后把所有的面积元对的相互作用加起来得到最终结果。对于一对半径为 $r_b$ 的大球的情形，取两个球心的连线为 $z$ 轴，则离开 $z$ 轴为 $x$ 的一个正对环面的面积是 $2\pi x\,\mathrm{d}x$ (图 4.7.2)，两个球的对应环面之间的排空势是

$$-\rho_s kT(H - 2r_s)\theta(2r_s - H)2\pi x\,\mathrm{d}x$$

这里

$$H = h + 2r_b(1 - \cos\theta) \approx h + \frac{x^2}{r_b}$$

是两个对应环面之间的距离，$h$ 是两个球面的最小距离，$\theta(x)$ 是阶跃函数。于是，两个球的排空势为

$$\frac{U(h)}{\rho_s kT} = -2\pi \int_0^{r_b} (H - 2r_s)\theta(2r_s - H)x\,\mathrm{d}x = -\frac{1}{2}\pi r_b(h - 2r_s)^2 \tag{4.7.8}$$

这对应于式(4.3.1)在 $r_s \ll r_b$ 时的情形。

对于一个硬球和一个硬墙的情形，$H = h + \dfrac{x^2}{2r_b}$，重复上面计算得到

$$\frac{U(h)}{\rho_s kT} = -\pi r_b(h - 2r_s)^2 \tag{4.7.9}$$

与式(4.7.3)相同。

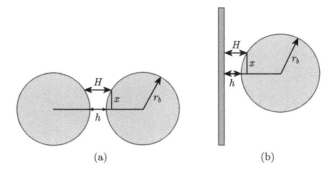

图 4.7.2 Derjaguin 近似计算中的相关长度量的定义

### 4.7.3 小硬球液体的排空作用

如果小球之间也有硬球相互作用，情况要复杂很多，无法得到精确的解析公式，现在我们给出一些近似结果[112-115]。首先考虑一个硬墙，小球的直径为 $2r_s$，显然，小球球心离开硬墙的最近距离是 $r_s$，也就是说，在硬墙附近 $r_s$ 的一层内，小球的密度为 $0$，这个层是硬墙的排空层。因小球之间的距离最小为 $2r_s$，这意味着小球本身也有一个厚度为 $r_s$ 的排空层。当小球与墙之间相距为 $x$ 时，如果 $x \geqslant 3r_s$，则墙的排空层和小球的排空层没有重合；如果 $x < 3r_s$，由于小球的排空层与墙的排空层有重合，于是就有一个排空体积，导致排空相互作用。如图 4.7.3 所示，这个排空体积可以求出为

$$v(x) = \frac{\pi}{3}\left[16r_s^3 - 12r_s^2(x - r_s) + (x - r_s)^3\right] \tag{4.7.10}$$

这就给出了一个对应于小球的势 $U(x) = -\rho_s kT v(x)$，在这个势的作用下，小球的密度分布为

$$\rho(x) = \rho_s \mathrm{e}^{-U(x)/kT} = \begin{cases} 0, & 0 \leqslant x \leqslant r_s \\ \rho_s[1 + \rho_s v(x)], & r_s < x < 3r_s \\ \rho_s, & x \geqslant 3r_s \end{cases} \tag{4.7.11}$$

$\rho_s$ 是远离硬墙处的均匀体密度。这里的计算只保留到 $\rho_s$ 一级修正，高阶修正的计算要复杂很多[116]。

现在考虑两个相距为 $h$ 的硬墙，分别位于 $x = 0$ 和 $x = h$，在最低阶的近似下，墙内的密度是两个墙的影响的相加，即

$$\rho(x) = \rho_s[1 + \rho_s v(x) + \rho_s v(h - x)] \tag{4.7.12}$$

对于硬球系统，墙受到的压强由接触密度给出[117,118]，$p = \rho_c kT$，$\rho_c$ 为接触密度，即硬球能够到达硬墙最近处的密度。这样，两墙之间单位面积的排空力为墙内外

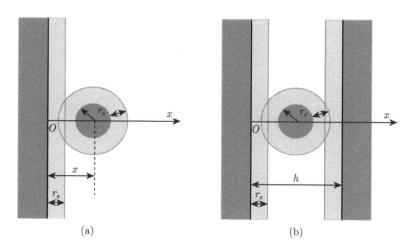

图 4.7.3　硬墙对胶体球的排空作用 (a) 和硬墙之间排空力 (b)

的压强之差，由内外的接触密度 $\rho_{ci}$ 和 $\rho_{co}$ 确定。

$$f_a = kT(\rho_{ci} - \rho_{co}) \tag{4.7.13}$$

若两个墙的间距 $h > 4r_s$，则 $f = 0$，若 $h < 2r_s$，则内部的密度为零；当 $2r_s \leqslant h \leqslant 4r_s$ 时，两个墙的排空效应在接触处有叠加，墙内的接触密度为

$$\rho_{ci} = \rho_s + \rho_s \frac{\pi}{3} \left[ 32r_s^3 - 12r_s^2(h - 2r_s) + (h - 2r_s)^3 \right] \tag{4.7.14}$$

由此，

$$\frac{f_a(h)}{\rho_s kT} = \begin{cases} -\left(1 + \rho_s \dfrac{16\pi}{3} r_s^3\right), & h < 2r_s \\ \rho_s \dfrac{\pi}{3}\left[16r_s^3 - 12r_s^2(h - 2r_s) + (h - 2r_s)^3\right], & 2r_s \leqslant h \leqslant 4r_s \\ 0, & h > 4r_s \end{cases} \tag{4.7.15}$$

用 $s$ 硬球的体积密度 $\phi_s = \dfrac{4\pi r_s^3}{4} \rho_s$ 表示，式(4.7.15)可以写为

$$\frac{f_a(h)}{\rho_s kT} = \begin{cases} -(1 + 4\phi_s), & h < 2r_s \\ \phi_s(4 - 6\lambda + 2\lambda^3), & 2r_s \leqslant h \leqslant 4r_s \\ 0, & h > 4r_s \end{cases} \tag{4.7.16}$$

其中 $\lambda = \dfrac{h - 2r_s}{2r_s}$，$h = 0$ 对应于 $\lambda = -1$，$h = 4r_s$ 对应于 $\lambda = 1$。而排空势则由

式(4.7.16)积分得到

$$U_a(h) = \int_h^{4r_s} f_a(h)\, \mathrm{d}h \tag{4.7.17}$$

简单计算给出

$$\frac{U_a(h)}{\rho_s kT} = \begin{cases} 2r_s\left(\lambda + \dfrac{3}{2}\phi_s + 4\phi_s\lambda\right), & h < 2r_s \\[2mm] r_s\phi_s(3 - 8\lambda + 6\lambda^2 - \lambda^4), & 2r_s \leqslant h \leqslant 4r_s \\[2mm] 0, & h > 4r_s \end{cases} \tag{4.7.18}$$

利用这个结果和 Derjaguin 近似，通过简单的积分得到两个半径为 $r_b$ 的大球之间的排空势是

$$\frac{U(h)}{\rho_s kT} = \begin{cases} -\dfrac{3}{2}\dfrac{r_b}{r_s}\phi_s\left[\lambda^2 + \dfrac{\phi_s}{5}(20\lambda^2 + 15\lambda - 4)\right], & 0 \leqslant h < 2r_s \\[3mm] \dfrac{3}{10}\phi_s^2\dfrac{r_b}{r_s}[\lambda^5 - 10\lambda^3 + 20\lambda^2 - 15\lambda + 4], & 2r_s \leqslant h < 4r_s \\[3mm] 0, & h \geqslant 4r_s \end{cases} \tag{4.7.19}$$

### 4.7.4 细棒液体的排空相互作用

由长度为 $l$，半径趋于零的胶体粒子构成的胶体，其排空相互作用也可以比较容易地计算出来[108,119-121]。当细棒的中心离开一个硬墙超过 $l/2$ 时，硬墙对于细棒没有直接影响，而忽略细棒的有限直径时，细棒系统可看成是理想气体，从而硬墙对于细棒也没有间接的影响；当距离小于 $l/2$ 时，细棒的取向受到限制，即硬墙对于细棒粒子有排空作用。限制的角度对应粒子密度的减少，简单计算给出硬墙附近细棒粒子的密度为

$$\rho(x) = \rho_r \frac{2x}{l} \tag{4.7.20}$$

式中，$\rho_r$ 为远离硬墙时细棒的体密度。由此，当两个硬墙的距离 $h < l$ 时，墙内的密度为 $\rho_r h/l$，由此得到单位面积的排空力

$$f = \begin{cases} -\rho_r kT\left(1 - \dfrac{h}{l}\right), & 0 < h < l \\[2mm] 0, & h \geqslant l \end{cases} \tag{4.7.21}$$

对式(4.7.21)积分，得到单位面积的排空势

$$\frac{U(h)}{\rho_r kT} = \begin{cases} -\dfrac{l}{2}\left(1 - \dfrac{h}{l}\right)^2, & 0 < h < l \\[2mm] 0, & h \geqslant l \end{cases} \tag{4.7.22}$$

利用 Derjaguin 近似, 积分得到两个半径为 $r_b$ 的硬球在细棒胶体中的排空势为

$$\frac{U(h)}{\rho_r kT} = \begin{cases} -\dfrac{1}{6}\pi r_b l^2 \left(1 - \dfrac{h}{l}\right)^3, & 0 < h < l \\ 0, & h \geqslant l \end{cases} \tag{4.7.23}$$

关于 $\rho_r^3$ 的情形在文献 [121] 中做了计算。

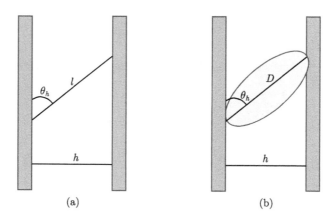

图 4.7.4　两个硬墙之间的细棒 (a) 和薄盘 (b)

### 4.7.5　薄盘胶体的排空相互作用

比细棒稍微复杂一点的系统是由直径为 $D$ 的薄圆盘粒子构成的胶体[122-125], 圆盘的厚度忽略不计。当薄圆盘离开硬墙的距离小于 $D/2$ 时, 圆盘的方位受到限制, 有排空作用。对于一对平行的硬墙, 若相距为 $h < D$, 则硬墙内圆盘的密度可简单求出为

$$\rho(x) = \rho_d \left[ 1 - \sqrt{1 - \left(\frac{h}{D}\right)^2} \right] \tag{4.7.24}$$

$\rho_d$ 为薄盘的体密度。这样, 单位面积的排空力为

$$f(h) = -\rho_d kT \sqrt{1 - \left(\frac{h}{D}\right)^2} \tag{4.7.25}$$

对式(4.7.25)积分, 求得 $h < D$ 时的排空势[124] 为

$$\frac{U(h)}{\rho_d kT} = \frac{D}{2} \left[ \frac{\pi}{2} - \frac{h}{D}\sqrt{1 - \left(\frac{h}{D}\right)^2} - \arcsin\left(\frac{h}{D}\right) \right] \tag{4.7.26}$$

当 $h \geqslant D$ 时，排空势为 0。

在 Derjaguin 近似下，直接计算得到两个处于硬薄盘胶体中的球面相距为 $h < D$ 的半径为 $r_b$ 的硬球之间的排空势是

$$\frac{U(h)}{\rho_d kT} = -\frac{\pi}{3} r_b D^2 \left\{ -\frac{3\pi}{4}\frac{h}{D} + \frac{3}{2}\frac{h}{D} \arcsin\left(\frac{h}{D}\right) + \left[1 + \frac{1}{2}\left(\frac{h}{D}\right)^2\right] \sqrt{1 - \left(\frac{h}{D}\right)^2} \right\}$$

$$(4.7.27)$$

当 $h \geqslant D$ 时，排空势为 0。

# 4.8 附 录

### 4.8.1 一个积分的计算

为了计算

$$\int \mathrm{d}\boldsymbol{r}' \, f(r') f(|\boldsymbol{r} - \boldsymbol{r}'|)$$

取 $\boldsymbol{r}$ 沿 $z$ 轴，对 $\boldsymbol{r}'$ 的积分限由两个约束条件确定，一是 $\boldsymbol{r}'$ 必须在半径为 $\sigma$ 的球内，二是 $|\boldsymbol{r} - \boldsymbol{r}'| < \sigma$，否则，或者 $f(r') = 0$，或者 $f(|\boldsymbol{r} - \boldsymbol{r}'|) = 0$。这样，以 $\boldsymbol{r}$ 为球心、半径为 $\sigma$ 的球与以原点为球心、半径为 $\sigma$ 的球的交叠部分满足上述限制，在这个区域内 $f = -1$，两个 $f$ 的乘积是 1，所以求出这个交叠部分的体积，就得到所要结果。积分区域如图 4.8.1 所示，两个球在 $z = r/2$ 处相交，交叠的体积为两个球冠的体积之和。

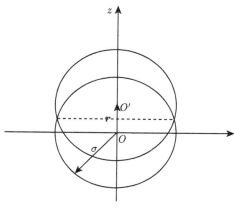

图 4.8.1

$$V = 2 \int_{r/2}^{\sigma} \pi(\sigma^2 - z^2)\, \mathrm{d}z$$

$$= 2\pi\left[\sigma^2\left(\sigma - \frac{r}{2}\right) - \frac{1}{3}\left(\sigma^3 - \frac{r^3}{8}\right)\right]$$

$$= \frac{4\pi\sigma^3}{3}\left[1 - \frac{3}{4}\frac{r}{\sigma} + \frac{1}{16}\left(\frac{r}{\sigma}\right)^3\right]$$

### 4.8.2　Baxter 方法求解硬球的 PY 方程

对 OZ 方程(3.7.2)作傅里叶变换，注意到 $c(r)$，$h(r)$ 仅仅是 $\boldsymbol{r}$ 的大小 $r$ 的函数，其傅里叶变换 $c(k)$，$h(k)$ 也仅仅是 $\boldsymbol{k}$ 的大小 $k$ 的函数。

$$c(k) = \int \mathrm{d}\boldsymbol{r}\, \mathrm{e}^{-\mathrm{i}\boldsymbol{k}\cdot\boldsymbol{r}} c(r) = \frac{4\pi}{k}\int_0^\infty \sin(kr)c(r)r\, \mathrm{d}r \tag{4.8.1}$$

对式(4.8.1)做分部积分

$$c(k) = -\frac{4\pi}{k}\int_0^\infty \sin(kr)\, \mathrm{d}\left[\int_r^\infty c(s)s\, \mathrm{d}s\right]$$

$$= -\frac{4\pi}{k}\sin(kr)\int_r^\infty c(s)s\, \mathrm{d}s\bigg|_0^\infty + 4\pi\int_0^\infty \cos(kr)I(r)\, \mathrm{d}r$$

$$= 2\pi\int_{-\infty}^\infty \mathrm{e}^{-\mathrm{i}kr}I(r)\, \mathrm{d}r \tag{4.8.2}$$

其中

$$I(r) = \int_r^\infty sc(s)\, \mathrm{d}s \tag{4.8.3}$$

注意，$c(r)$ 只定义在 $r \geqslant 0$，为了把定义扩展到 $r < 0$，我们定义 $c(-r) = c(r)$，即把 $c(r)$ 偶延拓到 $r < 0$，于是就有 $I(-r) = I(r)$，从而可以得到式(4.8.2)的最后一步。同理，对于 $h(r)$，有

$$h(k) = 2\pi\int_{-\infty}^\infty \mathrm{e}^{-\mathrm{i}kr}J(r)\, \mathrm{d}r \tag{4.8.4}$$

其中

$$J(r) = \int_r^\infty sh(s)\, \mathrm{d}s \tag{4.8.5}$$

且选择满足 $h(-r) = h(r)$，使得 $J(-r) = J(r)$。傅里叶变换后的 OZ 方程成为

$$h(k) = c(k) + \rho c(k)h(k) \tag{4.8.6}$$

这个方程可以改写成

$$[1 + \rho h(k)][1 - \rho c(k)] = 1$$

记

$$A(k) = 1 - \rho c(k)$$

则

$$[1 + \rho h(k)]A(k) = 1 \tag{4.8.7}$$

利用 $I(r)$ 为偶函数，可知 $A(k)$ 是 $k$ 的偶函数

$$A(k) = 1 - 2\pi\rho \int_{-\infty}^{\infty} e^{-ikr} I(r) \, dr = A(-k) \tag{4.8.8}$$

到此为止的结果是一般的，没有用到硬球相互作用和 PY 闭合关系。对于硬球相互作用，已经知道当 $r > \sigma$ 时 $c(r) = 0$，于是 $I(r)$ 和 $A(k)$ 成为

$$I(r) = \int_r^{\sigma} s c(s) \, ds \tag{4.8.9}$$

$$A(k) = 1 - 4\pi\rho \int_0^{\sigma} \cos(kr) I(r) \, dr \tag{4.8.10}$$

我们来考察函数 $A(k)$ 在复 $k$ 平面上的行为。令 $k = p + iq$，$p$ 和 $q$ 是实变量，由于 $A(k)$ 是有限区间上的傅里叶积分，所以在整个复平面上都没有奇点。同时，在实轴上 $(q = 0)$ 也没有零点，这是因为 $1 + \rho h(k) = 1/A(k)$ 为静态结构因子 $S(k)$，这是一个对于所有 $k$ 都有限的函数。由式(4.8.10)可知，对于任意有限的 $q$ 附近的一个条形区域，$A(k)$ 在 $|p| \to \infty$ 时一致趋于 1，因此，$\ln A(k)$ 在实轴附近的一个条形区域内是解析的（图 4.8.2）。这样，对于如图 4.8.1 所示围绕实轴的闭合曲线，由柯西定理，得

$$\ln A(k) = \frac{1}{2\pi i} \oint \frac{\ln A(k')}{k' - k} \, dk' \tag{4.8.11}$$

令

$$\ln Q(k) = \frac{1}{2\pi i} \int_{-i\epsilon-\infty}^{-i\epsilon+\infty} \frac{\ln A(k')}{k' - k} \, dk'$$

$$\ln P(k) = -\frac{1}{2\pi i} \int_{i\epsilon-\infty}^{i\epsilon+\infty} \frac{\ln A(k')}{k' - k} \, dk' \tag{4.8.12}$$

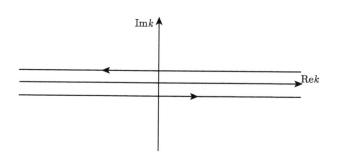

图 4.8.2　$\ln A(k)$ 在实轴附近的条形区域解析

因 $A(k)$ 是 $k$ 的偶函数，所以

$$\ln P(k) = \ln Q(-k) \tag{4.8.13}$$

即

$$A(k) = Q(k)Q(-k) \tag{4.8.14}$$

在 $|q| < \epsilon$ 的条形区域内，当 $|p| \to \infty$ 时，由式(4.8.12)可知 $\ln Q(k) \sim 1/p$，或 $Q(k) \sim 1 - \mathcal{O}(p^{-1})$，所以，可以对函数 $1 - Q(k)$ 作逆傅里叶变换。定义函数 $Q(r)$ 为

$$2\pi\rho Q(r) = \frac{1}{2\pi}\int_{-\infty}^{\infty} \exp{(\mathrm{i}kr)}[1 - Q(-k)]\,\mathrm{d}k \tag{4.8.15}$$

由式(4.8.12)，若 $k$ 为实数，则 $Q(k)^* = Q(-k)$，从而 $Q(r)$ 是一实函数。同样由式 (4.8.12)，$\ln Q(k)$ 从而 $Q(k)$ 在实轴及上半平面解析，而 $Q(-k)$ 在实轴及下半平面解析。当 $|k| \to \infty$ 时，$1 - Q(-k) \to 0$，所以对于 $r < 0$，式(4.8.12)的积分可以在下半平面闭合，从而得到

$$Q(r) = 0, \quad r < 0 \tag{4.8.16}$$

注意到 $Q(k)$ 在实轴及上半平面没有零点，$A(k)$ 解析，从而在上半平面上，

$$Q(-k) = A(k)/Q(k) \tag{4.8.17}$$

解析。这是一个与下半平面不同的解析函数。由式(4.8.8)可知，$A(k)$ 在上半平面依照 $\mathrm{e}^{-\mathrm{i}k\sigma} = \mathrm{e}^{-\mathrm{i}p\sigma}\mathrm{e}^{q\sigma}$ 的方式增长，而 $Q(k)$ 随 $|k| \to \infty$ 而趋于 1，从而 $Q(-k)$ 也依照 $\mathrm{e}^{-\mathrm{i}k\sigma} = \mathrm{e}^{-\mathrm{i}p\sigma}\mathrm{e}^{q\sigma}$ 的方式增长。当 $r > \sigma$ 时，式(4.8.15)中的积分有因子 $\mathrm{e}^{-q(r-\sigma)}$，在 $q \to \infty$ 时趋于 0，从而可以把积分在上半平面闭合，得到

$$Q(r) = 0, \quad r > \sigma \tag{4.8.18}$$

对式 (4.8.15)反变换得到

$$Q(k) = 1 - 2\pi\rho \int_0^\sigma \exp{(\mathrm{i}kr)}Q(r)\,\mathrm{d}r \tag{4.8.19}$$

分别把式(4.8.8)的 $A(k)$ 和式(4.8.19)的 $Q(k)$ 代入式(4.8.14)的两边，乘以 $\mathrm{e}^{\mathrm{i}kr}$，并对 $k$ 积分，得到

$$I(r) = Q(r) - 2\pi\rho \int_0^\sigma Q(s)Q(s-r)\,\mathrm{d}s \tag{4.8.20}$$

另一方面，方程(4.8.7)意味着

$$Q(-k)(1 + \rho h(k)) = 1/Q(k) \tag{4.8.21}$$

在方程两边乘以 $\mathrm{e}^{\mathrm{i}kr}$ 并对 $k$ 积分，注意到方程的右边为一上半平面的解析函数，所以当 $r > 0$ 时，从上半平面闭合积分路径，得到右边的积分为 0。对左边积分得到

$$-Q(r) + J(r) - 2\pi\rho \int_0^\sigma Q(s)J(|r-s|)\,\mathrm{d}s = 0, \quad r > 0 \tag{4.8.22}$$

把方程(4.8.20)和(4.8.22)分别对 $r$ 求导，得到

$$rc(r) = -Q'(r) + 2\pi\rho \int_r^\sigma Q'(s)Q(s-r)\,\mathrm{d}s, \quad 0 < r < \sigma \tag{4.8.23}$$

$$rh(r) = -Q'(r) + 2\pi\rho \int_0^\sigma (r-s)h(|r-s|)Q(s)\,\mathrm{d}s, \quad r > 0 \tag{4.8.24}$$

这里 $Q'(r) = \mathrm{d}Q(r)/\mathrm{d}r$。对于 $0 < r < \sigma$，$h = -1$，代入方程(4.8.24)得到 $Q(r)$ 的方程

$$r = Q'(r) + 2\pi\rho \int_0^\sigma (r-s)Q(s)\,\mathrm{d}s, \quad 0 < r < \sigma \tag{4.8.25}$$

方程的解为

$$Q'(r) = ar + b \tag{4.8.26}$$

其中

$$a = 1 - 2\pi\rho \int_0^\sigma Q(s)\,\mathrm{d}s, \quad b = 2\pi\rho \int_0^\sigma sQ(s)\,\mathrm{d}s \tag{4.8.27}$$

对 $Q'(r)$ 积分，利用边界条件 $Q(\sigma) = 0$，得到

$$Q(r) = \frac{1}{2}a(r^2 - \sigma^2) + b(r - \sigma) \tag{4.8.28}$$

再代入 $a$ 和 $b$ 的表达式，得到 $a$ 和 $b$ 的线性方程组，求解得到

$$a = \frac{1+2\phi}{(1-\phi)^2}, \quad b = \frac{-3\sigma\phi}{2(1-\phi)^2} \tag{4.8.29}$$

把 $Q(r)$ 代入式(4.8.23)，简单计算就得到 $c(r)$，即式(4.2.1)。

$$c(r < \sigma) = -\left[\lambda_1\left(1 + \frac{1}{2}\phi x^3\right) + \lambda_2 x\right] \tag{4.8.30}$$

静态结构因子 $S(k) = 1 + \rho h(k)$，由式(4.8.7)和式(4.8.14)，可得

$$S(k) = \frac{1}{A(k)} = \frac{1}{Q(k)Q(-k)}$$

$S(0) = 1/Q(0)^2$，由式(4.8.19)得到

$$\begin{aligned}
Q(0) &= 1 - 2\pi\rho \int_0^\sigma Q(r)\,\mathrm{d}r \\
&= \frac{1+2\phi}{(1-\phi)^2}
\end{aligned} \tag{4.8.31}$$

即

$$S(0) = \frac{(1-\phi)^4}{(1+2\phi)^2} \tag{4.8.32}$$

# 第 5 章　带电硬球胶体的平衡性质和有效相互作用

## 5.1　带电胶体

与硬球胶体不同的另一类胶体是带电胶体。如果胶体球表面具有可以离化的集团，当悬浮于极化溶剂中时，表面上的带电粒子集团离化到溶剂中，胶体球表面带电，在表面附近形成所谓双电层，这种带有双电层的胶体球的悬浮液构成带电胶体。水是最常使用的极化溶剂，因水的介电常数很大 ($\epsilon \approx 80$)，所以对于粒子表面的功能团的离化效应很强。通常各种胶体粒子的表面都带有可离化的功能团，因此带电胶体系统是实验上比较容易制备同时在自然界存在较多的胶体，具有重要的实用价值。带电粒子的静电相互作用一般是长程相互作用。

当离子离开胶体球后，胶体球带有电荷，悬浮在溶液中的反号离子一方面受胶体球的静电吸引作用，另一方面因热运动有趋于均匀分布的趋势，这两种作用的平衡结果是在胶体球的周围形成一层反号的电荷层，其厚度通常比胶体球的半径要小，这样的电荷层就是双电层的一个图像说明。带电胶体球在电解液中的相互作用问题一直是胶体物理和胶体化学研究的重要课题。关于双电层的研究，有很长的历史和大量的实验和理论研究结果。

带电胶体的实际平衡态物理研究包含两个方面的内容，一是胶体球之间的等效相互作用，二是悬浮液的结构。一般而言，胶体悬浮液的密度比较小，胶体球的平均距离比胶体球的尺寸大很多，在这种情况下，可以近似得到胶体的流态结构，常用的有重新标度的平均球近似（RMSA），这是一个可以得到一些解析结果的近似方案，将在本章做简短介绍。蒙特卡罗数值模拟是获得可靠理论结果的最好方法，处理长程库仑作用的技巧已经在第 3 章做了介绍，这里不再涉及。处理带电胶体的一类特别重要的方法是泊松–玻尔兹曼方程及相关问题，本章将在密度泛函理论的框架下介绍这个方法，主要是方程的导出和导出中所涉及的近似，但略去了求解泊松–玻尔兹曼方程的数值方法。5.5 节介绍基于场论处理带电粒子静电问题的方法，该方法虽然表面上比较烦琐，但能够系统地给出对于泊松–玻尔兹曼方程的修正，同时也能给出强耦合极限下的一些结果。

David G. Grier 教授的课题组对带电胶体球的相互作用曾经进行了一系列系统的实验研究。他们利用一些十分巧妙的实验方法和数据分析方法，对于各种不同条件下一对胶体球的相互作用进行了比较直接的测量，其主要结论是，**当两个胶体球被限制在两个玻璃板之间时，随着玻璃板的不断靠近，带有同号电荷的胶**

体球之间会出现长程静电吸引相互作用[126,127]。较早时，Kepler 等[128] 利用摄像显微技术也测量到处于约束条件下胶体球的同号电荷静电吸引相互作用。这些实验结果无法用第 1 章简单介绍过的 DLVO 理论给予解释，也不能从完整的 PB 方程中求出。童彭尔的课题组曾经研究了悬浮在液体表面的胶体球之间的相互作用，发现了显著的同号电荷胶体球之间的吸引相互作用。他们认为这个相互作用来源于胶体球的电偶极矩的旋转涨落效应[129]。这部分内容的理论研究目前似乎并不成熟，所以这里不再做介绍。

## 5.2  带电硬球胶体模型和等效相互作用

作为一个简化的理论模型，我们设想胶体球的半径为 $a$，表面均匀分布有电荷，其总电荷为 $Ze$，将反号的离子释放到溶液中，同时，溶液中也存在有限密度的同号和反号离子。同号及反号离子的电荷为 $z_\pm e$。通常 $10\text{nm} < a < 10^3\text{nm}$，$10^2 < Z < 10^4$，$z_\pm$ 的绝对值一般为 $1 \sim 3$，同号离子及反号离子的尺寸一般为 $a_\pm \sim 0.1\text{nm}$。总的电荷满足电中性条件，即在溶液中总的电荷数为 0。在理论上，溶剂被近似为连续流体，具有介电常数 $\epsilon$。而胶体球和离子则看成是带电硬球，在硬球的排斥体积之外，其基本相互作用是库仑相互作用，正比于 $e^2/4\pi\epsilon_0\epsilon r$，$r$ 为球心之间的距离。作为进一步的简化，假定带电球的介电常数与溶剂的介电常数相同，这样可以免去处理带电球表面上介电匹配的问题。在做了这样的假定和简化之后，问题仍然非常复杂，这是由于在问题中涉及三个典型长度，第一个是胶体球的尺寸 $a$，第二个是离子的尺寸 $a_\pm$，第三个是双电层的厚度。三个长度之间有数量级之差，通常双电层的厚度远大于离子尺寸而远小于胶体球的尺寸，从而导致在理论处理上的极大困难。如果我们着眼于胶体悬浮的问题，则希望把离子的自由度消去，得到胶体球之间的等效相互作用。

如果胶体球的数目为 $N$，同号离子和反号离子的数目分别为 $N_+$ 和 $N_-$，则系统的哈密顿量为

$$H = H_{\text{col}} + H_{\text{ion}} + H_{\text{int}} \tag{5.2.1}$$

其中，$H_{\text{col}}$ 为胶体球的动能加上其直接相互作用；$H_{\text{ion}}$ 为同号离子及反号离子的动能以及它们之间的相互作用；$H_{\text{int}}$ 为胶体球与同号离子和反号离子之间的各种相互作用，包括体积排斥的硬球相互作用、范德瓦耳斯相互作用和库仑相互作用等。

整个系统的配分函数可以写为

$$Q_t = \text{Tr}_{\text{col}}\, \text{Tr}_{\text{ion}} e^{-\beta(H_{\text{col}}+H_{\text{ion}}+H_{\text{int}})} \tag{5.2.2}$$

Tr 的下标 col 和 ion 分别表示对胶体球和离子自由度求迹。对于给定的胶体球的

位形，可以对离子的自由度求迹（即积分掉离子的自由度），得到

$$e^{-\beta F} = Q = \mathrm{Tr}_{\mathrm{ion}} e^{-\beta(H_{\mathrm{ion}} + H_{\mathrm{int}})} \tag{5.2.3}$$

这样，就有

$$Q_t = \mathrm{Tr}_{\mathrm{col}} e^{-\beta(H_{\mathrm{col}} + F)} \tag{5.2.4}$$

即 $F$ 给出了离子的存在导致的胶体球之间的间接相互作用。

在若干极限情况下，可以做一些简化处理。例如，在极低的胶体密度下，可以只考虑两个胶体球，以研究其等效的相互作用问题，进一步考虑 $a \to \infty$，可研究两个带电平板之间的离子分布问题。

在 3.14 中介绍的密度泛函理论，为带电胶体模型的理论处理提供了一个系统的理论框架，我们先在这个框架下进行分析和近似处理。考虑 $N$ 个胶体球，位置是 $\boldsymbol{R}_i$，$i = 1, 2, \cdots, N$，其直接相互作用记为 $V^{\mathrm{dir}}$，包括胶体球之间的硬球排斥相互作用、范德瓦耳斯相互作用和长程的库仑相互作用，并假定这个相互作用只有二体作用。溶液中的离子在胶体球的场中具有非均匀的密度分布，其密度为 $\rho_+(\boldsymbol{r})$ 和 $\rho_-(\boldsymbol{r})$。按照密度泛函理论，其平衡密度分布满足如下方程：

$$\begin{cases} \dfrac{\delta F_s[\rho_+(\boldsymbol{r}), \rho_-(\boldsymbol{r})]}{\delta \rho_+(\boldsymbol{r})} = \mu_+ - V_+(\boldsymbol{r}) \\[3mm] \dfrac{\delta F_s[\rho_+(\boldsymbol{r}), \rho_-(\boldsymbol{r})]}{\delta \rho_-(\boldsymbol{r})} = \mu_- - V_-(\boldsymbol{r}) \end{cases} \tag{5.2.5}$$

其中，$F_s[\rho_+(\boldsymbol{r}), \rho_-(\boldsymbol{r})]$ 为离子的内禀自由能；$\mu_\pm$ 为 $+$，$-$ 离子的化学势；$V_\pm$ 为 $+$，$-$ 离子所受到的来自胶体球及（可能存在的）边界的外势。如果仅考虑来自胶体球的外势，则

$$V_\pm = \sum_{i=1}^{N} v_{p\pm}(\boldsymbol{r} - \boldsymbol{R}_i) \tag{5.2.6}$$

由方程(5.2.5)和(5.2.6)可知，离子的平衡密度分布依赖于带电胶体球的位形分布，从而自由能也依赖于胶体球的位形分布。方程(5.2.5)中的化学势 $\mu_\pm$ 由给定的离子数 $N_\pm$ 确定

$$\int_V \rho_\pm(\boldsymbol{r})\,\mathrm{d}\boldsymbol{r} = N_\pm \tag{5.2.7}$$

$V$ 是系统的体积，$N_\pm$ 分别为同号和反号离子的数目。

为了计算离子的密度分布，需要知道内禀自由能的形式，我们只能以各种方法得到其近似形式。由于理想气体的自由能泛函已知，通常把自由能分成理想部分和过量（excess）部分，即把自由能写成 $F = F_{\mathrm{id}} + F_{\mathrm{ex}}$，式 (3.14.21) 可以直接

推广到两个组元的情形，给出

$$F_{\mathrm{id}}[\rho_+, \rho_-] = kT \sum_{\alpha=+,-} \int_V \rho_\alpha(\boldsymbol{r}) \big[ \log \big( \lambda_\alpha^3 \rho_\alpha(\boldsymbol{r}) - 1 \big) \big] \, \mathrm{d}\boldsymbol{r} \qquad (5.2.8)$$

过量自由能可以写成库仑能和相关能的和，即

$$\begin{aligned} F_{\mathrm{ex}}[\rho_+, \rho_-] &= F_{\mathrm{Coul}} + F_{\mathrm{corr}} \\ &= \frac{e^2}{8\pi\epsilon_0\epsilon} \int \mathrm{d}\boldsymbol{r} \int \mathrm{d}\boldsymbol{r}' \, \frac{\rho_{\mathrm{e}}(\boldsymbol{r})\rho_{\mathrm{e}}(\boldsymbol{r}')}{|\boldsymbol{r}-\boldsymbol{r}'|} + F_{\mathrm{corr}} \end{aligned} \qquad (5.2.9)$$

其中

$$\rho_{\mathrm{e}}(\boldsymbol{r}) = z_+ e\rho_+(\boldsymbol{r}) + z_- e\rho_-(\boldsymbol{r}) \qquad (5.2.10)$$

是离子的电荷密度。$F_{\mathrm{corr}}$ 的计算通常是非常困难的，它可以与直接相关函数 $c_{\alpha\beta}$ 联系起来，在实际应用中，通常表示成局域密度的泛函形式或加权平均的泛函形式。$F_{\mathrm{corr}}$ 的具体形式与相互作用有关。

　　原则上，一旦得到了自由能泛函的形式，通过求解方程 (5.2.5) 得到密度分布，再代回自由能的表达式，就得到了自由能作为胶体球的位形的函数。这样，胶体系统的等效相互作用能量就成为

$$V_N(\{\boldsymbol{R}_i\}) = V_N^{\mathrm{dir}}(\{\boldsymbol{R}_i\}) + F(\{\boldsymbol{R}_i\}) \qquad (5.2.11)$$

这里，自由能 $F(\{\boldsymbol{R}_i\})$ 给出的是胶体球通过溶液中的离子获得的间接相互作用。这部分相互作用与胶体悬浮液的热力学状态相关，通常依赖于温度，而且一般不能写成二体作用的形式。

## 5.3　泊松–玻尔兹曼方程和弱耦合理论

　　如果完全略去相关部分，则 $F_{\mathrm{ex}}$ 就只剩下库仑相互作用部分，

$$F_{\mathrm{ex}} = \frac{1}{8\pi\epsilon_0\epsilon} \int \mathrm{d}\boldsymbol{r} \int \mathrm{d}\boldsymbol{r}' \, \frac{\rho_e(\boldsymbol{r})\rho_e(\boldsymbol{r}')}{|\boldsymbol{r}-\boldsymbol{r}'|} \qquad (5.3.1)$$

求变分导数

$$\begin{cases} \dfrac{\delta F_{\mathrm{id}}}{\delta \rho_\pm(\boldsymbol{r})} = kT \ln[\lambda^3 \rho_\pm(\boldsymbol{r})] \\[3mm] \dfrac{\delta F_{\mathrm{ex}}}{\delta \rho_\pm(\boldsymbol{r})} = z_\pm e \dfrac{1}{4\pi\epsilon_0\epsilon} \int \mathrm{d}\boldsymbol{r}' \, \dfrac{\rho_e(\boldsymbol{r}')}{|\boldsymbol{r}-\boldsymbol{r}'|} = z_\pm e \psi^{\mathrm{ion}}(\boldsymbol{r}) \end{cases} \qquad (5.3.2)$$

这里

$$\psi^{\mathrm{ion}}(\boldsymbol{r}) = \frac{1}{4\pi\epsilon_0\epsilon} \int \mathrm{d}\boldsymbol{r}' \frac{\rho_e(\boldsymbol{r}')}{|\boldsymbol{r} - \boldsymbol{r}'|} \tag{5.3.3}$$

为离子电荷密度产生的静电势, 满足泊松方程。另一方面, 式(5.2.6)给出的胶体球对于离子的作用势能可以分成两部分, 一部分是短程相互作用, 主要来自短程的硬球排斥作用, 记为 $V_{\pm}^{\mathrm{sr}}(\boldsymbol{r})$, 另一部分来自胶体球的库仑作用, 由胶体球所带电荷密度决定, 记为 $z_{\pm}e\psi^{\mathrm{col}}(\boldsymbol{r})$, 则 $\boldsymbol{r}$ 处的静电势为 $\psi(\boldsymbol{r}) = \psi^{\mathrm{col}}(\boldsymbol{r}) + \psi^{\mathrm{ion}}(\boldsymbol{r})$, 满足如下泊松方程:

$$\nabla^2\psi(\boldsymbol{r}) = -\frac{1}{\epsilon_0\epsilon}[\rho_{\mathrm{e}}^{\mathrm{col}}(\boldsymbol{r}) + \rho_{\mathrm{e}}(\boldsymbol{r})] \tag{5.3.4}$$

把这些结果代入方程(5.2.5), 得到

$$kT\ln[\lambda^3\rho_{\pm}(\boldsymbol{r})] + z_{\pm}e\psi^{\mathrm{ion}}(\boldsymbol{r}) = \mu_{\pm} - V_{\pm}^{\mathrm{sr}}(\boldsymbol{r}) - z_{\pm}e\psi^{\mathrm{col}}(\boldsymbol{r})$$

整理得

$$\rho_{\pm}(\boldsymbol{r}) = \zeta_{\pm}\mathrm{e}^{-\beta[V_{\pm}^{\mathrm{sr}}(\boldsymbol{r}) + z_{\pm}e\psi(\boldsymbol{r})]} \tag{5.3.5}$$

$\beta = kT$, $\zeta_{\pm} = \mathrm{e}^{\beta\mu_{\pm}}/\lambda_{\pm}^3$。方程(5.3.4)与(5.3.5)、(5.2.10)一起构成著名的泊松–玻尔兹曼 (PB) 方程。这组方程表面上看相当简单, 但求解十分不易。对于 $N$ 个胶体球组成的系统, 在给定胶体球的位形后, 通过数值求解 PB 方程获得等效相互作用仍然是一个困难的任务。在实际问题中, PB 方程仅仅在一些特别简单的情况下能求得解析解。在此, 我们介绍几个简单的例子。

胶体球通常远大于带电离子, 作为近似, 先考虑球表面附近的情形, 在此情形下, 把胶体的球面近似成无穷大平面, 就成为一维问题了。取胶体的表面为坐标原点, 在此近似下, 这是一个带电平板外的 PB 方程。在溶剂中, 取无穷远处电势为零, 略去离子之间的短程硬球相互作用, 有

$$\rho_{\pm}(x) = \zeta_{\pm}\mathrm{e}^{-\beta z_{\pm}e\psi(x)}$$

当 $x \to \infty$ 时, $\psi = 0$, $\rho_{\pm} = \zeta_{\pm}$。考虑正反粒子都是单价离子 ($z_+ = -z_- = 1$) 的情形, 由无穷远处的总电荷密度为 0, 有 $\zeta_+ = \zeta_- = \zeta$。这样, 电荷密度成为

$$\rho_e(x) = 2\zeta e \sinh \beta e\psi(x)$$

一维的 PB 方程就成为

$$\frac{\mathrm{d}^2\psi}{\mathrm{d}x^2} = \frac{2}{\epsilon_0\epsilon}\zeta e \sinh \beta e\psi \tag{5.3.6}$$

令 $\varphi = \beta e\psi$，$\xi = \kappa x$，其中 $\kappa^2 = 2\beta e^2/\epsilon_0\epsilon$，一维 PB 方程成为

$$\frac{\mathrm{d}^2\varphi}{\mathrm{d}\xi^2} = \sinh\varphi \tag{5.3.7}$$

对式(5.3.7)两边乘以 $\mathrm{d}\varphi/\mathrm{d}\xi$ 积分，并利用当 $x \to \infty$ 时，$\varphi = 0$，$\mathrm{d}\varphi/\mathrm{d}\xi = 0$ 的边界条件，得到

$$\frac{1}{2}\left(\frac{\mathrm{d}\varphi}{\mathrm{d}\xi}\right)^2 = \cosh\varphi - 1 = \sinh^2\frac{\varphi}{2}$$

即

$$\frac{\mathrm{d}\varphi}{\mathrm{d}\xi} = -2\sinh\frac{\varphi}{2}$$

这里选择 $\varphi > 0$，即胶体表面的电势为正，取负号是因为 $\varphi$ 随 $x$ 增加而减小。再积分一次，利用边界条件 $x = 0(\xi = 0)$ 时电势为 $\varphi_0$，得到

$$-\xi = \int_{\varphi_0}^{\varphi} \frac{\mathrm{d}\varphi}{2\sinh\frac{\varphi}{2}}$$

右边的积分可以这样计算，令

$$s = \tanh\frac{\varphi}{4}, \quad \mathrm{d}s = \frac{1}{4}\frac{1}{\cosh^2\frac{\varphi}{4}}$$

再利用

$$\sinh\frac{\varphi}{2} = 2\sinh\frac{\varphi}{4}\cosh\frac{\varphi}{4}$$

代入得到

$$\int \frac{\mathrm{d}\varphi}{2\sinh\frac{\varphi}{2}} = \int \frac{\mathrm{d}s}{s} = \ln s$$

代回原变量得到

$$-\xi = \ln\frac{\tanh\frac{\varphi}{4}}{\tanh\frac{\varphi_0}{4}} \tag{5.3.8}$$

解出

$$\varphi(\xi) = -2\ln\left[\frac{1 - \tanh(\varphi_0/4)\mathrm{e}^{-\xi}}{1 + \tanh(\varphi_0/4)\mathrm{e}^{-\xi}}\right] \tag{5.3.9}$$

在弱势条件下，即当 $\varphi_0 \ll 1$ 时，

$$\varphi(\xi) = \varphi_0\mathrm{e}^{-\xi}$$

这是后面将要讨论的线性 PB 方程的结果。在强势条件下，当 $\varphi_0 \gg 1$ 时，$\tanh(\varphi_0/4) = 1$，

$$\varphi(\xi) = -2\ln\left(\frac{1 - e^{-\xi}}{1 + e^{-\xi}}\right)$$

特别地，在远离胶体球表面，当 $\xi \gg 1$ 时

$$\varphi(\xi) = e^{-\xi}$$

其衰减方式与弱势的结果是一样的。

如果没有同号离子，只存在反号离子，则方程的略有不同，边界条件也需要修改，在后面关于场论方法的第 5.5.3 节，将会把这种情形作为一个可解的例子。

对于二维和三维情形，PB 方程无法解析求解。近些年来，已经发展了相当多的求解 PB 方程的数值方法，有一些很成熟的软件，有兴趣的读者可以在网上搜索到，这里不再讨论。

如果电解液中的电势能比较弱，$\beta z_{\pm} e\psi \ll 1$，在溶剂中，$V_{\pm}^{\mathrm{sr}} = 0$，则可以对公式(5.3.5)展开

$$\rho_{\pm}(\boldsymbol{r}) = \zeta_{\pm}[1 - \beta z_{\pm} e\psi(\boldsymbol{r})] \tag{5.3.10}$$

离子的电荷密度是

$$\begin{aligned}\rho_e(\boldsymbol{r}) &= z_+ e\rho_+(\boldsymbol{r}) + z_- e\rho_-(\boldsymbol{r})\\ &= z_+ e\zeta_+ + z_- e\zeta_- - \beta(z_+^2 e^2\zeta_+ + z_-^2 e^2\zeta_-)\psi(\boldsymbol{r})\end{aligned} \tag{5.3.11}$$

令

$$\kappa^2 = \frac{\beta(z_+^2 e^2\zeta_+ + z_-^2 e^2\zeta_-)}{\epsilon_0\epsilon} \tag{5.3.12}$$

$$\psi(\boldsymbol{r}) = \frac{z_+ e\zeta_+ + z_- e\zeta_-}{\epsilon_0\epsilon\kappa^2} + \varphi(\boldsymbol{r}) \tag{5.3.13}$$

则方程(5.3.4)成为

$$(\nabla^2 - \kappa^2)\varphi(\boldsymbol{r}) = -\frac{1}{\epsilon_0\epsilon}\rho_e^{\mathrm{col}}(\boldsymbol{r}) \tag{5.3.14}$$

这就是线性化的泊松–玻尔兹曼方程，在适当的边界条件下，这个方程可以解析或数值求解，得到对于带电胶体的一些理解。

对于前面讨论过的一维问题，对应的线性 PB 方程为

$$\frac{\mathrm{d}^2\varphi}{\mathrm{d}x^2} - \kappa^2\varphi = 0$$

当 $x = 0$ 时，在 $\varphi = \varphi_0$ 的边界条件下，解得

$$\varphi(x) = \varphi_0 \mathrm{e}^{-\kappa x}$$

单个二维圆柱和单个三维球的情形也可以解出。例如，对于半径为 $R$ 的三维球外面，线性化的 PB 方程为

$$(\nabla^2 - \kappa^2)\varphi(\boldsymbol{r}) = 0$$

由于球对称性，$\varphi$ 只与 $r$ 有关，上式成为

$$\left(\frac{\mathrm{d}^2}{\mathrm{d}r^2} + \frac{2}{r}\frac{\mathrm{d}}{\mathrm{d}r} - \kappa^2\right)\varphi(r) = 0 \tag{5.3.15}$$

显然，当 $r \to \infty$ 时，在 $\varphi = 0$ 的条件下，式(5.3.15)的解为

$$\varphi(r) = A\frac{\mathrm{e}^{-\kappa r}}{r}$$

如果给定球面的电势为 $\varphi_0$，则求得 $A = R\mathrm{e}^{\kappa R}\varphi_0$，

$$\varphi(r) = \varphi_0 R\frac{\mathrm{e}^{-\kappa(r-R)}}{r} \tag{5.3.16}$$

另一种边界条件是给定了球面的电荷密度，这可以通过 $\varphi$ 的梯度与面电荷密度联系起来确定待定常数。

在求得电势后，即可代入式(5.3.1)和式(5.2.8)求出过量自由能和自由自由能，得到总自由能。

如果要利用式(5.2.11)和线性 PB 方程计算两个胶体球之间的等效相互作用，需要求解两个球的线性 PB 方程。这样的计算非常烦琐，有兴趣的读者可以参阅文献 [130-134]。在最低阶近似下，计算结果由式 (2.2.8) 给出。

## 5.4　RMSA 近似

对于带电胶体，胶体球之间的相互作用包括一个与胶体球的大小相联系的硬球排斥作用和库仑相互作用。对于具有硬球核的相互作用，在硬球排斥体积的范围内，对分布函数 $g(r) = 0$，从而总关联函数 $h(r) = -1$，即

$$g(r < \sigma) = 0, \quad h(r < \sigma) = -1 \tag{5.4.1}$$

另外，对于一大批问题，如果只考虑二体相互作用，则直接关联函数满足如下渐近关系：

$$c(r) = -\beta u(r), \quad r \to \infty \tag{5.4.2}$$

这个渐近关系构成了平均球近似 (mean-spherical approxmation, MSA) 的基础。在 MSA, 对于所有的非重合距离, $r > \sigma$, $c(r)$ 都近似取为其渐近值

$$c(r) = -\beta u(r) \tag{5.4.3}$$

与精确关系(5.4.1)一起, OZ 方程 (3.7.2) 成为一个确定 $r > \sigma$ 时的 $g(r)$ 和确定 $r < \sigma$ 时的 $c(r)$ 的线性积分方程。MSA 的非常重要的特点是对于大多数相互作用势可以求出解析解, 甚至在多组元的情形下, 也能够求出其解析解, 这些相互作用包括硬球势、方阱势、库仑势、汤川势及偶极作用势等。Lennard-Jones 势没有解析解。对于理解物理图像和分析数据来说, 不太精确的解析表达式常常有很大帮助。MSA 在由强排斥的胶体球构成的稀薄系统中会给出非物理的结果, 在非常低的密度下, MSA 给出

$$g(r) = 1 + c(r) + \mathcal{O}(\phi) \approx 1 - \beta u(r) + \mathcal{O}(\phi), \quad r > \sigma \tag{5.4.4}$$

当 $\beta u(r) > 1$ 时, $g(r)$ 为负, 这显然是非物理的。这里 $\phi = \pi \rho \sigma^3 / 6$ 为胶体球的体积分数。

解决这个非物理问题的思路是, 对于具有强排斥相互作用的系统, 物理上的硬球外面有一层强排斥的壳, 胶体球相互靠近的概率很小, 但 MSA 把渐近的 $c(r)$ 拓展到这样的区域, 物理上是不合适的。考虑到这一点, 我们可以把硬球的半径增大, 考虑有一个距离 $\sigma' > \sigma$, 在此距离之内, $g(r) = 0$。这样一种近似称为重新标度的平均球近似 (rescaled mean-spherical approxmation, RMSA)。在 RMSA 中, 把原来的硬球直径重新标度为 $\sigma'$, 对应地把体积分数重新标度为 $\phi' = \phi(\sigma'/\sigma)^3$, 利用标度后的 $\sigma'$ 和 $\phi'$ 做 MSA 近似计算得到 $r > \sigma'$ 时的 $g(r; \phi')$, 我们要求 $g(r; \phi') \geqslant 0$, 这样 $\sigma'$ 可以由 $g(r = \sigma'; \phi') = 0$ 确定。

图 5.4.1是稀薄汤川相互作用势胶体悬浮系统的 $g(r)$, 实线是 RMSA 的结果, 圆点是蒙特卡罗模拟结果, 两者符合得非常好。

现在, 把这些理论推广到两种组元的情形, 给出带电胶体的等效相互作用的一些初步结果。考虑两个带有电荷 $ze$, 半径为 $a$ 的胶体球悬浮在溶剂中, 溶剂中有电荷为 $z_c e$ 的反号离子, 溶剂的介电常数为 $\epsilon$。反号离子的大小比胶体球小很多, 可以看成是点状离子。整体的电中性要求

$$\rho_1 z + \rho_c z_c = 0 \tag{5.4.5}$$

通常, $|z_c| = 1$, $|z| \gg |z_c|$。这样, 我们有三个互相耦合的 OZ 方程

$$h_{\alpha\beta}(q) = c_{\alpha\beta}(q) + \rho_1 c_{\alpha 1}(q) h_{1\beta}(q) + \rho_2 c_{\alpha 2}(q) h_{2\beta}(q) \tag{5.4.6}$$

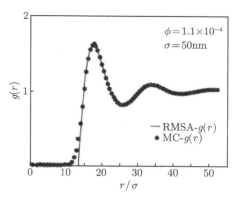

图 5.4.1　RMSA 与蒙特卡罗计算的汤川势的 $g(r)$[15]

这里，$\alpha, \beta$ 取值 1, 2, 1 对应于胶体球，其密度为 $\rho_1$，反号离子的密度为 $\rho_2 = \rho_c$，这里下标 c 表示反号离子 (counterions)。三个 OZ 方程包含了胶体球–胶体球、胶体球–反号离子及反号离子–反号离子之间的对关联信息。我们只需要胶体球–胶体球之间的关联，所以要消去反号离子的变量。定义单个胶体球组元的等效 OZ 方程为

$$h_{11} = c_{\text{eff}}(q) + \rho_1 c_{\text{eff}}(q) h_{11}(q) \tag{5.4.7}$$

要求这里的 $h_{11}$ 与原始 OZ 方程中的 $h_{11}$ 相同，则由式(5.4.6)可以求出

$$c_{\text{eff}}(q) = c(q) + \frac{\rho_c c_{12}(q)^2}{1 - \rho_c c_{22}(q)^2} \tag{5.4.8}$$

这个等效的直接关联函数与三个直接关联函数均有关。方程(5.4.7)与一个单组元的 OZ 方程全同，反号离子的作用隐藏在 $c_{\text{eff}}$ 中。如果通过式 (5.4.8)求出了等效的 $c_{\text{eff}}(q)$，进而可以得到 $c_{\text{eff}}(r)$，则胶体球之间的等效相互作用 $u_{\text{eff}}(r)$ 在 $r$ 足够大时就可以通过下面的方式得到

$$\lim_{\rho_1 \to 0} h_{11}(r) = \lim_{\rho_1 \to 0} c_{\text{eff}}(r) = -\beta u_{\text{eff}}(r) \tag{5.4.9}$$

在 MSA 下，直接关联函数 $c_{22}$ 为

$$c_{22}(r) = -\beta u_{22}(r) = -L_B \frac{z_c^2}{r}, \quad r > 0 \tag{5.4.10}$$

$L_B = e^2 / 4\pi \epsilon k T$ 为 Bjerrum 长度。傅里叶变换给出

$$c_{22}(q) = -4\pi L_B z_c^2 \frac{1}{q^2} \tag{5.4.11}$$

对于 $c_{11}$ 和 $c_{12}$，由于有短程硬球相互作用，我们把直接关联函数分为短程和长程两个部分，长程部分利用 MSA，得到

$$\begin{cases} c_{11}(r) = c_{11}^s(r) - L_B \dfrac{z^2}{r} \\ c_{12}(r) = c_{12}^s(r) - L_B \dfrac{zz_c}{r} \end{cases} \tag{5.4.12}$$

代入式(5.4.8)得到

$$c_{\text{eff}}(q) = c_{11}^s(q) + \rho_c[c_{12}^s(q)]^2 - 4\pi L_B[z + \rho_c z_c c_{12}^s(q)]^2 \frac{1}{\kappa^2 + q^2} \tag{5.4.13}$$

其中

$$\kappa^2 = 4\pi L_B \rho_c z_c^2 \tag{5.4.14}$$

大 $r$ 的行为由因子 $1/(\kappa^2 + q^2)$ 决定，这是因为 $c_{11}^s(q)$，$c_{12}^s(q)$ 是短程函数的傅里叶变换，其逆变换也是短程函数。这样就有

$$c_{\text{eff}}(r) = \frac{1}{(2\pi)^3} \int \mathrm{d}\boldsymbol{r}\, c_{\text{eff}}(q) \mathrm{e}^{-\mathrm{i}\boldsymbol{q}\cdot\boldsymbol{r}} \sim -\beta g \frac{\mathrm{e}^{-\kappa r}}{r}, \quad r \to \infty \tag{5.4.15}$$

这里 $g$ 是一个依赖于 $c_{12}^s(q)$ 的待定常数。

实际系统中除了反号离子外，还有同号离子，甚至包含更多不同种类的离子，这样，OZ 方程的数量增加到 6 个或者更多。通过类似的分析，我们可以得到同样的一般结论，只是 $\kappa^2$ 变为

$$\kappa^2 = 4\pi L_B \left( \rho_c z_c^2 + \sum_s \rho_s z_s^2 \right) \tag{5.4.16}$$

这里，对 $s$ 的求和遍及除反号离子外的所有离子种类。在 $\rho_1 \to 0$ 的极限下，各个直接相关函数能够解析求出，其结果是[135]

$$g_{1\alpha}(r) = \left[ 1 - L_B z z_\alpha \left( \frac{e^{\kappa a}}{1 + \kappa a} \right) \frac{\mathrm{e}^{-\kappa r}}{r} \right] \theta(r - a) \tag{5.4.17}$$

$$c_{1\alpha}(r) = -\left[ 1 + \frac{L_B}{a} z z_\alpha \left( \frac{\kappa a}{1 + \kappa a} \right) \right] \theta(a - r) - \left( L_B \frac{z z_\alpha}{r} \right) \theta(r - a) \tag{5.4.18}$$

$$c_{1\alpha}^s(r) = -\left[ 1 + L_B z z_\alpha \left( \frac{\kappa}{1 + \kappa a} - \frac{1}{r} \right) \right] \theta(a - r) \tag{5.4.19}$$

由此求出两个胶体球之间的等效相互作用为

$$\begin{aligned} \beta u_{\text{eff}}(r) &= -\lim_{\rho_1 \to 0} c_{\text{eff}}(r) = -\lim_{\rho_1 \to 0} h_{11}(r) \\ &= L_B z^2 \left( \frac{\mathrm{e}^{\kappa a}}{1 + \kappa a} \right)^2 \frac{\mathrm{e}^{-\kappa r}}{r}, \quad r > \sigma \end{aligned} \tag{5.4.20}$$

## 5.5 强耦合理论

2001 年，Netz[136-140] 等利用场论方法建立了静电相互作用系统的理论，并由此理论的两个极端情形得到了一些结果。在弱耦合极限下，这个理论能够给出泊松–玻尔兹曼方程。在强耦合极限下，能够得出一些新的结果。在这个理论框架下也能比较方便地进行数值模拟。本节给出这个理论的简要描述，并给出一些强耦合的结果。对于场论不熟悉的读者可以跳过本节。本节的内容主要参考文献 [141] 并使用其符号。

### 5.5.1 相互作用粒子系统的场论方法

首先，我们构建相互作用胶体粒子系统统计物理的场论。考虑通过二体相互作用势 $v(\boldsymbol{r})$ 作用的 $N$ 粒子系统，这里考虑的是库仑相互作用，粒子 $i$ 和粒子 $j$ 之间的相互作用 $v(\boldsymbol{r}_{ij})$ 是

$$v(\boldsymbol{r}_{ij}) = \frac{Q_i Q_j e^2}{4\pi\varepsilon kT r_{ij}} \tag{5.5.1}$$

其中，$Q_i$ 为第 $i$ 个粒子所带的电荷，以基本电荷 $e$ 为单位；$\varepsilon$ 为溶剂的介电常数，对于水，$\varepsilon \approx 80\varepsilon_0$，$\varepsilon_0$ 为真空介电常数。本节中，能量以 $kT$ 为单位。对于一般的相互作用势 $v(\boldsymbol{r}_{ij})$，以 $kT$ 为单位，其配分函数为

$$Z_N = \frac{1}{N!} \int \prod_{j=1}^{N} \frac{\mathrm{d}\boldsymbol{r}_j}{\lambda_t^3} \exp\left\{ -\sum_{j>k} v(\boldsymbol{r}_j - \boldsymbol{r}_k) - \sum_j \int \mathrm{d}\boldsymbol{r}\, \sigma(\boldsymbol{r}) v(\boldsymbol{r} - \boldsymbol{r}_j) \right.$$
$$\left. -\frac{1}{2} \int \mathrm{d}\boldsymbol{r}\, \mathrm{d}\boldsymbol{r}'\, \sigma(\boldsymbol{r}) v(\boldsymbol{r} - \boldsymbol{r}') \sigma(\boldsymbol{r}') \right\} \tag{5.5.2}$$

此处，$\sigma(\boldsymbol{r})$ 为引入的一个固定的外场，例如，可以代表约束系统的盒子，或给定的电荷分布等；$\lambda_t$ 是热波长。定义粒子的密度算符为

$$\hat{\rho}(\boldsymbol{r}) = \sum_{j=1}^{N} \delta(\boldsymbol{r} - \boldsymbol{r}_j) \tag{5.5.3}$$

则式(5.5.2)可以写成

$$Z_N[h] = \frac{1}{N!} \int \prod_{j=1}^{N} \frac{\mathrm{d}\boldsymbol{r}_j}{\lambda_t^3} \exp\left\{ -\frac{1}{2} \int \mathrm{d}\boldsymbol{r}\, \mathrm{d}\boldsymbol{r}'\, [\hat{\rho}(\boldsymbol{r}) + \sigma(\boldsymbol{r})] v(\boldsymbol{r} - \boldsymbol{r}') \right.$$
$$\left. [\hat{\rho}(\boldsymbol{r}') + \sigma(\boldsymbol{r}')] + \frac{N}{2} v(0) + \int \mathrm{d}\boldsymbol{r}\, h(\boldsymbol{r}) \hat{\rho}(\boldsymbol{r}) \right\} \tag{5.5.4}$$

这里的自由能项 $Nv(0)/2$ 减除积分中的对角项。同时，为方便计算，引进了一个辅助场 $h(\boldsymbol{r})$，这样，密度的平均值就可以写成

$$\langle \hat{\rho}(\boldsymbol{r}) \rangle = \frac{\delta \ln Z_N[h]}{\delta h(\boldsymbol{r})}\bigg|_{h=0} \tag{5.5.5}$$

密度的高阶关联函数可以通过高阶泛函导数获得，例如

$$\begin{aligned}
\langle \hat{\rho}(\boldsymbol{r}) \hat{\rho}(\boldsymbol{r}') \rangle_C &= \langle \hat{\rho}(\boldsymbol{r}) \hat{\rho}(\boldsymbol{r}') \rangle - \langle \hat{\rho}(\boldsymbol{r}) \rangle \langle \hat{\rho}(\boldsymbol{r}') \rangle \\
&= \frac{\delta^2 \ln Z_N[h]}{\delta h(\boldsymbol{r}) \delta h(\boldsymbol{r}')}\bigg|_{h=0}
\end{aligned} \tag{5.5.6}$$

现在，我们引入场论表述，密度 $\rho(\boldsymbol{r})$ 是一个场，再引进一个场 $\phi(\boldsymbol{r})$，把 $\delta$ 泛函的表达式

$$1 = \int \mathcal{D}\rho\, \delta(\rho - \hat{\rho}) = \int \mathcal{D}\rho \mathcal{D}\phi \exp\left\{ \mathrm{i} \int \mathrm{d}\boldsymbol{r}\, \phi(\boldsymbol{r})[\rho(\boldsymbol{r}) - \hat{\rho}(\boldsymbol{r})] \right\} \tag{5.5.7}$$

插入配分函数的表达式，并利用 $\delta$ 泛函把 $\hat{\rho}$ 替换为 $\rho$，最后得到

$$\begin{aligned}
Z_N[h] = \frac{1}{N!} \int \prod_{j=1}^{N} \frac{\mathrm{d}\boldsymbol{r}_j}{\lambda_t^3} \int \mathcal{D}\rho \mathcal{D}\phi \exp\Bigg\{ &\frac{N}{2} v(0) + \mathrm{i} \int \mathrm{d}\boldsymbol{r}\, \phi(\boldsymbol{r})[\rho(\boldsymbol{r}) - \hat{\rho}(\boldsymbol{r})] \\
&- \frac{1}{2} \int \mathrm{d}\boldsymbol{r}\, \mathrm{d}\boldsymbol{r}'\, [\rho(\boldsymbol{r}) + \sigma(\boldsymbol{r})] v(\boldsymbol{r} - \boldsymbol{r}') [\rho(\boldsymbol{r}') + \sigma(\boldsymbol{r}')] \\
&+ \int \mathrm{d}\boldsymbol{r}\, h(\boldsymbol{r}) \hat{\rho}(\boldsymbol{r}) \Bigg\}
\end{aligned} \tag{5.5.8}$$

粒子的位置仅仅出现在 $\hat{\rho}(\boldsymbol{r})$ 中，

$$\int \mathrm{d}\boldsymbol{r}\, h(\boldsymbol{r}) \hat{\rho}(\boldsymbol{r}) = \sum_{j=1}^{N} h(\boldsymbol{r}_j)$$

$$\int \mathrm{d}\boldsymbol{r}\, \phi(\boldsymbol{r}) \hat{\rho}(\boldsymbol{r}) = \sum_{j=1}^{N} \phi(\boldsymbol{r}_j)$$

这样，就把对粒子位置的依赖变成了指数上对每个粒子相加的形式，从而可以完成对粒子位置的积分，得到

$$\begin{aligned}
Z_N[h] = \int \mathcal{D}\rho \mathcal{D}\phi \exp\Bigg\{ &- \frac{1}{2} \int \mathrm{d}\boldsymbol{r}\, \mathrm{d}\boldsymbol{r}'\, [\rho(\boldsymbol{r}) + \sigma(\boldsymbol{r})] v(\boldsymbol{r} - \boldsymbol{r}') [\rho(\boldsymbol{r}') + \sigma(\boldsymbol{r}')] \\
&+ \mathrm{i} \int \mathrm{d}\boldsymbol{r}\, \phi(\boldsymbol{r}) \rho(\boldsymbol{r}) \Bigg\} \frac{1}{N!} \left[ \mathrm{e}^{v(0)/2} \int \frac{\mathrm{d}\boldsymbol{r}}{\lambda_t^3} \mathrm{e}^{h(\boldsymbol{r}) - \mathrm{i}\phi(\boldsymbol{r})} \right]^N
\end{aligned} \tag{5.5.9}$$

把式(5.5.9)变换到巨正则系综，形式会更为简单。令 $\tilde{\lambda} = \mathrm{e}^{\mu}$ 为逸度，$\mu$ 为化学势（以 $kT$ 为单位），则巨正则配分函数是

$$Z_{\lambda}[h] = \sum_{N=0}^{\infty} \tilde{\lambda}^{N} Z_{N}[h] \tag{5.5.10}$$

简单计算得到

$$Z_{\lambda}[h] = \int \mathcal{D}\rho \mathcal{D}\phi \exp\left[-H_{\lambda}[\rho, \phi, h]\right] \tag{5.5.11}$$

其中

$$\begin{aligned}
H_{\lambda}[\rho, \phi, h] = \frac{1}{2} \int \mathrm{d}\boldsymbol{r}\, \mathrm{d}\boldsymbol{r}' \left[\rho(\boldsymbol{r}) + \sigma(\boldsymbol{r})\right] v(\boldsymbol{r} - \boldsymbol{r}') \left[\rho(\boldsymbol{r}') + \sigma(\boldsymbol{r}')\right] \\
- \mathrm{i} \int \mathrm{d}\boldsymbol{r}\, \phi(\boldsymbol{r})\rho(\boldsymbol{r}) - \lambda \int \mathrm{d}\boldsymbol{r}\, \mathrm{e}^{h(\boldsymbol{r}) - \mathrm{i}\phi(\boldsymbol{r})}
\end{aligned} \tag{5.5.12}$$

此处，我们定义了一个重新标度的逸度 $\lambda = \tilde{\lambda}\mathrm{e}^{v(0)/2}/\lambda_{\mathrm{t}}^{3}$。由定义，粒子数的平均值为

$$\langle N \rangle = \tilde{\lambda} \left.\frac{\partial \ln Z_{\lambda}}{\partial \tilde{\lambda}}\right|_{h(\boldsymbol{r})=0} = \lambda \left.\frac{\partial \ln Z_{\lambda}}{\partial \lambda}\right|_{h(\boldsymbol{r})=0} = \lambda \int \mathrm{d}\boldsymbol{r} \left\langle \mathrm{e}^{-\mathrm{i}\phi(\boldsymbol{r})} \right\rangle \tag{5.5.13}$$

而粒子密度的平均值为

$$\langle \rho(\boldsymbol{r}) \rangle = \lambda \left\langle \mathrm{e}^{-\mathrm{i}\phi(\boldsymbol{r})} \right\rangle \tag{5.5.14}$$

密度的两点关联函数为

$$\langle \rho(\boldsymbol{r})\rho(\boldsymbol{r}') \rangle = \lambda^{2} \left\langle \mathrm{e}^{-\mathrm{i}\phi(\boldsymbol{r}) - \mathrm{i}\phi(\boldsymbol{r}')} \right\rangle = \left.\frac{\delta^{2} Z_{\lambda}[h]/Z_{\lambda}[0]}{\delta h(\boldsymbol{r})\delta h(\boldsymbol{r}')}\right|_{h=0} \tag{5.5.15}$$

这样，就大体完成了粒子系统的统计物理的场论构建。

　　通过这个构造，利用场论中长期以来发展出来的一系列方法和技巧，就能比较快地得到一些结果。我们先看一个特别简单的情形，即鞍点近似方法。所谓鞍点近似，就是在计算式(5.5.11)时，找到被积函数中 e 指数上函数的极值，然后在极值附近展开，保留到二阶项 (极值附近展开的一阶项为零)，对应于一个高斯泛函，可以积分出来，就求得了配分函数，然后就可以计算所有的热力学量了。这个极值点通常是一个鞍点（saddle point），所以称为鞍点近似。鞍点的方程是

$$\frac{\delta H_{\lambda}[\rho, \phi]}{\delta \rho(\boldsymbol{r})} = 0, \quad \frac{\delta H_{\lambda}[\rho, \phi]}{\delta \phi(\boldsymbol{r})} = 0 \tag{5.5.16}$$

由式(5.5.16)中第二个方程可以解出

$$\phi_{\mathrm{SP}}(\boldsymbol{r}) = \mathrm{i}\ln[\rho(\boldsymbol{r})/\lambda] \tag{5.5.17}$$

代入哈密顿量(5.5.12)，得到鞍点的哈密顿量为

$$H_\lambda[\rho, \phi_{\mathrm{SP}}] = \frac{1}{2} \int \mathrm{d}\boldsymbol{r}\, \mathrm{d}\boldsymbol{r}'\, [\rho(\boldsymbol{r}) + \sigma(\boldsymbol{r})] v(\boldsymbol{r} - \boldsymbol{r}') [\rho(\boldsymbol{r}') + \sigma(\boldsymbol{r}')]$$
$$+ \int \mathrm{d}\boldsymbol{r}\, \rho(\boldsymbol{r}) (\ln[\rho(\boldsymbol{r})/\lambda] - 1) \tag{5.5.18}$$

再由式(5.5.16)的第一个方程，得到鞍点的方程为

$$\int \mathrm{d}\boldsymbol{r}'\, v(\boldsymbol{r} - \boldsymbol{r}') [\rho_{\mathrm{SP}}(\boldsymbol{r}') + \sigma(\boldsymbol{r}')] + \ln[\rho_{\mathrm{SP}}(\boldsymbol{r})/\lambda] = 0 \tag{5.5.19}$$

对于静电相互作用，这个方程就是泊松–玻尔兹曼方程。在此基础上，通过圈图展开，可以系统地研究对于鞍点近似的改进。

巨势函数由鞍点的哈密顿量给出

$$\mathcal{G}_\lambda^{\mathrm{SP}} = H_\lambda[\rho_{\mathrm{SP}}, \phi_{\mathrm{SP}}] \tag{5.5.20}$$

而自由能由勒让德变换

$$\mathcal{F}_N^{\mathrm{SP}} = \mathcal{G}_\lambda^{\mathrm{SP}} + N \ln \tilde{\lambda} \tag{5.5.21}$$

得到

$$\mathcal{F}_N^{\mathrm{SP}} = \frac{1}{2} \int \mathrm{d}\boldsymbol{r}\, \mathrm{d}\boldsymbol{r}'\, [\rho_{\mathrm{SP}}(\boldsymbol{r}) + \sigma(\boldsymbol{r})] v(\boldsymbol{r} - \boldsymbol{r}') [\rho_{\mathrm{SP}}(\boldsymbol{r}') + \sigma(\boldsymbol{r}')]$$
$$+ \int \mathrm{d}\boldsymbol{r}\, \rho_{\mathrm{SP}}(\boldsymbol{r}) \{ \ln[\lambda_t^3 \rho_{\mathrm{SP}}(\boldsymbol{r})] - 1 \} \tag{5.5.22}$$

### 5.5.2 强耦合极限

现在考虑另一种场论的表述方式，利用 $\delta$ 函数的泛函恒等式插入时，仅仅把指数上的 $\hat{\rho}(\boldsymbol{r})$ 的二次项中的 $\hat{\rho}(\boldsymbol{r})$ 替换为 $\rho(\boldsymbol{r})$，而保留线性项不做替换，得到

$$Z_N[h] = \frac{1}{N!} \int \prod_{j=1}^{N} \frac{\mathrm{d}\boldsymbol{r}_j}{\lambda_t^3} \int \mathcal{D}\rho \mathcal{D}\phi \exp \left\{ \frac{N}{2} v(0) + \int \mathrm{d}\boldsymbol{r}\, h(\boldsymbol{r}) \hat{\rho}(\boldsymbol{r}) \right.$$
$$- \frac{1}{2} \int_{\boldsymbol{r}, \boldsymbol{r}'} v(\boldsymbol{r} - \boldsymbol{r}') [\rho(\boldsymbol{r})\rho(\boldsymbol{r}') + \sigma(\boldsymbol{r})\sigma(\boldsymbol{r}')]$$
$$\left. - \int_{\boldsymbol{r}, \boldsymbol{r}'} \hat{\rho}(\boldsymbol{r}) v(\boldsymbol{r} - \boldsymbol{r}') \sigma(\boldsymbol{r}') + i \int_{\boldsymbol{r}} \phi(\boldsymbol{r}) [\rho(\boldsymbol{r}) - \hat{\rho}(\boldsymbol{r})] \right\} \tag{5.5.23}$$

此处及本节后面的公式中，为了方便，把积分变量以下标方式写出，即 $\int_{\boldsymbol{r}}$ 为 $\int \mathrm{d}\boldsymbol{r}$ 的简写等。式(5.5.23)中对于 $\rho$ 的泛函积分可以变换为高斯泛函积分，可以求出

（事实上，高斯泛函积分是唯一能够解析求出的泛函积分），对于粒子坐标的积分则可以写成对于单个粒子积分的 $N$ 次方，完成这些计算后得到

$$Z_N[h] = \exp\left[-\frac{1}{2}\int_{\boldsymbol{r},\boldsymbol{r}'}\sigma(\boldsymbol{r})v(\boldsymbol{r}-\boldsymbol{r}')\sigma(\boldsymbol{r}')\right]$$
$$\times \int\frac{\mathcal{D}\phi}{Z_v}\exp\left[-\frac{1}{2}\int_{\boldsymbol{r},\boldsymbol{r}'}\phi(\boldsymbol{r})v^{-1}(\boldsymbol{r}-\boldsymbol{r}')\phi(\boldsymbol{r}')\right]$$
$$\times\frac{1}{N!}\left[\int\frac{\mathrm{d}\boldsymbol{r}}{\lambda_t^3}\mathrm{e}^{v(0)/2+h(\boldsymbol{r})-\mathrm{i}\phi(\boldsymbol{r})-\int\mathrm{d}\boldsymbol{r}'v(\boldsymbol{r}-\boldsymbol{r}')\sigma(\boldsymbol{r}')}\right]^N \quad (5.5.24)$$

其中

$$Z_v = \int\mathcal{D}\phi\exp\left[-\frac{1}{2}\int_{\boldsymbol{r},\boldsymbol{r}'}\phi(\boldsymbol{r})v^{-1}(\boldsymbol{r}-\boldsymbol{r}')\phi(\boldsymbol{r}')\right] \quad (5.5.25)$$

变换到巨正则系综，成为

$$Z_\lambda[h] = \exp\left[-\frac{1}{2}\int_{\boldsymbol{r},\boldsymbol{r}'}\sigma(\boldsymbol{r})v(\boldsymbol{r}-\boldsymbol{r}')\sigma(\boldsymbol{r}')\right]$$
$$\times\int\frac{\mathcal{D}\phi}{Z_v}\exp\left\{-\frac{1}{2}\int_{\boldsymbol{r},\boldsymbol{r}'}\phi(\boldsymbol{r})v^{-1}(\boldsymbol{r}-\boldsymbol{r}')\phi(\boldsymbol{r}')\right.$$
$$\left.+\lambda\int\frac{\mathrm{d}\boldsymbol{r}}{\lambda_t^3}\exp\left[h(\boldsymbol{r})-\mathrm{i}\phi(\boldsymbol{r})-\int_{\boldsymbol{r}'}v(\boldsymbol{r}-\boldsymbol{r}')\sigma(\boldsymbol{r}')\right]\right\} \quad (5.5.26)$$

其中，$\lambda=\tilde{\lambda}\mathrm{e}^{v(0)/2}$ 为约化的逸度。把巨正则系综对 $\lambda$ 展开，得到

$$Z_\lambda[h] = \exp\left[-\frac{1}{2}\int_{\boldsymbol{r},\boldsymbol{r}'}\sigma(\boldsymbol{r}-\boldsymbol{r}')\sigma(\boldsymbol{r}')\right]$$
$$\times\sum_{j=0}^\infty\frac{\lambda^j}{j!}\left\langle\prod_{k=1}^j\int\frac{\mathrm{d}\boldsymbol{r}_k}{\lambda_t^3}\exp\left[h(\boldsymbol{r}_k)-\mathrm{i}\phi(\boldsymbol{r}_k)-\int_{\boldsymbol{r}'}v(\boldsymbol{r}_k-\boldsymbol{r}')\sigma(\boldsymbol{r}')\right]\right\rangle_v \quad (5.5.27)$$

这里的平均是对于式(5.5.25)给出的配分函数的平均。这些平均均为高斯泛函积分，可以方便地积出。到二阶项

$$Z_\lambda[h] = \exp\left[-\frac{1}{2}\int_{\boldsymbol{r},\boldsymbol{r}'}\sigma(\boldsymbol{r})v(\boldsymbol{r}-\boldsymbol{r}')\sigma(\boldsymbol{r}')\right]$$
$$\times\left(1+\left(\frac{\lambda}{\lambda_t^3}\right)\int_{\boldsymbol{r}_1}\exp\left[h(\boldsymbol{r}_1)-\int_{\boldsymbol{r}'}v(\boldsymbol{r}_1-\boldsymbol{r}')\sigma(\boldsymbol{r}')\right]\right.$$
$$+\frac{1}{2}\left(\frac{\lambda}{\lambda_t^3}\right)^2\int_{\boldsymbol{r}_1,\boldsymbol{r}_2}\exp\left\{\sum_{k=1}^2\left[h(\boldsymbol{r}_k)-\int_{\boldsymbol{r}'}v(\boldsymbol{r}_k-\boldsymbol{r}')\sigma(\boldsymbol{r}')\right]-v(\boldsymbol{r}_1-\boldsymbol{r}_2)\right\}\right)$$
$$+\mathcal{O}(\lambda^3) \quad (5.5.28)$$

巨势函数 $\mathcal{G}_\lambda[h] = -\ln Z_\lambda[h]$ 为

$$
\begin{aligned}
\mathcal{G}_\lambda[h] = {}& \frac{1}{2} \int_{r,r'} \sigma(\boldsymbol{r}) v(\boldsymbol{r}-\boldsymbol{r}') \sigma(\boldsymbol{r}') \\
& - \left(\frac{\lambda}{\lambda_t^3}\right) \int_{r_1} \exp\left[ h(\boldsymbol{r}_1) - \int_r v(\boldsymbol{r}_1 - \boldsymbol{r}') \sigma(\boldsymbol{r}') \right] \\
& + \frac{1}{2}\left(\frac{\lambda}{\lambda_t^3}\right)^2 \int_{r_1,r_2} \exp\left[ \sum_{k=1}^{2} \left( h(\boldsymbol{r}_k) - \int_{r'} v(\boldsymbol{r}_k - \boldsymbol{r}') \sigma(\boldsymbol{r}') \right) \right] \left[ 1 - \mathrm{e}^{-v(\boldsymbol{r}_1 - \boldsymbol{r}_2)} \right] \\
& + \mathcal{O}(\lambda^3)
\end{aligned}
\tag{5.5.29}
$$

$1 - \mathrm{e}^{-v(\boldsymbol{r}_1 - \boldsymbol{r}_2)}$ 称为 Mayer 函数, 这是一个短程、有限、没有奇异性的函数。由式(5.5.29)求得密度为

$$
\begin{aligned}
\rho(\boldsymbol{r}) = {}& \left(\frac{\lambda}{\lambda_t^3}\right) \exp\left[ h(\boldsymbol{r}) - \int_{r'} v(\boldsymbol{r}-\boldsymbol{r}') \sigma(\boldsymbol{r}') \right] \\
& - \left(\frac{\lambda}{\lambda_t^3}\right)^2 \exp\left[ h(\boldsymbol{r}) - \int_{r'} v(\boldsymbol{r}-\boldsymbol{r}') \sigma(\boldsymbol{r}') \right] \\
& \times \int_{r_1} \exp\left[ h(\boldsymbol{r}_1) - \int_{r'} v(\boldsymbol{r}_1 - \boldsymbol{r}') \sigma(\boldsymbol{r}') \right] \left[ 1 - \mathrm{e}^{-v(\boldsymbol{r}_1 - \boldsymbol{r})} \right]
\end{aligned}
\tag{5.5.30}
$$

反解(5.5.30), 以 $\rho$ 作为变量, 得到

$$
\begin{aligned}
& \left(\frac{\lambda}{\lambda_t^3}\right) \exp\left[ h(\boldsymbol{r}) - \int_{r'} v(\boldsymbol{r}-\boldsymbol{r}') \sigma(\boldsymbol{r}') \right] \\
& = \rho(\boldsymbol{r}) + \rho(\boldsymbol{r}) \int_{r_1} \rho(\boldsymbol{r}_1) \left[ 1 - \mathrm{e}^{-v(\boldsymbol{r}_1 - \boldsymbol{r})} \right] + \mathcal{O}(\rho^3)
\end{aligned}
\tag{5.5.31}
$$

把上述结果代入式(5.5.29), 注意到以密度为自变量的热力学势与自由能的关系为

$$
\Gamma[\langle\rho\rangle] = \mathcal{F}[h] + \int \mathrm{d}\boldsymbol{r}\, h(\boldsymbol{r}) \langle\rho(\boldsymbol{r})\rangle
\tag{5.5.32}
$$

再利用式(5.5.21), 得到

$$
\begin{aligned}
\Gamma_N[\rho] = {}& \int_r \rho(\boldsymbol{r}) \left\{ \ln\left[ \lambda_t^3 \rho(\boldsymbol{r}) \right] - 1 \right\} \\
& + \frac{1}{2} \int_{r,r'} \sigma(\boldsymbol{r}) v(\boldsymbol{r}-\boldsymbol{r}') \sigma(\boldsymbol{r}') \\
& + \int_{r,r'} \sigma(\boldsymbol{r}) v(\boldsymbol{r}-\boldsymbol{r}') \rho(\boldsymbol{r}') \\
& + \frac{1}{2} \int_{r,r'} \rho(\boldsymbol{r}) \rho(\boldsymbol{r}') \left[ 1 - \mathrm{e}^{-v(\boldsymbol{r}-\boldsymbol{r}')} \right] + \mathcal{O}(\rho^3)
\end{aligned}
\tag{5.5.33}
$$

这样，就得到了按照逸度展开 (位力展开) 的密度泛函理论。这个结果与鞍点近似下的方程非常相似，其差别在于与密度耦合的相互作用势现在处在 e 指数上。但这个结果与鞍点近似结果基于完全不同的近似，并无联系。在下面的例子中将看到，这个展开实际上是强耦合展开。

### 5.5.3　带电平板

本节利用场论方法具体研究一个例子。考虑一个均匀带电平板外的 $N$ 个反号离子的分布问题，取垂直于平板的方向为 $z$ 方向，平板的面电荷密度为 $\sigma_s e$，离子的电荷为 $qe$，$e$ 为单位电荷，则系统的能量与热能 $kT$ 之比为

$$W = \sum_{j<k}^{N} \frac{\ell_B q^2}{|\boldsymbol{r}_j - \boldsymbol{r}_k|} + 2\pi q \ell_B \sigma_s \sum_{j=1}^{N} z_j \tag{5.5.34}$$

这里

$$\ell_B = \frac{e^2}{4\pi \varepsilon kT} \tag{5.5.35}$$

为 Bjerrum 长度，代表两个单位电荷之间的相互作用能与热运动能量 $kT$ 相同时，其相互之间的距离。在水中，室温下这个长度大致是 $\ell_B \approx 0.7\mathrm{nm}$。Gouy-Chapman 长度定义为

$$\mu = \frac{1}{2\pi q \sigma_s \ell_B} \tag{5.5.36}$$

表示一个离子的势能与热能相当时离开带电平板的距离。我们以 $\mu$ 作为长度的单位，将长度以 $\mu$ 标度，即 $\boldsymbol{r} = \mu \tilde{\boldsymbol{r}}$，得到

$$W = \sum_{j<k}^{N} \frac{\Xi}{|\tilde{\boldsymbol{r}}_j - \tilde{\boldsymbol{r}}_k|} + \sum_{j=1}^{N} \tilde{z}_j \tag{5.5.37}$$

这里

$$\Xi = 2\pi q^3 \ell_B^2 \sigma_s \tag{5.5.38}$$

是一个无量纲的数，定义为耦合常数。离子离开带电平板的典型距离为 $\tilde{z} = 1$，所以，能量中的第二项的量级为 1。当 $\Xi \gg 1$ 时，假定离子形成一个层，从而离子之间的距离 $\tilde{r} \sim \Xi^{1/2}$。当 $\Xi \ll 1$ 时，如果假定离子形成类似液体的结构，则 $\tilde{r} \sim \Xi^{1/3}$。于是，第一项的排斥能在大 $\Xi$ 下为 $\Xi^{1/2}$ 的量级，在小 $\Xi$ 下为 $\Xi^{2/3}$ 的量级。所以，在强耦合极限下，能量中的第一项排斥作用占主导地位。图 5.5.1 给出了 75 个离子在不同的 $\Xi$ 下蒙特卡罗计算中的一个典型位形。

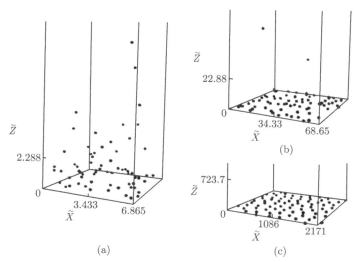

图 5.5.1 75 个离子在不同 $\varXi$ 下的蒙特卡罗模拟计算的一个典型位形。(a) $\varXi = 0.1$; (b) $\varXi = 10$; (c) $\varXi = 10000$。取自文献 [141]

现在，利用前面介绍的场论方法来处理这个问题，这里的相互作用势的形式是

$$v_C(\boldsymbol{r}) = \frac{1}{r}$$

系统的配分函数为

$$
Z_N = \frac{1}{N!} \prod_{j=1}^N \int \frac{\mathrm{d}\boldsymbol{r}_j}{\lambda_t^3} \theta(z_j) \exp\left[ -\frac{1}{2} \int \mathrm{d}\boldsymbol{r}\,\mathrm{d}\boldsymbol{r}'\,\sigma_C(\boldsymbol{r}) v_C(\boldsymbol{r}-\boldsymbol{r}') \sigma_C(\boldsymbol{r}') \right.
$$
$$
\left. - q^2 \ell_B \sum_{j<k} v_C(\boldsymbol{r}_j - \boldsymbol{r}_k) + q\ell_B \int \mathrm{d}\boldsymbol{r}\,\sigma_C(\boldsymbol{r}) \sum_j v_C(\boldsymbol{r}-\boldsymbol{r}_j) + \sum_j h(\boldsymbol{r}_j) \right]
$$
$$(5.5.39)$$

这里，定义与离子电荷相反的电荷分布 $\sigma_C(\boldsymbol{r}) \geqslant 0$。$\theta(z)$ 是赫维赛德阶跃函数，$z > 0$ 时，$\theta(z) = 1$，$z < 0$ 时，$\theta(z) = 0$。

通过前面的相同步骤，我们得到场论形式下的巨配分函数为

$$
Z_\lambda = \int \frac{\mathcal{D}\phi}{Z_v} \exp\left[ -\frac{1}{2\ell_B q^2} \int \mathrm{d}\boldsymbol{r}\,\mathrm{d}\boldsymbol{r}'\,\phi(\boldsymbol{r}) v_C^{-1}(\boldsymbol{r}-\boldsymbol{r}') \phi(\boldsymbol{r}') \right.
$$
$$
\left. + \frac{\mathrm{i}}{q} \int \mathrm{d}\boldsymbol{r}\,\sigma_C(\boldsymbol{r})\phi(\boldsymbol{r}) + \tilde{\lambda} \int \mathrm{d}\boldsymbol{r}\,\theta(z) \mathrm{e}^{h(\boldsymbol{r}) - \mathrm{i}\phi(\boldsymbol{r})} \right]
$$
$$(5.5.40)$$

这里，$Z_v = \sqrt{\det v_C}$；$\lambda = \tilde{\lambda}\mathrm{e}^{v_C(0)/2}/\lambda_t^3$ 为重新标度过的逸度（$\tilde{\lambda} = \mathrm{e}^\mu$ 为逸度，$\mu$

是以 $kT$ 为单位的化学势）。巨正则配分函数可以写为

$$Z_\lambda = \int \frac{\mathcal{D}\phi}{Z_v} \exp\left\{ -\frac{1}{\Xi} H[\phi, h] \right\} \tag{5.5.41}$$

外电荷分布 $\sigma_{\mathrm{C}}(\boldsymbol{r})$ 可明确写为

$$\sigma_{\mathrm{C}}(\boldsymbol{r}) = \sigma_{\mathrm{s}} \delta(z) \tag{5.5.42}$$

哈密顿量为

$$H[\phi, h] = \frac{1}{2} \int \mathrm{d}\tilde{\boldsymbol{r}}\, \mathrm{d}\tilde{\boldsymbol{r}}'\, \phi(\tilde{\boldsymbol{r}}) v_{\mathrm{C}}^{-1}(\tilde{\boldsymbol{r}} - \tilde{\boldsymbol{r}}') \phi(\tilde{\boldsymbol{r}}') - \frac{\mathrm{i}}{2\pi} \int \mathrm{d}\tilde{\boldsymbol{r}}\, \delta(\tilde{z}) \phi(\tilde{\boldsymbol{r}})$$
$$- \frac{\Lambda}{2\pi} \int \mathrm{d}\tilde{\boldsymbol{r}}\, \theta(\tilde{z}) \mathrm{e}^{h(\overline{\boldsymbol{r}}) - \mathrm{i}\phi(\overline{\boldsymbol{r}})} \tag{5.5.43}$$

这里 $\Lambda$ 为逸度的再次重新标度。

$$\Lambda = 2\pi\lambda\mu^3\Xi = \frac{\lambda}{2\pi\sigma_{\mathrm{s}}^2\ell_{\mathrm{B}}} \tag{5.5.44}$$

由此可以清楚地看出 $\Xi$ 是问题中的唯一参数。密度的平均值通过对于配分函数的泛函导数得到

$$\langle \rho(\tilde{\boldsymbol{r}}) \rangle = \frac{\delta \ln Z_\lambda}{\delta h(\tilde{\boldsymbol{r}})\mu^3}$$

由此得到重新标度的无量纲密度

$$\tilde{\rho}(\tilde{\boldsymbol{r}}) = \frac{\langle \rho(\tilde{\boldsymbol{r}}) \rangle}{2\pi\ell_{\mathrm{B}}\sigma_{\mathrm{s}}^2} = \Lambda \left\langle \mathrm{e}^{-\mathrm{i}\phi(\tilde{z})} \right\rangle \tag{5.5.45}$$

反号离子密度的归一化条件为

$$\mu \int \mathrm{d}\tilde{z}\, \rho(\tilde{z}) = \frac{\sigma_{\mathrm{s}}}{q}$$

给出下面的归一化关系：

$$\int_0^\infty \mathrm{d}\tilde{z}\, \tilde{\rho}(\tilde{\boldsymbol{r}}) = \Lambda \int_0^\infty \mathrm{d}\tilde{z} \left\langle \mathrm{e}^{-\mathrm{i}\phi(\tilde{z})} \right\rangle = 1 \tag{5.5.46}$$

我们先考虑 $\Xi \ll 1$ 的情形。由泊松方程可知，$4\pi\delta(\boldsymbol{r}) = -\nabla^2 v_{\mathrm{C}}(\boldsymbol{r})$，其逆为

$$v_{\mathrm{C}}^{-1}(\boldsymbol{r}) = -\nabla^2\delta(\boldsymbol{r})/4\pi \tag{5.5.47}$$

由此，哈密顿量可以重写为

$$H[\phi, h] = \frac{1}{4\pi} \int \mathrm{d}\tilde{\boldsymbol{r}} \left\{ \frac{1}{2}[\nabla\phi(\tilde{\boldsymbol{r}})]^2 - 2\mathrm{i}\delta(\tilde{z})\phi(\tilde{\boldsymbol{r}}) - 2\Lambda\theta(\tilde{z})\mathrm{e}^{h(\tilde{\boldsymbol{r}}) - \mathrm{i}\phi(\tilde{\boldsymbol{r}})} \right\} \tag{5.5.48}$$

鞍点近似由方程 $\delta H[\phi]/\delta\phi(\tilde{r}) = 0$ 给出，对于 $z > 0$，有

$$\frac{\mathrm{d}^2\phi(\tilde{z})}{\mathrm{d}\tilde{z}^2} = 2\mathrm{i}\Lambda\mathrm{e}^{-\mathrm{i}\phi(\tilde{z})} \qquad (5.5.49)$$

在 $z = 0$ 的边界上，$\mathrm{d}\phi(\tilde{z})/\mathrm{d}\tilde{z} = -2\mathrm{i}$。当 $\tilde{z} \to \infty$ 时，密度 $\tilde{\rho}(\tilde{z}) = \Lambda\mathrm{e}^{-\mathrm{i}\phi(\tilde{z})} \to 0$，所以无穷远的 $\phi$ 不能选为 $0$，但 $\mathrm{d}\phi/\mathrm{d}\tilde{z}$ 在无穷远处为 $0$。方程(5.5.49)两边乘以 $\mathrm{d}\phi/\mathrm{d}\tilde{z}$ 然后积分，得到

$$\frac{1}{2}\left(\frac{\mathrm{d}\phi}{\mathrm{d}\tilde{z}}\right)^2 = -2\Lambda\mathrm{e}^{-\mathrm{i}\phi} + C_1$$

由无穷远的边界条件得到常数 $C_1 = 0$，即

$$\frac{\mathrm{d}\phi}{\mathrm{d}\tilde{z}} = \pm 2\mathrm{i}\Lambda^{1/2}\mathrm{e}^{-\mathrm{i}\phi/2}$$

积分得到

$$\mathrm{e}^{\mathrm{i}\phi/2} = C_2 \pm \Lambda^{1/2}\tilde{z}$$

$$\mathrm{i}\phi = 2\ln\left(C_2 \pm \Lambda^{1/2}\tilde{z}\right)$$

如果选电势 $\mathrm{i}\phi$ 的零点在 $\tilde{z} = 0$，并考虑到无穷远处解必须存在的要求，得到

$$\mathrm{i}\phi(\tilde{z}) = 2\ln\left(1 + \Lambda^{1/2}\tilde{z}\right) \qquad (5.5.50)$$

边界条件给出 $\Lambda_0 = 1$，把上述结果代入密度的表达式，得到

$$\tilde{\rho}_0(\tilde{z}) = \Lambda_0\mathrm{e}^{-\mathrm{i}\phi(\tilde{z})} = \frac{1}{(1 + \tilde{z})^2} \qquad (5.5.51)$$

这就是泊松–玻尔兹曼方程的解。

现在考虑 $\Xi \gg 1$ 的情形，在此情形下，考虑按照 $\Xi^{-1}$ 来展开，这实际上就是按照逸度或位力展开。把巨配分函数改写为

$$\begin{aligned}
Z_\lambda[h] = {} & \mathrm{e}^{-\frac{\ell_{\mathrm{B}}}{2}\int\mathrm{d}\mathbf{r}\mathrm{d}\mathbf{r}'\sigma_{\mathrm{C}}(\mathbf{r})v_{\mathrm{C}}(\mathbf{r}-\mathbf{r}')\sigma_{\mathrm{C}}(\mathbf{r}')} \\
& \times \int\frac{\mathcal{D}\phi}{Z_v}\exp\left[-\frac{1}{2\ell_{\mathrm{B}}q^2}\int\mathrm{d}\mathbf{r}\,\mathrm{d}\mathbf{r}'\,\phi(\mathbf{r})v_{\mathrm{C}}^{-1}(\mathbf{r}-\mathbf{r}')\phi(\mathbf{r}')\right. \\
& \left. -\lambda\int\mathrm{d}\mathbf{r}\,\theta(z)\mathrm{e}^{h(\mathbf{r})-\mathrm{i}\phi(\mathbf{r})+\ell_{\mathrm{B}}q\int\mathrm{d}\mathbf{r}'\,v_{\mathrm{C}}(\mathbf{r}-\mathbf{r}')\sigma_{\mathrm{C}}(\mathbf{r}')}\right] \qquad (5.5.52)
\end{aligned}$$

经过前面类似的步骤，可以把它变为式 (5.5.41)的形式，其中的哈密顿量为

$$\begin{aligned}
H[\phi, h] = {} & \frac{1}{2}\int\mathrm{d}\tilde{\mathbf{r}}\,\mathrm{d}\tilde{\mathbf{r}}'\,\phi(\tilde{\mathbf{r}})v_{\mathrm{C}}^{-1}(\tilde{\mathbf{r}}-\tilde{\mathbf{r}}')\phi(\tilde{\mathbf{r}}') \\
& +\frac{1}{8\pi^2}\int\mathrm{d}\tilde{\mathbf{r}}\,\mathrm{d}\tilde{\mathbf{r}}'\,\delta(\tilde{z})v_{\mathrm{C}}(\tilde{\mathbf{r}}-\tilde{\mathbf{r}}')\delta(\tilde{z}')
\end{aligned}$$

$$-\frac{\Lambda}{2\pi}\int \mathrm{d}\tilde{\boldsymbol{r}}\,\theta(\tilde{z})\mathrm{e}^{h(\tilde{\boldsymbol{r}})-\mathrm{i}\phi(\tilde{\boldsymbol{r}})-\tilde{z}} \tag{5.5.53}$$

利用与前面介绍的计算强耦合时完全类似的推导得到

$$\tilde{\rho}(\tilde{\boldsymbol{r}}) = \Lambda\mathrm{e}^{-\tilde{z}} - \frac{\Lambda^2}{2\pi\Xi}\int \mathrm{d}\tilde{\boldsymbol{r}}'\,\theta(\tilde{z}')\mathrm{e}^{-\tilde{z}-\tilde{z}'}\left[1-\mathrm{e}^{-\Xi v_{\mathrm{C}}(\tilde{\boldsymbol{r}}-\tilde{\boldsymbol{r}}')}\right] \tag{5.5.54}$$

这里，标度过的逸度最终由归一化条件确定。把密度用 $1/\Xi$ 展开

$$\tilde{\rho}(\tilde{z}) = \tilde{\rho}_0(\tilde{z}) + \frac{\tilde{\rho}_1(\tilde{z})}{\Xi} + \mathcal{O}\left(\frac{1}{\Xi^2}\right) \tag{5.5.55}$$

把逸度也用 $1/\Xi$ 展开

$$\Lambda = \Lambda_0 + \frac{\Lambda_1}{\Xi} + \mathcal{O}\left(\frac{1}{\Xi^2}\right) \tag{5.5.56}$$

代入归一化条件，解得 $\Lambda_0 = 1$，

$$\Lambda_1 = \frac{1}{2\pi}\int \mathrm{d}\tilde{\boldsymbol{r}}'\,\mathrm{d}\tilde{z}\,\mathrm{e}^{-\tilde{z}-\tilde{z}'}\left[1-\mathrm{e}^{-\Xi v_C(\tilde{\boldsymbol{r}}-\tilde{\boldsymbol{r}}')}\right] \tag{5.5.57}$$

这样，零级项是

$$\tilde{\rho}_0(\tilde{z}) = \mathrm{e}^{-\tilde{z}} \tag{5.5.58}$$

而下一阶项是

$$\tilde{\rho}_1(\tilde{z}) = \Lambda_1\mathrm{e}^{-\tilde{z}} - \frac{1}{2\pi}\int \mathrm{d}\tilde{\boldsymbol{r}}'\,\mathrm{e}^{-\tilde{z}-\tilde{z}'}\left[1-\mathrm{e}^{-\Xi v_{\mathrm{C}}(\tilde{\boldsymbol{r}}-\tilde{\boldsymbol{r}}')}\right] \tag{5.5.59}$$

图 5.5.2 给出了不同 $\Xi$ 下的 $\tilde{\rho}_1(\tilde{z})$。图 5.5.3 给出了不同 $\Xi$ 下的蒙特卡罗模拟的结果以及与鞍点近似和强耦合理论的比较。我们看到，对于 $\Xi < 1$，鞍点近似（即 PB 理论）给出很好的结果，而对于 $\Xi > 10^4$，强耦合理论给出很好的结果。实验上的情形通常介于这两个极端情形之间。

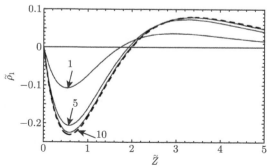

图 5.5.2　不同 $\Xi$ 下的 $\tilde{\rho}_1(\tilde{z})$，虚线对应于 $\Xi \to \infty$，实线分别为 $\Xi = 1, 5, 10$。取自文献 [141]

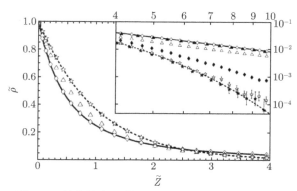

图 5.5.3 不同 $\Xi$ 下的 $\tilde\rho(\tilde{z})$ 的蒙特卡罗模拟结果，其中宝石符号对应 $\Xi = 0.1$，三角对应 $\Xi = 10$，五星对应 $\Xi = 10^4$。虚线对应强耦合理论的结果，实线对应泊松–玻尔兹曼理论。插入图是用对数坐标画出的五种情形，从下到上依次对应 $\Xi = 10^5, 10^4, 100, 10, 1, 0.1$。取自文献 [141]

# 第 6 章　低雷诺数流体力学初步

## 6.1　时间尺度和输运方程

胶体系统的动态行为与所考察的时间尺度有关，我们先给出一些定性分析[1-4]。

由于胶体粒子的尺寸比溶剂分子大得多，当较大 (故运动较慢) 的胶体粒子处于非平衡构型的时，溶剂的各个自由度很快达到平衡分布，其趋于平衡的弛豫时间为 $10^{-13} \sim 10^{-12}$s。因此，在与胶体粒子动力学相关的时间尺度上，溶剂可看成连续的流体介质。溶剂作为宏观的连续流体，具有纵向和横向集体激发。流体速度场的纵向激发对应于压缩声波。用 $a$ 表示胶体粒子半径，$v_{\mathrm{s}}$ 代表声速。声波传播距离 $a$ 所需的时间 $\tau_{\mathrm{s}} = a/v_{\mathrm{s}}$ 为另一特征时间。若胶体粒子的半径为 $10 \sim 100$nm，则 $\tau_{\mathrm{s}}$ 为 $10^{-12} \sim 10^{-11}$s。在远大于 $\tau_{\mathrm{s}}$ 的时间尺度下，可以认为声波是瞬时传播的，在此情形下，溶剂的运动可以用不可压缩流体的纳维–斯托克斯方程来描述[142]：

$$\rho_{\mathrm{s}}\left[\frac{\partial \boldsymbol{u}}{\partial t} + (\boldsymbol{u} \cdot \nabla)\boldsymbol{u}\right] = -\nabla p + \eta \Delta \boldsymbol{u}$$
$$\nabla \cdot \boldsymbol{u} = 0 \tag{6.1.1}$$

流体在胶体粒子表面满足黏结 (stick) 边界条件：胶体表面上流体与胶体粒子之间无相对滑动[14]。这里 $p(\boldsymbol{r}, t)$ 是压强，$\rho_{\mathrm{s}}$ 是溶剂的质量密度，$\eta$ 是溶剂的剪切黏度。对于典型的胶体悬浮液系统，雷诺数 $Re \ll 1$，以水为例，取 $a = 100$nm，$\eta = 10^{-3}$kg/(m·s)，$v = 10^{-3}$m/s，得到 $Re = \rho v a / \eta = 10^{-4}$。因此，方程(6.1.1)中的非线性项可以忽略。再对式(6.1.1) 取旋度，得到

$$\frac{\partial}{\partial t}(\nabla \times \boldsymbol{u}) = \frac{\eta}{\rho_{\mathrm{s}}}\nabla^2(\nabla \times \boldsymbol{u}) \tag{6.1.2}$$

这是涡度 $\nabla \times \boldsymbol{u}$ 的扩散方程，因子 $\eta/\rho_{\mathrm{s}}$ 是涡度的扩散系数。涡度扩散一段距离 $a$ 所需的时间，即黏性弛豫时间 $\tau_{\eta} = \rho_{\mathrm{s}} a^2 / \eta$ 为 $5 \times 10^{-10} \sim 5 \times 10^{-8}$s。在 $t \gg \tau_{\eta}$ 的时间尺度上，溶剂的横向激发也是瞬时的，所以其运动可以用不可压缩流体的线性定态纳维–斯托克斯方程加黏结边界条件来描述。在此近似下，胶体悬浮液与溶剂相互作用的图像为：胶体粒子的扩散运动在溶剂中产生一个速度场，在 $t \gg \tau_{\eta}$ 的时间尺度上瞬时传播出去而影响其他粒子的运动。这个动力学作用即为流体动

力相互作用。当考虑 $t \gg \tau_\eta$ 时间尺度上的运动时，观察到的胶体粒子的速度并不是其瞬时速度，而是扩散速度。对于单个胶体粒子，如果受到力 $\boldsymbol{F}$ 的作用，其扩散速度为 $\boldsymbol{v} = \xi_0^{-1}\boldsymbol{F}$，其中 $\xi_0 = 6\pi\eta a$ 是斯托克斯阻尼系数。单粒子的扩散系数 $D_0$ 满足爱因斯坦关系 $D_0 = kT/\xi_0$，所以 $\boldsymbol{v} = (kT)^{-1}D_0\boldsymbol{F}$。如果系统中有多个粒子，并计入流体动力相互作用后，粒子 $i$ 的扩散速度 $\boldsymbol{v}_i$ 依赖于作用在粒子 $i$ 及系统中所有其他粒子上的力，故[143]

$$\boldsymbol{v}_i = (kT)^{-1} \sum_{j=1}^{N} \boldsymbol{D}_{ij}(\boldsymbol{r}^N) \cdot \boldsymbol{F}_j \tag{6.1.3}$$

其中，$\boldsymbol{D}_{ij}(\boldsymbol{r}^N)$ 是平动扩散张量，联系粒子的平动扩散速度和作用在粒子上的力，它依赖于胶体系统中所有粒子的尺寸及其构型 $\boldsymbol{r}^N \equiv (\boldsymbol{r}_1, \boldsymbol{r}_2, \cdots, \boldsymbol{r}_N)$。由上述分析可知，在时间尺度 $t \gg \tau_\eta$，流体动力相互作用可认为是瞬时传播的条件下 $\boldsymbol{v}_i$ 和 $\boldsymbol{F}_j$ 的关系是线性的。当 $t \approx \tau_\eta$ 时，流体动力相互作用具有推迟效应，同时，因胶体粒子在此时间尺度下表现出的速度将会比扩散速度大很多，流体的运动不再能由线性化的 N-S 方程准确描述，线性关系不再成立。本书不考虑这一复杂情况。通常胶体粒子同时具有平动和转动，因此应同时考虑这两种运动。在本书中，为了简单起见，我们只处理胶体粒子的平动。胶体粒子的旋转运动可以作基本上平行的类似处理，如可以类似地定义转动扩散张量等[144]。

上面讨论的是在胶体粒子大小的尺度上，与溶剂的动力学有关的特征时间，下面讨论与胶体粒子运动有关的特征时间。一个质量为 $m$ 的孤立胶体粒子在无边界的流体中的运动满足唯象的朗之万方程：

$$m\dot{\boldsymbol{v}} = \boldsymbol{F}^H(t) + \boldsymbol{f}(t) \tag{6.1.4}$$

其中，$\boldsymbol{F}^H$ 为流体对胶体粒子的摩擦力；$\boldsymbol{f}(t)$ 为溶剂分子的涨落而导致的对胶体粒子的随机作用力，其平均值为 0，一般假定满足高斯分布。假定 $\boldsymbol{F}^H = -\xi_0\boldsymbol{v}$，则得到方程(6.1.4)的解 $\boldsymbol{v}(t)$ 的平均值为 $\langle \boldsymbol{v}(t) \rangle = \boldsymbol{v}(0)\mathrm{e}^{-t\xi_0/m} = \boldsymbol{v}(0)\mathrm{e}^{-t/\tau_B}$（见7.4节），即胶体粒子的速度趋于平衡的时间为 $\tau_B = m/\xi_0$。这一时间称为布朗弛豫时间，也可以表示为 $\tau_B = (2\rho_p/9\rho_s)\tau_\eta$，其中 $\rho_p$ 是粒子的质量密度。如果粒子的质量密度与溶剂的质量密度可比拟，则特征时间 $\tau_B$ 和 $\tau_\eta$ 处于同一数量级。显然，在时间尺度 $t \gg \tau_B$ 下，粒子的速度分布总是处于平衡。因此，胶体悬浮系统的动力学完全由粒子位置构型的分布函数 $P(\boldsymbol{r}^N, t)$ 决定，这个分布函数的运动方程是斯莫鲁霍夫斯基（Smoluchowski）方程[145,146]。我们还需要确定胶体粒子位置达到平衡所需的时间，$\tau_I = a^2/D_0$，这是胶体粒子扩散其半径的距离所需的时间，一般为 $10^{-3}$s 或更长。研究胶体悬浮系统的主要实验方法之一是动态光散射 (DLS)[147]，而 DLS 实验的时间分辨率一般是 $10^{-6}$s 的数量级。由于此时间

远大于 $\tau_{\rm B}$ 和 $\tau_\eta$，所以斯莫鲁霍夫斯基方程适用于与这些实验相联系的所有时间尺度上的胶体悬浮系统的动力学。

扩散张量 $D_{ij}(r^N)$ 是一个 $3N \times 3N$ 的正定超矩阵，在无限稀薄体系中，$D_{ij}(r^N) = D_0 I \delta_{ij}$，其中 $I$ 为 3 阶单位张量。这一矩阵的计算将在 6.2 节讨论，对流体力学计算不感兴趣的读者可以跳过本章的其余部分，不会影响理解。

## 6.2    斯托克斯方程及其格林函数

本节开始简单介绍与胶体的动力学有关的低雷诺数流体力学。关于低雷诺数流体力学有两本非常优秀的专著即 [148,149]，前者对早期的理论做了非常全面和深入的讲解，后者则补充增加了大量后续发展。这里，我们仅仅根据需要对其做一些简短的介绍。

对于各向同性的流体，描述其运动的方程是纳维–斯托克斯方程 (NS 方程)

$$\rho\frac{\partial \boldsymbol{u}(\boldsymbol{r},t)}{\partial t} + \rho\boldsymbol{u}(\boldsymbol{r},t)\cdot\nabla\boldsymbol{u}(\boldsymbol{r},t)$$
$$=\eta\nabla^2\boldsymbol{u}(\boldsymbol{r},t) - \nabla p(\boldsymbol{r},t) + \left(\zeta+\frac{1}{3}\eta\right)\nabla[\nabla\cdot\boldsymbol{u}(\boldsymbol{r},t)] + \boldsymbol{f}^{\rm ext}(\boldsymbol{r}) \qquad (6.2.1)$$

这里，$\rho$ 是流体的质量密度；$p$ 是压强；$\boldsymbol{u}$ 是流体的速度场；$\eta$ 和 $\zeta$ 是描述流体性质的两个参数，分别称为剪切黏度和体积黏度；$\boldsymbol{f}^{\rm ext}(\boldsymbol{r})$ 是外加的力密度。大部分情况下，液体都可以近似看成不可压缩，对应于

$$\nabla\cdot\boldsymbol{u}(\boldsymbol{r},t) = 0 \qquad (6.2.2)$$

于是 NS 方程简化为

$$\rho\frac{\partial\boldsymbol{u}(\boldsymbol{r},t)}{\partial t} + \rho\boldsymbol{u}(\boldsymbol{r},t)\cdot\nabla\boldsymbol{u}(\boldsymbol{r},t) = \eta\nabla^2\boldsymbol{u}(\boldsymbol{r},t) - \nabla p(\boldsymbol{r},t) + \boldsymbol{f}^{\rm ext}(\boldsymbol{r}) \qquad (6.2.3)$$

雷诺数 $Re = \dfrac{\rho a v}{\eta}$ 是描述流体行为的一个重要的无量纲数，其中 $a$ 为所研究问题的典型大小，$v$ 为流体的典型速度。在胶体问题中，涉及的雷诺数 $Re$ 都非常小，而所研究的最小时间尺度为布朗弛豫时间 $\tau_{\rm B}$，在此近似下，NS 方程可以简化为

$$\nabla p(\boldsymbol{r},t) - \eta\nabla^2\boldsymbol{u}(\boldsymbol{r},t) = \boldsymbol{f}^{\rm ext}(\boldsymbol{r}) \qquad (6.2.4)$$

这个方程与不可压缩的连续性方程一起称为斯托克斯方程。

现在求解这个方程。作为数学准备，我们先引入一些记号 [14]：$n$ 个矢量 $\boldsymbol{a}, \boldsymbol{b}, \cdots, \boldsymbol{c}$ 的并矢

$$\boldsymbol{a}\boldsymbol{b}\cdots\boldsymbol{c} \qquad (6.2.5)$$

为一个 $n$ 阶张量, 其分量为 $a_{\alpha_1} b_{\alpha_2} \ldots c_{\alpha_n}$。一个矢量 $\boldsymbol{b}$ 的 $n$ 重并矢记为 $\boldsymbol{b}^n$。梯度算符的 $n$ 重并矢为 $(\nabla)^n$。收缩算符 $\odot$ 表示对两个张量的最大可能下标数目进行收缩运算。例如, 对于 $n$ 阶张量 $\boldsymbol{A}$ 和 $m$ 阶张量 $\boldsymbol{B}$, 若 $m > n$, 则[1]

$$\boldsymbol{A} \odot \boldsymbol{B} = A_{\alpha_n \cdots \alpha_2 \alpha_1} B_{\alpha_1 \alpha_2 \cdots \alpha_n \alpha_{n+1} \cdots \alpha_m} \tag{6.2.6}$$

它是一个 $(m-n)$ 阶张量。例如两个一阶张量的收缩就是其内积, 两个二阶单位张量的收缩为 $\boldsymbol{I} \odot \boldsymbol{I} = 3$, 二阶单位张量与张量 $\boldsymbol{ab}$ 的收缩为 $\boldsymbol{I} \odot \boldsymbol{ab} = \boldsymbol{a} \cdot \boldsymbol{b}$, 两个矢量并矢 $\boldsymbol{ab}$ 和 $\boldsymbol{cd}$ 的收缩为 $\boldsymbol{ab} \odot \boldsymbol{cd} = (\boldsymbol{a} \cdot \boldsymbol{d})(\boldsymbol{b} \cdot \boldsymbol{c})$。

现在考虑边值问题。在溶剂内, 外力 $\boldsymbol{f}^{\text{ext}}(\boldsymbol{r}) = 0$, 对方程(6.2.4)取散度, 并利用式(6.2.2), 得到 $\nabla^2 p(\boldsymbol{r}) = 0$。在溶剂内, 还可以得到只与流体速度有关的方程。用 Laplace 算符作用于方程(6.2.4), 得到如下方程

$$\nabla^2 \nabla^2 \boldsymbol{u}(\boldsymbol{r}) = \boldsymbol{0} \tag{6.2.7}$$

对方程(6.2.4)取旋度, 得到

$$\nabla^2 [\nabla \times \boldsymbol{u}(\boldsymbol{r})] = 0 \tag{6.2.8}$$

作用于流体的力和力偶矩可通过胶体粒子表面的黏结边界条件引入。

为了求解斯托克斯方程, 一种方法是引入斯托克斯方程的格林函数。设流体在无穷远处的速度为 0, 在流体的 $\boldsymbol{r}'$ 处施加一个力, 则作用于流体的力场为

$$\boldsymbol{f}(\boldsymbol{r}) = \boldsymbol{f}_0 \delta(\boldsymbol{r} - \boldsymbol{r}')$$

于是斯托克斯方程成为

$$\begin{cases} \nabla p(\boldsymbol{r}) - \eta \nabla^2 \boldsymbol{u}(\boldsymbol{r}) = \boldsymbol{f}_0 \delta(\boldsymbol{r} - \boldsymbol{r}') \\ \nabla \cdot \boldsymbol{u}(\boldsymbol{r}) = 0 \end{cases} \tag{6.2.9}$$

这是一组线性方程, 其解可写为

$$\begin{cases} \boldsymbol{u}(\boldsymbol{r}) = \boldsymbol{T}(\boldsymbol{r} - \boldsymbol{r}') \cdot \boldsymbol{f}_0 \\ p(\boldsymbol{r}) = \boldsymbol{g}(\boldsymbol{r} - \boldsymbol{r}') \cdot \boldsymbol{f}_0 \end{cases} \tag{6.2.10}$$

将上述表达式代入式(6.2.2)和式(6.2.4), 得到如下方程

$$\begin{cases} \nabla \cdot \boldsymbol{T}(\boldsymbol{r} - \boldsymbol{r}') = 0 \\ \nabla \boldsymbol{g}(\boldsymbol{r} - \boldsymbol{r}') - \eta \nabla^2 \boldsymbol{T}(\boldsymbol{r} - \boldsymbol{r}') = \boldsymbol{I} \delta(\boldsymbol{r} - \boldsymbol{r}') \end{cases} \tag{6.2.11}$$

---

[1] 本章中我们用下标 $\alpha$ 代表笛卡儿坐标, 取 1, 2, 3, 用下标 $i, j$ 等代表粒子。对于希腊字母下标, 利用爱因斯坦规则, 即对重复下标求和。式(6.2.6)实际上应为 $\boldsymbol{A} \odot \boldsymbol{B} = \sum_{\alpha_n=1}^{3} \cdots \sum_{\alpha_1=1}^{3} A_{\alpha_n \cdots \alpha_1} B_{\alpha_1 \cdots \alpha_n \alpha_{n+1} \cdots \alpha_m}$。

上述方程的解是（见附录）

$$g(r) = -\frac{1}{4\pi}\nabla\frac{1}{r} = \frac{1}{4\pi}\frac{r}{r^3} \tag{6.2.12}$$

$$T(r) = \frac{1}{8\pi\eta}\frac{1}{r}\left(I + \frac{rr}{r^2}\right) \tag{6.2.13}$$

$T(r)$ 称为 Oseen 张量，是流体力学中一个非常重要的物理量。

如果一个连续分布的力场 $f(r)$ 作用于流体，则流体的速度场可用格林函数表示为

$$u(r) = u_0(r) + \int \mathrm{d}r'\,T(r-r')\cdot f(r') \tag{6.2.14}$$

$u_0(r)$ 满足齐次斯托克斯方程，由边界条件决定。

## 6.3　Faxén 定理，斯托克斯阻尼

本节介绍 Faxén 定理[14]。这个定理建立了空间一点在胶体球引入之前的速度场，引入的胶体球的速度和胶体球对流体的作用力之间的联系在后续的计算中起重要作用。

已知流体的速度场为 $u_0$，现在流体中引入一小球，球心位于 $r_\mathrm{p}$，小球的速度为 $v_\mathrm{p}$，角速度为 $\omega_\mathrm{p}$，则小球表面上一点 $r$ 的速度为

$$v_\mathrm{p} + \omega_\mathrm{p}\times(r-r_\mathrm{p}) \tag{6.3.1}$$

小球表面对流体的作用力场记为 $f(r)$，则引入小球后流体的速度场为

$$u(r) = u_0(r) + \oint_{\partial V_\mathrm{p}} \mathrm{d}S'\,T(r-r')\cdot f(r') \tag{6.3.2}$$

$\partial V_\mathrm{p}$ 表示小球 p 的表面。由黏结边界条件，这一速度场在小球表面处应等于小球的表面速度，于是

$$v_\mathrm{p} + \omega_\mathrm{p}\times(r-r_\mathrm{p}) = u_0(r) + \oint_{\partial V_\mathrm{p}} \mathrm{d}S'\,T(r-r')\cdot f(r'), \quad r\in\partial V_\mathrm{p} \tag{6.3.3}$$

把式(6.3.3)对球面积分，由于对称性，左边的第二项为 0. 在 6.5.2 节中将证明

$$\oint_{\partial V_\mathrm{p}} \mathrm{d}S\,T(r-r') = I\frac{2a}{3\eta}, \quad r'\in\partial V_\mathrm{p} \tag{6.3.4}$$

由此可以得到

$$v_\mathrm{p} = \frac{1}{4\pi a^2}\oint_{\partial V_\mathrm{p}} \mathrm{d}S\,u_0(r) + \frac{1}{6\pi\eta a}F \tag{6.3.5}$$

其中

$$\boldsymbol{F} = \oint_{\partial V_p} \mathrm{d}S' \, \boldsymbol{f}(\boldsymbol{r}') \tag{6.3.6}$$

为小球作用于流体的力，而流体对小球的阻尼力则为 $-\boldsymbol{F}$。如果 $\boldsymbol{u}_0 = 0$，即单个小球在一静止的流体中以速度 $\boldsymbol{v}$ 运动时，所受阻力为

$$\boldsymbol{F}^v = -6\pi\eta a\boldsymbol{v} \tag{6.3.7}$$

这就是著名的斯托克斯阻力公式。

用 $(\boldsymbol{r} - \boldsymbol{r}_p)$ 与方程(6.3.3)做矢量积，并沿小球表面积分

$$\oint_{\partial V_p} \mathrm{d}S \, (\boldsymbol{r} - \boldsymbol{r}_p) \times \boldsymbol{v}_p + \oint_{\partial V_p} \mathrm{d}S \, (\boldsymbol{r} - \boldsymbol{r}_p) \times [\boldsymbol{\omega}_p \times (\boldsymbol{r} - \boldsymbol{r}_p)]$$

$$= \oint_{\partial V_p} \mathrm{d}S \, (\boldsymbol{r} - \boldsymbol{r}_p) \times \boldsymbol{u}_0(\boldsymbol{r}) + \oint_{\partial V_p} \mathrm{d}S \oint_{\partial V_p} \mathrm{d}S' \, (\boldsymbol{r} - \boldsymbol{r}_p) \times \boldsymbol{T}(\boldsymbol{r} - \boldsymbol{r}') \cdot \boldsymbol{f}(\boldsymbol{r}') \tag{6.3.8}$$

式(6.3.8)左边的第一项因对称性为 0，把 $\boldsymbol{r} - \boldsymbol{r}_p$ 写成 $(\boldsymbol{r} - \boldsymbol{r}') + (\boldsymbol{r}' - \boldsymbol{r}_p)$，右边的第二项可以拆为两项

$$\oint_{\partial V_p} \mathrm{d}S \oint_{\partial V_p} \mathrm{d}S' \, (\boldsymbol{r} - \boldsymbol{r}_p) \times \boldsymbol{T}(\boldsymbol{r} - \boldsymbol{r}') \cdot \boldsymbol{f}(\boldsymbol{r}')$$

$$= \oint_{\partial V_p} \mathrm{d}S' \, (\boldsymbol{r}' - \boldsymbol{r}_p) \times \oint_{\partial V_p} \mathrm{d}S \, \boldsymbol{T}(\boldsymbol{r} - \boldsymbol{r}') \cdot \boldsymbol{f}(\boldsymbol{r}')$$

$$+ \oint_{\partial V_p} \mathrm{d}S' \oint_{\partial V_p} \mathrm{d}S \, (\boldsymbol{r} - \boldsymbol{r}') \times \boldsymbol{T}(\boldsymbol{r} - \boldsymbol{r}') \cdot \boldsymbol{f}(\boldsymbol{r}') \tag{6.3.9}$$

注意到

$$(\boldsymbol{r} - \boldsymbol{r}') \times \boldsymbol{T}(\boldsymbol{r} - \boldsymbol{r}') \cdot \boldsymbol{f}(\boldsymbol{r}')$$

$$= \frac{1}{8\pi\eta|\boldsymbol{r} - \boldsymbol{r}'|} \left[ (\boldsymbol{r} - \boldsymbol{r}') \times \boldsymbol{I} \cdot \boldsymbol{f}(\boldsymbol{r}') + (\boldsymbol{r} - \boldsymbol{r}') \times \frac{(\boldsymbol{r} - \boldsymbol{r}')(\boldsymbol{r} - \boldsymbol{r}')}{|\boldsymbol{r} - \boldsymbol{r}'|^2} \cdot \boldsymbol{f}(\boldsymbol{r}') \right]$$

$$= \frac{1}{8\pi\eta|\boldsymbol{r} - \boldsymbol{r}'|} [(\boldsymbol{r} - \boldsymbol{r}') \times \boldsymbol{f}(\boldsymbol{r}')]$$

$$= \frac{1}{8\pi\eta|\boldsymbol{r} - \boldsymbol{r}'|} \left\{ \boldsymbol{I} \cdot [(\boldsymbol{r} - \boldsymbol{r}') \times \boldsymbol{f}(\boldsymbol{r}')] + \frac{(\boldsymbol{r} - \boldsymbol{r}')(\boldsymbol{r} - \boldsymbol{r}')}{|\boldsymbol{r} - \boldsymbol{r}'|^2} \cdot [(\boldsymbol{r} - \boldsymbol{r}') \times \boldsymbol{f}(\boldsymbol{r}')] \right\}$$

$$= \boldsymbol{T}(\boldsymbol{r} - \boldsymbol{r}') \cdot [(\boldsymbol{r} - \boldsymbol{r}') \times \boldsymbol{f}(\boldsymbol{r}')] \tag{6.3.10}$$

式(6.3.10)的第三个等号后加了等于 0 的一项，以凑出 $\boldsymbol{T}(\boldsymbol{r} - \boldsymbol{r}')$。式(6.3.8)成为

$$\oint_{\partial V_p} \mathrm{d}S\,(\boldsymbol{r} - \boldsymbol{r}_p) \times [\boldsymbol{\omega}_p \times (\boldsymbol{r} - \boldsymbol{r}_p)]$$

$$= \oint_{\partial V_p} \mathrm{d}S\,(\boldsymbol{r} - \boldsymbol{r}_p) \times \boldsymbol{u}_0(\boldsymbol{r})$$

$$+ \oint_{\partial V_p} \mathrm{d}S'\,(\boldsymbol{r}' - \boldsymbol{r}_p) \times \oint_{\partial V_p} \mathrm{d}S\,\boldsymbol{T}(\boldsymbol{r} - \boldsymbol{r}') \cdot \boldsymbol{f}(\boldsymbol{r}')$$

$$+ \oint_{\partial V_p} \mathrm{d}S' \oint_{\partial V_p} \mathrm{d}S\,\boldsymbol{T}(\boldsymbol{r} - \boldsymbol{r}') \cdot [(\boldsymbol{r} - \boldsymbol{r}') \times \boldsymbol{f}(\boldsymbol{r}')] \qquad (6.3.11)$$

式(6.3.11)中左边的积分为 (见 6.5.2 节)

$$\oint_{\partial V_p} \mathrm{d}S\,(\boldsymbol{r} - \boldsymbol{r}_p) \times [\boldsymbol{\omega}_p \times (\boldsymbol{r} - \boldsymbol{r}_p)] = 4\pi a^2 \frac{2}{3} a^2 \boldsymbol{\omega}_p \qquad (6.3.12)$$

利用积分公式 (见 6.5.2 节)

$$\oint_{\partial V_p} \mathrm{d}S\,\boldsymbol{T}(\boldsymbol{r} - \boldsymbol{r}') \cdot [(\boldsymbol{r} - \boldsymbol{r}') \times \boldsymbol{f}(\boldsymbol{r}')] = -\frac{a}{3\eta}(\boldsymbol{r}' - \boldsymbol{r}_p) \times \boldsymbol{f}(\boldsymbol{r}'), \quad \boldsymbol{r}' \in \partial V_p$$

$$(6.3.13)$$

得到

$$\boldsymbol{\omega}_p = \frac{1}{4\pi a^2} \oint_{\partial V_p} \mathrm{d}S\,(\boldsymbol{r} - \boldsymbol{r}_p) \times \boldsymbol{u}_0(\boldsymbol{r}) + \frac{1}{8\pi\eta a^3}\mathcal{T} \qquad (6.3.14)$$

其中

$$\mathcal{T} = \oint_{\partial V_p} \mathrm{d}S\,(\boldsymbol{r} - \boldsymbol{r}_p) \times \boldsymbol{f}(\boldsymbol{r}) \qquad (6.3.15)$$

为胶体球作用于流体的力矩。

在胶体小球的表面上, 流体速度场 $\boldsymbol{u}_0(\boldsymbol{r})$ 可以用球心所在处的速度场展开, 这里球心所在处的速度指小球引入前未受扰动的速度。

$$\boldsymbol{u}_0(\boldsymbol{r}) = \sum_{l=0}^{\infty} \frac{1}{l!}(\boldsymbol{r} - \boldsymbol{r}_p)^l \odot (\nabla_p)^l \boldsymbol{u}_0(\boldsymbol{r}_p) \qquad (6.3.16)$$

把这一结果代入式(6.3.5), 由于球对称性, $l$ 为奇数的项的积分为 0, 对于 $l$ 的偶次项, 对 $(\boldsymbol{r} - \boldsymbol{r}_p)^l$ 沿胶体球表面的积分给出单位矩阵的乘积, 与梯度算符收缩后得到一系列 $\nabla^2$ 的乘积。由于 $\boldsymbol{u}_0$ 满足齐次的斯托克斯方程, $\nabla^2\nabla^2\boldsymbol{u}_0 = 0$, 于是积分后只剩下 $l = 0$ 和 $l = 2$ 的项。当 $l = 2$ 时,

$$\oint_{\partial V_p} \mathrm{d}S\,r_\alpha r_\beta = \frac{1}{3}\oint \mathrm{d}S\,a^2\delta_{\alpha\beta} = \frac{4\pi a^4}{3}\delta_{\alpha\beta} \qquad (6.3.17)$$

于是式(6.3.5)成为

$$\boldsymbol{v}_{\mathrm{p}} = \boldsymbol{u}_0(\boldsymbol{r}_{\mathrm{p}}) + \frac{1}{6}a^2\nabla_{\mathrm{p}}{}^2\boldsymbol{u}_0(\boldsymbol{r}_{\mathrm{p}}) + \frac{1}{6\pi\eta a}\boldsymbol{F} \tag{6.3.18}$$

这一结果为平动的 Faxén 定理，它把胶体球引入之前 $\boldsymbol{r}_{\mathrm{p}}$ 点的速度场、胶体球的速度和胶体球对流体的作用力联系了起来。同样，把式(6.3.16)代入式 (6.3.14)，利用球对称性和斯托克斯方程及其推论(6.2.8)，得到

$$\boldsymbol{\omega}_{\mathrm{p}} = \frac{1}{2}\nabla_{\mathrm{p}} \times \boldsymbol{u}_0(\boldsymbol{r}_{\mathrm{p}}) + \frac{1}{8\pi\eta a^3}\boldsymbol{\mathcal{T}} \tag{6.3.19}$$

这一结果为转动的 Faxén 定理，它把胶体球引入前 $\boldsymbol{r}_{\mathrm{p}}$ 点的速度场的涡度、胶体球的角速度和胶体球对流体的作用力矩联系了起来。本书只考虑 $\mathcal{T} = 0$ 的情形，此时转动的 Faxén 定理成为

$$\boldsymbol{\omega}_{\mathrm{p}} = \frac{1}{2}\nabla_{\mathrm{p}} \times \boldsymbol{u}_0(\boldsymbol{r}_{\mathrm{p}}) \tag{6.3.20}$$

## 6.4 扩散矩阵及其计算

### 6.4.1 扩散矩阵的定义

考虑由 $N$ 个球形胶体粒子悬浮在不可压缩流体（溶剂）中组成的悬浮系统，这些粒子可以相同，也可以不同。假定粒子的光学性质是各向异性的，也就是说，对每个粒子，有一个固定在其上的光学轴，从而可以由光散射测量粒子的旋转布朗运动。在胶体粒子表面满足黏结（stick）边界条件：胶体表面上流体与胶体粒子之间无相对滑动，在无穷远处溶剂的速度场为 0. 对于第 $i$ 个粒子，我们记它的质心位置为 $\boldsymbol{r}_i$，光学轴的方向为 $\boldsymbol{n}_i$，其相应的单位矢量为 $\hat{\boldsymbol{r}}_i$ 和 $\hat{\boldsymbol{n}}_i$。悬浮系统的构型可以用 $6N$ 维超矢量 $(\boldsymbol{r}^N, \boldsymbol{n}^N)$ 来描述。设粒子的质心速度为 $\boldsymbol{v}_i$，转动角速度为 $\boldsymbol{\omega}_i$，并用 $6n$ 维矢量 $(\boldsymbol{v}^N, \boldsymbol{\omega}^N)$ 表示所有粒子的质心速度和角速度。同时，用 $(\boldsymbol{F}^N, \boldsymbol{\mathcal{T}}^N)$ 代表流体作用于所有粒子上的力和力偶矩，它们和粒子作用在流体上的力和力偶矩互为反作用，则 $(\boldsymbol{v}^N, \boldsymbol{\omega}^N)$ 与 $(\boldsymbol{F}, \boldsymbol{\mathcal{T}})$ 成线性关系，由此可以引入超级扩散矩阵 $\boldsymbol{D}(\boldsymbol{r}^N, \boldsymbol{n}^n)$ 把它们联系起来：

$$\begin{pmatrix} \boldsymbol{v}^N \\ \boldsymbol{\omega}^N \end{pmatrix} = -\frac{1}{kT}\begin{pmatrix} \boldsymbol{D}^{tt} & \boldsymbol{D}^{tr} \\ \boldsymbol{D}^{rt} & \boldsymbol{D}^{rr} \end{pmatrix} \cdot \begin{pmatrix} \boldsymbol{F}^N \\ \boldsymbol{\mathcal{T}}^N \end{pmatrix} \tag{6.4.1}$$

式中，$k$ 是玻尔兹曼常量；$T$ 是绝对温度；扩散张量 $\boldsymbol{D}$ 是一个 $6N \times 6N$ 的正定超矩阵，其中，$\boldsymbol{D}^{tt}$ 是联系粒子速度 $\boldsymbol{v}^N$ 和粒子作用在流体上的外力 $\boldsymbol{F}^N$ 的 $3N \times 3N$ 维平动扩散张量，$\boldsymbol{D}^{rr}$ 是联系粒子角速度 $\boldsymbol{\omega}^N$ 和粒子作用在流体上的外力矩 $\boldsymbol{\mathcal{T}}^N$

的 $3N \times 3N$ 维转动扩散张量，$\boldsymbol{D}^{tr}$ 和 $\boldsymbol{D}^{rt}$ 分别是联系力偶矩与速度及力与角速度的 $3N \times 3N$ 维矩阵。

在随后的几小节，我们将给出 $\boldsymbol{D}^{tt}$ 的计算，为了简化符号，在随后的计算中将略去上标 $tt$。

扩散张量 $\boldsymbol{D}_{ij}(\boldsymbol{r}^N)$ 的确定是一个非常困难的理论问题。目前比较成熟的做法是所谓的反射理论[14,150]。本节介绍这一理论。

由于流体动力相互作用的多体性质，所以严格求出扩散张量是非常困难的。当系统中胶体粒子的体积分数较小时，胶体粒子的平均距离较大，多体相关较弱，因此可以只考虑二体及三体流体动力相互作用。同时，在每一种相互作用中可以只考虑远场效应。在这种情况下，流体速度场 $\boldsymbol{u}(\boldsymbol{r})$ 可以写成 $r_{ij}^{-1}$ 的幂级数展开形式，其中 $r_{ij}$ 为两粒子 $i$ 和 $j$ 之间的距离。由此 $\boldsymbol{D}$ 也可以展开成幂级数。

### 6.4.2  反射理论

计算 $\boldsymbol{D}$ 的级数的一个非常有效的方法是反射理论，这是一个逐级逼近的迭代方法。其基本做法是：考虑每个粒子的运动，就好像其他粒子都不存在一样，计算出它的速度，然后加入由于其他粒子的运动引起的修正项。假设对粒子 $i$ 施加一外力 $\boldsymbol{F}_i$，粒子没有加速度，施加于粒子上的合力为 0，因此 $\boldsymbol{F}_i$ 也为粒子 $i$ 施加在流体上的力。假设粒子施加于流体的力矩 $\boldsymbol{\mathcal{T}}_i = 0$，流体在无穷远处的速度为 0。上述条件唯一地确定了粒子的平动速度，并由此可以得到平动扩散张量。在以下的推导中，$\boldsymbol{v}$ 表示粒子速度，$\boldsymbol{u}$ 表示流体速度场。我们考虑到三体情形，同时给出三体近似下 (包括单体及二体近似) 扩散张量的前几项。

在单体近似下，粒子在流体中独立运动，只有斯托克斯阻尼。在二体近似下，可以只考虑两个胶体粒子，记为 $i, j$。由 $i$ 粒子运动的零级速度 $\boldsymbol{v}_i^{(0)}$ 产生一个零级流场 $\boldsymbol{u}^{(0)}(\boldsymbol{r})$，这个流场在 $j$ 粒子处的量 $\boldsymbol{u}^{(0)}(\boldsymbol{r}_j)$ 影响 $j$ 粒子的运动，给出第 $j$ 个粒子速度的一级修正 $\boldsymbol{v}_j^{(1)}$，这一速度又产生一流体速度场 $\boldsymbol{u}^{(1)}(\boldsymbol{r})$，其在 $i$ 粒子处的量给出 $i$ 粒子的二级速度修正 $\boldsymbol{v}_i^{(2)}$，$\cdots$。通过反复迭代，得到 $i$ 粒子的速度为

$$\boldsymbol{v}_i = \boldsymbol{v}_i^{(0)} + \boldsymbol{v}_i^{(2)} + \boldsymbol{v}_i^{(4)} + \boldsymbol{v}_i^{(6)} + \cdots$$

$j$ 粒子的速度为

$$\boldsymbol{v}_j = \boldsymbol{v}_j^{(1)} + \boldsymbol{v}_j^{(3)} + \boldsymbol{v}_j^{(5)} + \boldsymbol{v}_j^{(7)} + \cdots$$

位矢 $\boldsymbol{r}$ 处的流体速度场为

$$\boldsymbol{u}(\boldsymbol{r}) = \boldsymbol{u}^{(0)}(\boldsymbol{r}) + \boldsymbol{u}^{(1)}(\boldsymbol{r}) + \boldsymbol{u}^{(2)}(\boldsymbol{r}) + \cdots$$

最后，由 $\boldsymbol{v}_j = \dfrac{1}{kT}\boldsymbol{D}_{ji}^{(2)}(\boldsymbol{r}_j - \boldsymbol{r}_i) \cdot \boldsymbol{F}_i$ 和 $\boldsymbol{v}_i = \dfrac{1}{kT}\boldsymbol{D}_{ii}^{(2)}(\boldsymbol{r}_i - \boldsymbol{r}_j) \cdot \boldsymbol{F}_i$ 就可得到二体

的扩散张量。对于对角部分,式中的 $j$ 粒子可以是系统中除 $i$ 外的任意一个,因此,所得结果应对除 $i$ 外的粒子求和。

在三体近似下,考虑三个粒子,记为 $i$,$j$ 和 $l$,以速度 $\boldsymbol{v}_i^{(0)}$ 运动的 $i$ 粒子在流体中产生速度场 $\boldsymbol{u}^{(0)}(\boldsymbol{r})$,这个流体速度场给出 $j$ 粒子一级速度修正 $\boldsymbol{v}_j^{(1)}$,而 $j$ 粒子的运动在流体中产生一个新的速度场 $\boldsymbol{u}^{(1)}(\boldsymbol{r})$,称为 $i$ 粒子运动产生的流体速度场被 $j$ 粒子反射。显然此反射场又影响 $l$ 粒子的运动,给出 $l$ 粒子的二级速度修正 $\boldsymbol{v}_l^{(2)}$,这一速度的流体场 $\boldsymbol{u}^{(2)}(\boldsymbol{r})$ 给出 $i$ 粒子的三级速度修正 $\boldsymbol{v}_i^{(3)}$。这个计算过程可以一直继续下去,从而得到扩散张量的级数表示。同样,最后结果要对中介粒子求和。这里我们给出平动扩散矩阵的前面计算过程,以演示这一方法。

### 6.4.3 反射流体场的计算

由于斯托克斯方程是线性方程,因此流体的各级速度 $\boldsymbol{u}^{(n)}(\boldsymbol{r})$ 均满足方程(6.2.7),而边界条件则由产生各级速度的胶体粒子的表面速度决定。

现在考虑一静止流体,把 $i$ 胶体球放入流体 $\boldsymbol{r}_i$ 处,并以外力 $\boldsymbol{F}$ 作用于其上,力 $\boldsymbol{F}$ 也是胶体球作用于流体的力,胶体球以速度 $\boldsymbol{v}_i^{(0)}$ 运动。这一运动的胶体球产生的流体速度场为 $\boldsymbol{u}^{(0)}(\boldsymbol{r})$,$\boldsymbol{u}^{(0)}(\boldsymbol{r})$ 满足斯托克斯方程,边界条件为

$$\boldsymbol{u}^{(0)}(\boldsymbol{r}) = \boldsymbol{v}_i^{(0)}, \quad \boldsymbol{r} \in \partial V_i \tag{6.4.2}$$

这一速度场在 $\boldsymbol{r}_j$ 处的速度为 $\boldsymbol{u}^{(0)}(\boldsymbol{r}_j)$,称为入射速度场。在 $\boldsymbol{r}_j$ 处放入第 $j$ 个胶体球,根据 Faxén 定理,此球的速度 $\boldsymbol{v}_j^{(1)}$ 和角速度 $\boldsymbol{\omega}_j^{(1)}$ 分别为

$$\begin{cases} \boldsymbol{v}_j^{(1)} = \boldsymbol{u}^{(0)}(\boldsymbol{r}_j) + \dfrac{1}{6}a^2 \nabla_j^2 \boldsymbol{u}^{(0)}(\boldsymbol{r}_j) \\[2mm] \boldsymbol{\omega}_j^{(1)} = \dfrac{1}{2}\nabla_j \times \boldsymbol{u}^{(0)}(\boldsymbol{r}_j) \end{cases} \tag{6.4.3}$$

以速度 $\boldsymbol{v}_j^{(1)}$,角速度 $\boldsymbol{\omega}_j^{(1)}$ 运动的胶体球产生的速度场为 $\boldsymbol{u}^{(1)}(\boldsymbol{r})$,这一速度场是入射速度场被第 $j$ 个胶体球反射而产生的,称为反射场。流体中的总的速度场是入射场和反射场之和 $\boldsymbol{u}^{(0)}(\boldsymbol{r}) + \boldsymbol{u}^{(1)}(\boldsymbol{r})$,总的速度场在第 $j$ 个胶体球的表面上满足黏结边界条件 $\boldsymbol{v}_j^{(1)} + \boldsymbol{\omega}_j^{(1)} \times (\boldsymbol{r} - r_j)$,因此,$\boldsymbol{u}^{(1)}(\boldsymbol{r})$ 满足斯托克斯方程和如下边界条件:

$$\boldsymbol{u}^{(1)}(\boldsymbol{r}) = \boldsymbol{v}_j^{(1)} - \boldsymbol{u}^{(0)}(\boldsymbol{r}) + \boldsymbol{\omega}_j^{(1)} \times (\boldsymbol{r} - \boldsymbol{r}_j), \quad \boldsymbol{r} \in \partial V_j \tag{6.4.4}$$

$\boldsymbol{u}^{(1)}(\boldsymbol{r})$ 作为第 $i$ 个胶体球的入射场,使第 $i$ 个胶体球产生附加速度 $\boldsymbol{v}_i^{(2)}$ 和附加角速度 $\boldsymbol{\omega}_i^{(2)}$,同样由 Faxén 定理给出。这一附加的速度和角速度又产生一个附加的流体场 $\boldsymbol{u}^{(2)}(\boldsymbol{r})$,总的附加流体场 $\boldsymbol{u}^{(1)}(\boldsymbol{r}) + \boldsymbol{u}^{(2)}(\boldsymbol{r})$ 在第 $i$ 个胶体球的表面满足

附加的边界条件为 $v_i^{(2)} + \omega_i^{(2)} \times (r - r_i)$。因此 $u^{(2)}(r)$ 满足斯托克斯方程和如下边界条件:

$$u^{(2)}(r) = v_i^{(2)} - u^{(1)}(r) + \omega_i^{(2)} \times (r - r_i), \quad r \in \partial V_i \tag{6.4.5}$$

上述过程可以一直进行下去,逐级求得 $i$ 和 $j$ 胶体球的各级速度和流体的各级速度场,并得到二体近似下的扩散矩阵。由以上分析,流体速度场的各级修正均满足斯托克斯方程,各级边界条件为

$$\begin{cases} u^{(0)}(r) = v_i^{(0)}, \quad r \in \partial V_i \\ u^{(2n)}(r) = v_i^{(2n)} - u^{(2n-1)}(r) + \omega_i^{(2n)} \times (r - r_i), \quad r \in \partial V_i \\ u^{(2n-1)}(r) = v_j^{(2n-1)} - u^{(2n-2)}(r) + \omega_j^{(2n-1)} \times (r - r_j), \quad r \in \partial V_j \end{cases} \tag{6.4.6}$$

而 $v_i^{(2n)}$, $\omega_i^{(2n)}$, $v_j^{(2n-1)}$, $\omega_j^{(2n-1)}$ 则由 Faxén 定理给出。这里 $n = 1, 2, 3, \cdots$。如果外力矩为 $0$,则

$$\begin{cases} \omega_i^{(2n)} = \frac{1}{2} \nabla_i \times u^{(2n-1)}(r_i), \quad n \geqslant 1 \\ \omega_j^{(2n+1)} = \frac{1}{2} \nabla_j \times u^{(2n)}(r_j), \quad n \geqslant 0 \\ \omega_i^{(2n)} \times (r - r_i) = \frac{1}{2}\left[(r - r_i) \cdot \nabla_i u^{(2n-1)}(r_i) - \nabla_i u^{(2n-1)}(r_i) \cdot (r - r_i)\right] \\ \omega_j^{(2n+1)} \times (r - r_j) = \frac{1}{2}\left[(r - r_j) \cdot \nabla_j u^{(2n)}(r_j) - \nabla_j u^{(2n)}(r_j) \cdot (r - r_j)\right] \end{cases}$$
$$\tag{6.4.7}$$

为了求解各级流体场的斯托克斯方程,我们考虑如下的一般问题,设在 $r_0$ 处有一个半径为 $a$ 的胶体球,在胶体球外,

$$\begin{cases} \nabla^2 \nabla^2 u(r) = 0 \\ \nabla \cdot u(r) = 0 \\ u(r) = u_0(r), \quad r \in \partial V_0 \\ u(r) = 0, \quad |r - r_0| \to \infty \end{cases} \tag{6.4.8}$$

其中,$\partial V_0$ 是这个胶体球的表面。

上述边值问题的解可以通过对入射速度场的展开来建立,为此,先把边界条件展开为

$$u_0(r) = \sum_{l=0}^{\infty} \frac{1}{l!}(r - r_0)^l \odot (\nabla_0)^l u_0(r_0), \quad r \in \partial V_0 \tag{6.4.9}$$

把方程的解写为

$$u(r) = \sum_{l=0}^{\infty} \frac{1}{l!} U^{(l+2)}(r - r_0) \odot \left[(\nabla_0)^l u_0(r_0)\right] \tag{6.4.10}$$

其中，$\nabla_0$ 表示对 $\boldsymbol{r}_0$ 求梯度，而 $\boldsymbol{U}^{(m)}(\boldsymbol{r} - \boldsymbol{r}_0)$ 称为连接算符，把已知速度 $\boldsymbol{u}_0(\boldsymbol{r})$ 在胶体球表面的值和我们欲求的速度 $\boldsymbol{u}(\boldsymbol{r})$ 联系起来，它是一个 $m$ 阶张量。

斯托克斯方程可以改写为关于连接算符 $\boldsymbol{U}^{(m)}(\boldsymbol{r} - \boldsymbol{r}_0)$ 的方程

$$\begin{cases} \nabla \cdot \boldsymbol{U}^{(m)}(\boldsymbol{r}) = 0 \\ \nabla^2 \nabla^2 \boldsymbol{U}^{(m)}(\boldsymbol{r}) = 0 \end{cases} \tag{6.4.11}$$

边界条件为

$$\boldsymbol{U}^{(m)}(\boldsymbol{r}) \odot (\nabla)^{m-2} \boldsymbol{u}_0 = \begin{cases} 0, & r \to \infty \\ \boldsymbol{I} r^{m-2} \odot (\nabla)^{m-2} \boldsymbol{u}_0, & \boldsymbol{r} \in \partial V_0 \end{cases} \tag{6.4.12}$$

连接算符 $\boldsymbol{U}^{(m)}(\boldsymbol{r})$ 是一个 $m$ 阶张量，依赖于矢量 $\boldsymbol{r}$，因此，应为矢量 $\boldsymbol{r}$ 的并矢以及与单位张量并矢的线性组合，其一般项为 $\cdots \boldsymbol{r}\boldsymbol{r}\boldsymbol{I} \cdot \boldsymbol{r} \cdots$，而组合系数是 $r$ 的函数。具有这种性质的张量可以用如下一组辅助张量 $\boldsymbol{H}^{(m)}(\boldsymbol{r})$ 来实现，定义为

$$\boldsymbol{H}^{(m)}(\boldsymbol{r}) = (\nabla)^m \frac{1}{r} \tag{6.4.13}$$

作为例子，我们给出它的前几阶的表达式

$$H^{(0)}(\boldsymbol{r}) = \frac{1}{r} \tag{6.4.14}$$

$$H_\alpha^{(1)}(\boldsymbol{r}) = -\frac{r_\alpha}{r^3} \tag{6.4.15}$$

$$H_{\alpha\beta}^{(2)}(\boldsymbol{r}) = 3\frac{r_\alpha r_\beta}{r^5} - \frac{\delta_{\alpha\beta}}{r^3} \tag{6.4.16}$$

$$H_{\alpha\beta\gamma}^{(3)}(\boldsymbol{r}) = -15\frac{r_\alpha r_\beta r_\gamma}{r^7} + 3\frac{\delta_{\alpha\beta} r_\gamma + \delta_{\alpha\gamma} r_\beta + \delta_{\beta\gamma} r_\alpha}{r^5} \tag{6.4.17}$$

$$\begin{aligned} H_{\alpha\beta\gamma\delta}^{(4)}(\boldsymbol{r}) = {} & 105\frac{r_\alpha r_\beta r_\gamma r_\delta}{r^9} \\ & -15\frac{\delta_{\alpha\beta} r_\gamma r_\delta + \delta_{\alpha\delta} r_\beta r_\gamma + \delta_{\alpha\gamma} r_\beta r_\delta + \delta_{\beta\delta} r_\alpha r_\gamma + \delta_{\beta\gamma} r_\alpha r_\delta + \delta_{\delta\gamma} r_\alpha r_\beta}{r^7} \\ & +3\frac{\delta_{\alpha\beta}\delta_{\gamma\delta} + \delta_{\alpha\gamma}\delta_{\beta\delta} + \delta_{\alpha\delta}\delta_{\beta\gamma}}{r^5} \end{aligned} \tag{6.4.18}$$

式中，$\delta_{\alpha\beta}$ 为 Kronecker $\delta$ 记号，当 $\alpha = \beta$ 时为 1，其他情况为 0. 张量 $\boldsymbol{H}^{(n)}(\boldsymbol{r})$ 的一些基本性质为

$$\begin{cases} \nabla^2 \boldsymbol{H}^{(n)}(\boldsymbol{r}) = 0 \\ \nabla \cdot \boldsymbol{H}^{(n)}(\boldsymbol{r}) = 0 \\ \boldsymbol{r} \cdot \boldsymbol{H}^{(n+1)}(\boldsymbol{r}) = -(n+1)\boldsymbol{H}^{(n)}(\boldsymbol{r}) \\ \nabla^2 \left[ r^2 \boldsymbol{H}^{(n)}(\boldsymbol{r}) \right] = -2(2n-1)\boldsymbol{H}^{(n)}(\boldsymbol{r}) \\ \nabla \cdot \left[ r^2 \boldsymbol{H}^{(n)}(\boldsymbol{r}) \right] = -2n\boldsymbol{H}^{(n-1)}(\boldsymbol{r}) \end{cases} \tag{6.4.19}$$

这些性质的证明见 6.5.3 节。

　　由于我们后面只用到 $\boldsymbol{H}^{(n)}$ 与 $(\nabla)^n \boldsymbol{u}_0$ 的收缩，在收缩时，如果 $\boldsymbol{H}^{(n)}$ 中有两个或两个以上 Kronecker $\delta$ 因子，则在收缩后将出现 $\nabla^2 \nabla^2 \boldsymbol{u}_0$ 的项，由斯托克斯方程知道这样的项等于 0，所以在求 $\boldsymbol{H}^{(n)}$ 时可以略去这样的项；对于 $\boldsymbol{H}^{(n)}$ 中包含一个 Kronecker $\delta$ 和 $r_\alpha r_\beta r_\gamma \cdots$ 的项，收缩后的结果与因子的排列次序无关，可以取一个作为代表，并乘以这样的项的数目。这样，我们用 $\triangleq$ 代表"与 $(\nabla)^n \boldsymbol{u}_0$ 收缩后相等"，则 $\boldsymbol{H}^{(n)}$ 的表达式可以写为

$$
\begin{cases}
\boldsymbol{H}^{(0)} \triangleq \dfrac{1}{r} \\[2mm]
\boldsymbol{H}^{(1)} \triangleq -\dfrac{\boldsymbol{r}}{r^3} \\[2mm]
\boldsymbol{H}^{(2)} \triangleq 3\dfrac{\boldsymbol{rr}}{r^5} - \dfrac{\boldsymbol{I}}{r^3} \\[2mm]
\boldsymbol{H}^{(3)} \triangleq -5!!\dfrac{\boldsymbol{rrr}}{r^7} + 3\cdot 3\dfrac{\boldsymbol{rI}}{r^5} \\[2mm]
\boldsymbol{H}^{(4)} \triangleq 7!!\dfrac{\boldsymbol{rrrr}}{r^9} - 6\cdot 5!!\dfrac{\boldsymbol{rrI}}{r^7} \\[2mm]
\cdots \\[2mm]
\boldsymbol{H}^{(n)} \triangleq (-1)^n (2n-1)!!\dfrac{(\boldsymbol{r})^n}{r^{2n+1}} - (-1)^n \dfrac{n(n-1)}{2}\cdot (2n-3)!!\dfrac{(\boldsymbol{r})^{n-2}\boldsymbol{I}}{r^{2n-1}} \\[2mm]
\cdots
\end{cases}
\tag{6.4.20}
$$

为了简单起见，我们先设胶体球位于原点，$\boldsymbol{r}_0 = 0$，张量 $\boldsymbol{H}^{(n+2)}(\boldsymbol{r})$ 与张量 $(\nabla)^n \boldsymbol{u}_0$（这里，$(\nabla)^n \boldsymbol{u}_0$ 是指 $(\nabla)^n \boldsymbol{u}_0(\boldsymbol{r})$ 中取 $\boldsymbol{r} = 0$）的收缩为

$$
\begin{cases}
\boldsymbol{H}^{(1)}(\boldsymbol{r}) \odot \nabla \boldsymbol{u}_0 = -\dfrac{\boldsymbol{r} \odot \nabla \boldsymbol{u}_0}{r^5} \\[2mm]
\boldsymbol{H}^{(2)}(\boldsymbol{r}) \odot (\nabla)^2 \boldsymbol{u}_0 = -\dfrac{\nabla^2 \boldsymbol{u}_0}{r^3} + 3\dfrac{\boldsymbol{r}^2 \odot (\nabla)^2 \boldsymbol{u}_0}{r^5} \\[2mm]
\boldsymbol{H}^{(3)}(\boldsymbol{r}) \odot (\nabla)^3 \boldsymbol{u}_0 = 9\dfrac{\boldsymbol{r} \odot \nabla\nabla^2 \boldsymbol{u}_0}{r^5} - 5!!\dfrac{(\boldsymbol{r})^3 \odot (\nabla)^3 \boldsymbol{u}_0}{r^7} \\[2mm]
\boldsymbol{H}^{(4)}(\boldsymbol{r}) \odot (\nabla)^4 \boldsymbol{u}_0 = -6\times 5!!\dfrac{\boldsymbol{r}^2 \odot (\nabla)^2 \nabla^2 \boldsymbol{u}_0}{r^7} + 7!!\dfrac{\boldsymbol{r}^4 \odot (\nabla)^4 \boldsymbol{u}_0}{r^9} \\[2mm]
\boldsymbol{H}^{(n)}(\boldsymbol{r}) \odot (\nabla)^n \boldsymbol{u}_0 = (-1)^n (2n-1)!!\dfrac{(\boldsymbol{r})^n \odot (\nabla)^n \boldsymbol{u}_0}{r^{2n+1}} \\[2mm]
\quad - (-1)^n \dfrac{n(n-1)}{2}\cdot (2n-3)!!\dfrac{(\boldsymbol{r})^{n-2} \odot (\nabla)^{n-2}\nabla^2 \boldsymbol{u}_0}{r^{2n-1}}
\end{cases}
\tag{6.4.21}
$$

由式(6.4.19)可知，$\boldsymbol{H}^{(n)}(\boldsymbol{r})$ 满足斯托克斯方程，但不能满足边界条件。例如，对于最低阶项，如果设 $\boldsymbol{U}^{(2)} = c_1 \boldsymbol{I} + c_2 \boldsymbol{H}^{(2)}$，在胶体球表面，$\boldsymbol{U}^{(2)}$ 与 $\boldsymbol{u}_0$ 的收缩给

出

$$c_1 \boldsymbol{I} \odot \boldsymbol{u}_0 + c_2 \left( 3 \frac{\boldsymbol{r}\boldsymbol{r} \odot \boldsymbol{u}_0}{a^5} - \frac{\boldsymbol{I} \odot \boldsymbol{u}_0}{a^3} \right) \tag{6.4.22}$$

这只有当 $c_2 = 0$ 时才能满足胶体球表面的边界条件，而为了满足无穷远处的边界条件，必须要求 $c_1 = 0$。因此，组合系数不能全为常数。由式(6.4.19)可知，$\nabla^2 \nabla^2 [r^2 \boldsymbol{H}^{(n)}(\boldsymbol{r})] = 0$，所以我们考虑由 $r^2 \boldsymbol{H}^{(n)}(\boldsymbol{r})$ 和 $\boldsymbol{H}^{(n)}(\boldsymbol{r})$ 与单位张量并矢的线性组合来表示连接算符。因 $\boldsymbol{H}^{(n)}(\boldsymbol{r})$ 与 $(\nabla)^{n-2}\boldsymbol{u}_0$ 的收缩中具有 $\boldsymbol{r}\boldsymbol{r}(\boldsymbol{r})^{n-2} \odot (\nabla)^{n-2}\boldsymbol{u}_0$ 的项，与对应的边界条件不匹配，因此在边界上 $(r=a$ 时$)\boldsymbol{H}^{(n)}(\boldsymbol{r})$ 的系数必须为 0，考虑到这一点，连接算符可以写成

$$\begin{aligned} \boldsymbol{U}^{(n)}(\boldsymbol{r}) = & c_n (r^2 - a^2) \boldsymbol{H}^{(n)}(\boldsymbol{r}) + c_{n-2}(r^2 - a^2) \boldsymbol{H}^{(n-2)}(\boldsymbol{r}) \boldsymbol{I} \\ & + c'_{n-2} \boldsymbol{I} \boldsymbol{H}^{(n-2)}(\boldsymbol{r}) + c'_{n-4} \boldsymbol{I} \boldsymbol{H}^{(n-4)}(\boldsymbol{r}) \boldsymbol{I} \end{aligned} \tag{6.4.23}$$

由于 $\boldsymbol{u}_0$ 也满足斯托克斯方程，而更多个 $\boldsymbol{I}$ 的项与 $(\nabla)^n \boldsymbol{u}_0$ 的收缩将给出 $\nabla^2\nabla^2\boldsymbol{u}_0 = 0$，因此上面的线性组合已经足够。这里的组合系数均为常数，由边界条件来确定。

作为例子，我们计算 $\boldsymbol{U}^{(5)}(\boldsymbol{r})$，在方程(6.4.23)中取 $n=5$，当 $r=a$ 时，有

$$c'_3 \boldsymbol{I} \boldsymbol{H}^{(3)}(\boldsymbol{r}) \odot (\nabla)^3 \boldsymbol{u}_0 + c'_1 \boldsymbol{I} \boldsymbol{H}^{(1)}(\boldsymbol{r}) \boldsymbol{I} \odot (\nabla)^3 \boldsymbol{u}_0 = \boldsymbol{I} r^3 \odot (\nabla)^3 \boldsymbol{u}_0 \tag{6.4.24}$$

即

$$c'_3 9 \frac{\boldsymbol{r} \odot \nabla\nabla^2 \boldsymbol{u}_0}{a^5} - c'_3 5!! \frac{(\boldsymbol{r})^3 \odot (\nabla)^3 \boldsymbol{u}_0}{a^7} - c'_1 \frac{\boldsymbol{r} \odot \nabla\nabla^2 \boldsymbol{u}_0}{a^5} = (\boldsymbol{r})^3 \odot (\nabla)^3 \boldsymbol{u}_0, \ \boldsymbol{r} \in \partial V_0$$

由此得到

$$c'_1 = 9c'_3, \quad -\frac{15c'_3}{a^7} = 1$$

解得

$$c'_3 = -\frac{a^7}{15}, \quad c'_1 = -\frac{3a^7}{5} \tag{6.4.25}$$

利用连续性方程(6.4.19)

$$\begin{aligned} \nabla \cdot \boldsymbol{U}^{(5)}(\boldsymbol{r}) = & -10c_5 \boldsymbol{H}^{(4)} - 6c_3 \boldsymbol{H}^{(2)} \boldsymbol{I} \\ & -\frac{a^7}{15} \boldsymbol{H}^{(4)} - \frac{3a^7}{5} \boldsymbol{H}^{(2)} \boldsymbol{I} = 0 \end{aligned} \tag{6.4.26}$$

这一方程当

$$c_5 = \frac{a^7}{150}, \quad c_3 = \frac{a^7}{10} \tag{6.4.27}$$

时满足，由此便求得了连接算符 $U^{(5)}(r)$，其他各个连接算符可同样计算，前几个结果为

$$U^{(2)}(\boldsymbol{r}) = \frac{a}{4}(r^2 - a^2)\boldsymbol{H}^{(2)}(\boldsymbol{r}) + a\boldsymbol{I}H^{(0)}(\boldsymbol{r}) \tag{6.4.28}$$

$$U^{(3)}(\boldsymbol{r}) = -\frac{a^3}{6}(r^2 - a^2)\boldsymbol{H}^{(3)}(\boldsymbol{r}) - a^3\boldsymbol{I}H^{(1)}(\boldsymbol{r}) \tag{6.4.29}$$

$$\begin{aligned} U^{(4)}(\boldsymbol{r}) =& \frac{a^5}{24}(r^2 - a^2)\boldsymbol{H}^{(4)}(\boldsymbol{r}) + \frac{a^5}{3}\boldsymbol{I}H^{(2)}(\boldsymbol{r}) \\ &+ \frac{a^3}{12}(r^2 - a^2)\boldsymbol{H}^{(2)}(\boldsymbol{r})\boldsymbol{I} + \frac{a^3}{3}\boldsymbol{I}H^{(0)}(\boldsymbol{r})\boldsymbol{I} \end{aligned} \tag{6.4.30}$$

$$\begin{aligned} U^{(5)}(\boldsymbol{r}) =& -\frac{a^7}{150}(r^2 - a^2)\boldsymbol{H}^{(5)}(\boldsymbol{r}) - \frac{a^7}{15}\boldsymbol{I}H^{(3)}(\boldsymbol{r}) \\ &- \frac{a^7}{10}(r^2 - a^2)\boldsymbol{H}^{(3)}(\boldsymbol{r})\boldsymbol{I} - \frac{3a^7}{5}\boldsymbol{I}H^{(1)}(\boldsymbol{r})\boldsymbol{I} \end{aligned} \tag{6.4.31}$$

#### 6.4.4    计算平移扩散矩阵

有了上面的准备，我们现在给出平移扩散矩阵的计算。

**计算二体扩散矩阵：**

(1) 第 $i$ 个球形粒子的零阶速度由平动的斯托克斯摩擦定律给出:

$$\boldsymbol{v}_i^{(0)} = \frac{1}{6\pi\eta a}\boldsymbol{F}_i \tag{6.4.32}$$

运用扩散矩阵的定义，$\boldsymbol{v}_i^{(0)} = \beta\boldsymbol{D}_{ii}^{(1)} \cdot \boldsymbol{F}_i$ ，$\beta = 1/kT$，$k$ 为玻尔兹曼常量，立刻就可以给出在无限稀薄悬浮液中的平动扩散张量为 [1]

$$\boldsymbol{D}_{ii}^{(1)} = D_0\boldsymbol{I} \tag{6.4.33}$$

其中，$D_0 = kT/6\pi\eta a$ 是单粒子平动扩散系数。由黏结边界条件，流体在 $i$ 粒子表面上的速度为

$$\boldsymbol{u}^{(0)}(\boldsymbol{r}) = \boldsymbol{v}_i^{(0)}, \quad \boldsymbol{r} \in \partial V_i \tag{6.4.34}$$

以速度 $\boldsymbol{v}_i^{(0)}$ 运动的第 $i$ 个粒子在流体中产生速度的零阶入射场，它在 $\boldsymbol{r}_j$ 处为

$$\boldsymbol{u}^{(0)}(\boldsymbol{r}_j) = \boldsymbol{U}_a^{(2)}(\boldsymbol{r}_{ji}) \odot \boldsymbol{u}^{(0)}(\boldsymbol{r}_i) = \boldsymbol{U}_a^{(2)}(\boldsymbol{r}_{ji}) \odot \boldsymbol{v}_i^{(0)} \tag{6.4.35}$$

这里我们引入 $\boldsymbol{r}_{ji} = \boldsymbol{r}_j - \boldsymbol{r}_i$，其大小为 $r_{ji}$，方向沿单位矢量 $\hat{\boldsymbol{r}}_{ji}$。由于平动和转动不变性，粒子的线速度和角速度只与粒子间的相对距离有关。

---

[1] $\boldsymbol{D}_{ii}^{(1)}$ 中上标 (1) 代表一阶近似。

(2) 由 Faxén 定理[14] 可以给出由流体速度场引起的第 $j(j \neq i)$ 个粒子的一阶速度:

$$\boldsymbol{v}_j^{(1)} = \boldsymbol{u}^{(0)}(\boldsymbol{r}_j) + \frac{1}{6}a^2\nabla_j^2\boldsymbol{u}_i^{(0)}(\boldsymbol{r}_j) \tag{6.4.36}$$

把式(6.4.35)代入式(6.4.36)，经过一些简单的运算，运用定义式 $\boldsymbol{v}_j^{(1)} = \beta\boldsymbol{D}_{ji}^{(2)} \cdot \boldsymbol{F}_i$，并把下标 $i$ 和 $j$ 互换，我们得到 $\boldsymbol{D}_{ij}^{(2)}$ 在一级近似下的表达式

$$\boldsymbol{D}_{ij}^{(2)} = D_0\left[\frac{3}{4}\frac{a}{r_{ij}}(\boldsymbol{I} + \hat{\boldsymbol{r}}_{ij}\hat{\boldsymbol{r}}_{ij}) - \frac{3}{2}\frac{a^3}{r_{ij}^3}\left(\hat{\boldsymbol{r}}_{ij}\hat{\boldsymbol{r}}_{ij} - \frac{1}{3}\boldsymbol{I}\right)\right] \tag{6.4.37}$$

利用式(6.4.10)和式(6.4.7)，由 $j$ 粒子反射的流体速度场为

$$\begin{aligned}
\boldsymbol{u}^{(1)}(\boldsymbol{r}) = {} & \boldsymbol{U}^{(2)}(\boldsymbol{r} - \boldsymbol{r}_j) \odot \left[\boldsymbol{v}_j^{(1)} - \boldsymbol{u}^{(0)}(\boldsymbol{r}_j)\right] \\
& -\frac{1}{2}\boldsymbol{U}^{(3)}(\boldsymbol{r} - \boldsymbol{r}_j) \odot \left\{\nabla_j\boldsymbol{u}^{(0)}(\boldsymbol{r}_j) + \left[\nabla_j\boldsymbol{u}^{(0)}(\boldsymbol{r}_j)\right]^{\mathrm{T}}\right\} \\
& -\sum_{l=2}^{\infty}\frac{1}{l!}\boldsymbol{U}^{(l+2)}(\boldsymbol{r} - \boldsymbol{r}_j) \odot (\nabla_j)^l\boldsymbol{u}^{(0)}(\boldsymbol{r}_j)
\end{aligned} \tag{6.4.38}$$

其中，上标 T 表示转置。当 $r \to \infty$ 时，$\boldsymbol{U}^{(2)}(r) \sim 1/r$，$\boldsymbol{U}^{(3)}(r) \sim 1/r^2$，当 $n \geqslant 4$ 时，$\boldsymbol{U}^{(n)}(r) \sim 1/r^{n-3}$，$\boldsymbol{u}^{(0)}(\boldsymbol{r}_j) \sim 1/r_{ij}$，$(\nabla)^l\boldsymbol{u}^{(0)}(\boldsymbol{r}_j) \sim 1/r_{ij}^{l+1}$，每迭代一次，就得到 $1/r_{ij}$ 的更高阶，因此，我们最终得到的将是扩散矩阵的一个 $1/r_{ij}$ 的级数展开。对于事先给定的阶，式(6.4.38)中求和只要取有限项即可。求得 $\boldsymbol{u}^{(1)}(\boldsymbol{r})$ 后，由 Faxén 定理可得到 $\boldsymbol{v}_i^{(2)}$ 和 $\boldsymbol{\omega}_i^{(2)}$ 并构造出 $\boldsymbol{u}^{(2)}(\boldsymbol{r})$ 的边界条件。最后，由 $\boldsymbol{v}_i = \beta\boldsymbol{D}_{ii} \cdot \boldsymbol{F}$ 和 $\boldsymbol{v}_j = \beta\boldsymbol{D}_{ji} \cdot \boldsymbol{F}$ 得到 $\boldsymbol{D}_{ii}$ 和 $\boldsymbol{D}_{ij}$。通过使用计算机代数，这一方法可以比较容易地计算到 $1/r_{ij}$ 的很高的阶数。目前已经有到 $1/r_{ij}$ 的 100 多阶的展开式[151]，对于大部分应用，前面若干阶已经足够。当需要非常高阶才能得到准确结果时 (这往往对应于高密度情形)，多体贡献已经非常重要，因此只增加展开级数并不能带来真正的改进。下面给出到 $1/r_{ij}^7$ 的结果 (这里恢复代表平动的上标 $tt$):

$$\begin{cases}
\begin{aligned}
\dfrac{\boldsymbol{D}_{ii}^{tt}}{D_0} = {} & \boldsymbol{I} + \sum_{j}^{N}{}'\left\{\left[-\frac{15}{4}\left(\frac{a}{r_{ij}}\right)^4\right]\hat{\boldsymbol{r}}_{ij}\hat{\boldsymbol{r}}_{ij}\right. \\
& \left. -\frac{17}{16}\left(\frac{a}{r_{ij}}\right)^6\left(\boldsymbol{I} - \frac{105}{17}\hat{\boldsymbol{r}}_{ij}\hat{\boldsymbol{r}}_{ij}\right) + O\left[\left(\frac{a}{r_{ij}}\right)^8\right]\right\}
\end{aligned} \\[1ex]
\begin{aligned}
\dfrac{\boldsymbol{D}_{ij}^{tt}}{D_0} = {} & \frac{3}{4}\frac{a}{r_{ij}}(\boldsymbol{I} + \hat{\boldsymbol{r}}_{ij}\hat{\boldsymbol{r}}_{ij}) + \frac{1}{2}\left(\frac{a}{r_{ij}}\right)^3(\boldsymbol{I} - 3\hat{\boldsymbol{r}}_{ij}\hat{\boldsymbol{r}}_{ij}) \\
& + \frac{75}{4}\left(\frac{a}{r_{ij}}\right)^7\hat{\boldsymbol{r}}_{ij}\hat{\boldsymbol{r}}_{ij} + O\left[\left(\frac{a}{r_{ij}}\right)^8\right], \quad i \neq j
\end{aligned}
\end{cases} \tag{6.4.39}$$

求和号上的 "′" 表示扣除有两个下标相同的项（下同）。如果只保留到 $a/r_{ij}$ 的一次项，则 $\boldsymbol{D}_{ij}^{tt}$ 与 Oseen 张量成正比，到 $(a/r_{ij})^3$ 的 $\boldsymbol{D}_{ij}^{tt}/D_0$ 的结果称为 Rotne-Prager 张量

$$
\begin{cases}
\dfrac{\boldsymbol{D}_{ii}^{tt}}{D_0} = \boldsymbol{I} \\[2mm]
\dfrac{\boldsymbol{D}_{ij}^{tt}}{D_0} = \dfrac{3}{4}\dfrac{a}{r_{ij}}(\boldsymbol{I}+\hat{\boldsymbol{r}}_{ij}\hat{\boldsymbol{r}}_{ij}) + \dfrac{1}{2}\left(\dfrac{a}{r_{ij}}\right)^3(\boldsymbol{I}-3\hat{\boldsymbol{r}}_{ij}\hat{\boldsymbol{r}}_{ij}), \quad i\neq j
\end{cases}
\tag{6.4.40}
$$

**计算三体扩散矩阵：** 现设系统包含三个胶体球，记为 $i$，$j$，$l$。由 $i$ 胶体球产生的入射速度场为 $\boldsymbol{u}^{(0)}(\boldsymbol{r})$，经过 $j$ 球反射后为 $\boldsymbol{u}^{(1)}(\boldsymbol{r})$，由 Faxén 定理，得到 $\boldsymbol{u}^{(1)}(\boldsymbol{r})$ 引起的 $l$ 球的速度 $\boldsymbol{v}_l^{(1)}$，由此即可得到 $\boldsymbol{D}_{li}^{(3)}$ 的首项贡献，作替换 $i\to j$，$l\to i$，得到这一贡献为 $(i\neq j$，上标 (3) 表示三体)：

$$
\boldsymbol{D}_{ij}^{tt(3)} = \frac{15}{8}D_0 \sum_{l=1}^{n}{}' \left(\frac{a}{r_{il}}\right)^2\left(\frac{a}{r_{jl}}\right)^2\left(1-3(\hat{\boldsymbol{r}}_{il}\cdot\hat{\boldsymbol{r}}_{jl})^2\right)\hat{\boldsymbol{r}}_{il}\hat{\boldsymbol{r}}_{jl}
$$

速度场 $\boldsymbol{u}^{(1)}(\boldsymbol{r})$ 由 $l$ 球反射后为 $\boldsymbol{u}^{(2)}(\boldsymbol{r})$，通过计算这一速度场引起的 $i$ 球的附加速度，可得到 $\boldsymbol{D}_{ii}^{(3)}$ 的首项贡献，结果为

$$
\boldsymbol{D}_{ii}^{tt(3)} = -\frac{75}{16}D_0\sum_{j,l}^{N}{}'\frac{a^7}{r_{ij}^2 r_{il}^2 r_{jl}^3}\hat{\boldsymbol{r}}_{ij}\hat{\boldsymbol{r}}_{il}\big[1-3(\hat{\boldsymbol{r}}_{ij}\cdot\hat{\boldsymbol{r}}_{jl})^2-3(\hat{\boldsymbol{r}}_{jl}\cdot\hat{\boldsymbol{r}}_{il})^2
$$
$$
+15(\hat{\boldsymbol{r}}_{jl}\cdot\hat{\boldsymbol{r}}_{il})^2(\hat{\boldsymbol{r}}_{ij}\cdot\hat{\boldsymbol{r}}_{jl})^2-6(\hat{\boldsymbol{r}}_{jl}\cdot\hat{\boldsymbol{r}}_{il})(\hat{\boldsymbol{r}}_{jl}\cdot\hat{\boldsymbol{r}}_{ij})(\hat{\boldsymbol{r}}_{ij}\cdot\hat{\boldsymbol{r}}_{il})\big] \tag{6.4.41}
$$

对于平动扩散张量的更高阶项的计算，可以用与以上过程相似的方法得到。$\boldsymbol{D}$ 的各阶表达式可参考文献 [144, 152, 153]。

### 6.4.5　转动及转动–平动扩散矩阵

转动扩散矩阵的计算基本上可以用前几节描述的思路平行进行，这里仅仅给出若干结果[144,154]。对于单个粒子，

$$
\boldsymbol{\omega}_i = \frac{1}{8\pi\eta a}\boldsymbol{\mathcal{T}}_i = \frac{1}{kT}D_0^r\boldsymbol{\mathcal{T}}_i
$$

由此定义单粒子转动扩散系数

$$
D_0^r = \frac{kT}{8\pi\eta a} \tag{6.4.42}
$$

包括了二体和三体的低阶项的结果如下；

$$\frac{\boldsymbol{D}_{ij}^{rr}}{D_0^r} = \frac{3}{2}\frac{a^3}{r_{ij}^3}\left(\hat{\boldsymbol{r}}_{ij}\hat{\boldsymbol{r}}_{ij} - \frac{1}{3}\boldsymbol{I}\right)$$
$$+ \frac{15}{4}\sideset{}{'}\sum_{l}\frac{a^6}{r_{il}^3 r_{lj}^3}\big[(\hat{\boldsymbol{r}}_{il}\times\hat{\boldsymbol{r}}_{lj})(\hat{\boldsymbol{r}}_{il}\times\hat{\boldsymbol{r}}_{lj})$$
$$+ (\hat{\boldsymbol{r}}_{il}\cdot\hat{\boldsymbol{r}}_{lj})\hat{\boldsymbol{r}}_{lj}\hat{\boldsymbol{r}}_{il} - (\hat{\boldsymbol{r}}_{il}\cdot\hat{\boldsymbol{r}}_{lj})^2\boldsymbol{I}\big] + \cdots \tag{6.4.43}$$

$$\frac{\boldsymbol{D}_{ii}^{rr}}{D_0^r} = \boldsymbol{I} - \frac{15}{4}\sideset{}{'}\sum_{l}^{N}\frac{a^6}{r_{il}^6}(\boldsymbol{I} - \hat{\boldsymbol{r}}_{il}\hat{\boldsymbol{r}}_{il})$$
$$+ \frac{75}{8}\sideset{}{'}\sum_{k,l}^{N}\frac{a^9}{r_{il}^3 r_{ik}^3 r_{kl}^3}\Bigg[\left(10\xi_l\xi_k\sqrt{1-\xi_k^2}\sqrt{1-\xi_l^2}\right.$$
$$+ \xi_i\sqrt{1-\xi_k^2}\sqrt{1-\xi_l^2} - \xi_k\sqrt{1-\xi_i^2}\sqrt{1-\xi_l^2}$$
$$\left. - \xi_l\sqrt{1-\xi_k^2}\sqrt{1-\xi_i^2}\right)\hat{\boldsymbol{n}}_{ikl}\hat{\boldsymbol{n}}_{ikl}$$
$$- \xi_l\xi_k(\xi_i\boldsymbol{I} - \hat{\boldsymbol{r}}_{ik}\hat{\boldsymbol{r}}_{il})\Bigg] + \cdots \tag{6.4.44}$$

其中，$\xi_i = \hat{\boldsymbol{r}}_{ik}\cdot\hat{\boldsymbol{r}}_{il}$，$\xi_k = \hat{\boldsymbol{r}}_{ki}\cdot\hat{\boldsymbol{r}}_{kl}$，$\xi_l = \hat{\boldsymbol{r}}_{lk}\cdot\hat{\boldsymbol{r}}_{li}$，$\hat{\boldsymbol{n}}_{ikl}$ 为以 $\boldsymbol{r}_i$，$\boldsymbol{r}_k$，$\boldsymbol{r}_l$ 为顶点的三角形的法向单位矢量。

定义

$$D_0^{rt} = \frac{kT}{12\pi\eta a}$$

转动–平动扩散矩阵如下：

$$\frac{D_{ij}^{rt}}{D_0^{rt}} = -\frac{3}{2}\frac{a^2}{r_{ij}^2}\boldsymbol{\epsilon}\cdot\hat{\boldsymbol{r}}_{ij} + \frac{45}{4}\sideset{}{'}\sum_{k}^{N}\frac{a^5}{r_{ik}^3 r_{kj}^2}(\hat{\boldsymbol{r}}_{ik}\cdot\hat{\boldsymbol{r}}_{kj})(\hat{\boldsymbol{r}}_{ik}\times\hat{\boldsymbol{r}}_{kj})\hat{\boldsymbol{r}}_{kj}$$
$$- 6\sideset{}{'}\sum_{k}^{N}\frac{a^7}{r_{ik}^3 r_{kj}^4}\big[5(\hat{\boldsymbol{r}}_{ik}\cdot\hat{\boldsymbol{r}}_{kj})(\hat{\boldsymbol{r}}_{ik}\times\hat{\boldsymbol{r}}_{kj})\hat{\boldsymbol{r}}_{kj} - (\hat{\boldsymbol{r}}_{ik}\times\hat{\boldsymbol{r}}_{kj})\hat{\boldsymbol{r}}_{ik} + (\hat{\boldsymbol{r}}_{ik}\cdot\hat{\boldsymbol{r}}_{kj})\boldsymbol{\epsilon}\cdot\hat{\boldsymbol{r}}_{ik}\big]$$
$$+ \frac{9}{32}\sideset{}{'}\sum_{k}\frac{a^7}{r_{ik}^4 r_{kj}^3}\Big\{25\big[1 - 7(\hat{\boldsymbol{r}}_{ik}\cdot\hat{\boldsymbol{r}}_{kj})^2\big](\hat{\boldsymbol{r}}_{ik}\times\hat{\boldsymbol{r}}_{kj})\hat{\boldsymbol{r}}_{kj}$$
$$+ 50(\hat{\boldsymbol{r}}_{ik}\cdot\hat{\boldsymbol{r}}_{kj})(\hat{\boldsymbol{r}}_{ik}\times\hat{\boldsymbol{r}}_{kj})\hat{\boldsymbol{r}}_{ik} - 16(\hat{\boldsymbol{r}}_{ik}\cdot\hat{\boldsymbol{r}}_{kj})\boldsymbol{\epsilon}\cdot\hat{\boldsymbol{r}}_{kj}$$
$$- 3\big[1 - 5(\hat{\boldsymbol{r}}_{ik}\cdot\hat{\boldsymbol{r}}_{kj})^2\big]\boldsymbol{\epsilon}\cdot\hat{\boldsymbol{r}}_{ik}\Big\} \tag{6.4.45}$$

其中，$\boldsymbol{\epsilon}$ 为三阶单位全反对称张量，$\epsilon_{xyz} = \epsilon_{yzx} = \epsilon_{zxy} = 1$，$\epsilon_{xzy} = \epsilon_{yxz} = \epsilon_{zyx} =$

−1，其余分量为 0。

$$\boldsymbol{\epsilon} \cdot \hat{\boldsymbol{r}} = \frac{1}{r} \begin{bmatrix} 0 & z & -y \\ -z & 0 & x \\ y & -x & 0 \end{bmatrix}$$

## 6.5    附    录

### 6.5.1    求解格林函数

我们用傅里叶变换求解式(6.2.11)。对式(6.2.11)做傅里叶变换，得到

$$\begin{cases} \mathrm{i}\boldsymbol{k} \cdot \boldsymbol{T}(\boldsymbol{k}) = 0 \\ \mathrm{i}\boldsymbol{k}g(\boldsymbol{k}) + \eta k^2 \boldsymbol{T}(\boldsymbol{k}) = \boldsymbol{I} \end{cases} \tag{6.5.1}$$

用 $\boldsymbol{k}$ 与第二式做标积，并利用第一式，得到

$$g(\boldsymbol{k}) = -\mathrm{i}\frac{\boldsymbol{k}}{k^2} \tag{6.5.2}$$

再代入式(6.5.1)的第二式，得到

$$\boldsymbol{T}(\boldsymbol{k}) = \frac{1}{\eta k^2}\left(\boldsymbol{I} - \frac{\boldsymbol{kk}}{k^2}\right) \tag{6.5.3}$$

于是

$$\begin{aligned}
\boldsymbol{g}(\boldsymbol{r}) &= \frac{1}{(2\pi)^3} \int \mathrm{d}\boldsymbol{k} \left(-\mathrm{i}\frac{\boldsymbol{k}}{k^2}\right) \mathrm{e}^{\mathrm{i}\boldsymbol{k}\cdot\boldsymbol{r}} \\
&= -\frac{1}{(2\pi)^3} \nabla \int \mathrm{d}\boldsymbol{k} \frac{\mathrm{e}^{\mathrm{i}\boldsymbol{k}\cdot\boldsymbol{r}}}{k^2}
\end{aligned} \tag{6.5.4}$$

而

$$\begin{aligned}
\frac{1}{(2\pi)^3} \int \mathrm{d}\boldsymbol{k} \frac{\mathrm{e}^{\mathrm{i}\boldsymbol{k}\cdot\boldsymbol{r}}}{k^2} &= \frac{1}{(2\pi)^3} \int \frac{\mathrm{e}^{\mathrm{i}kr\cos\theta}}{k^2} k^2 \, \mathrm{d}k \, \mathrm{d}\cos\theta \, \mathrm{d}\varphi \\
&= \frac{1}{(2\pi)^2} \int_0^\infty \frac{\mathrm{e}^{\mathrm{i}kr} - \mathrm{e}^{-\mathrm{i}kr}}{\mathrm{i}kr} \, \mathrm{d}k \\
&= \frac{1}{(2\pi)^2} P \int_{-\infty}^\infty \frac{\mathrm{e}^{\mathrm{i}kr}}{\mathrm{i}kr} \, \mathrm{d}k
\end{aligned}$$

上式中的 $P$ 表示主值积分。取图 6.5.1所示积分回路，利用留数定理，上式中的积分成为

$$0 = \oint \frac{\mathrm{e}^{\mathrm{i}kr}}{\mathrm{i}kr} \mathrm{d}k = \int_{C_R} \frac{\mathrm{e}^{\mathrm{i}kr}}{\mathrm{i}kr} \mathrm{d}k + \left( \int_{-\infty}^{-\delta} + \int_{\delta}^{\infty} \right) \frac{\mathrm{e}^{\mathrm{i}kr}}{\mathrm{i}kr} \mathrm{d}k + \int_{C_\delta} \frac{\mathrm{e}^{\mathrm{i}kr}}{\mathrm{i}kr} \mathrm{d}k \qquad (6.5.5)$$

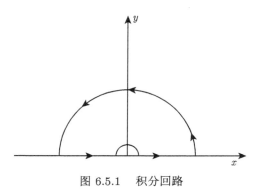

图 6.5.1 积分回路

式(6.5.5)第一项当 $R \to \infty$ 时为 0，最后一项在 $\delta \to 0$ 时成为

$$\lim_{\delta \to 0} \frac{1}{\mathrm{i}r} \int_{\pi}^{0} \exp\left(\mathrm{i}\delta\mathrm{e}^{\mathrm{i}\varphi}r\right)\mathrm{i}\,\mathrm{d}\varphi = \frac{-\pi}{r} \qquad (6.5.6)$$

即

$$P\int_{-\infty}^{\infty} \frac{\mathrm{e}^{\mathrm{i}kr}}{\mathrm{i}kr} \mathrm{d}k = \frac{\pi}{r} \qquad (6.5.7)$$

这样，

$$\boldsymbol{g}(\boldsymbol{r}) = -\frac{1}{4\pi}\nabla\frac{1}{r} = \frac{1}{4\pi}\frac{\boldsymbol{r}}{r^3} \qquad (6.5.8)$$

现在计算 $\boldsymbol{T}(\boldsymbol{r})$，

$$\boldsymbol{T}(\boldsymbol{r}) = \int \frac{\mathrm{d}\boldsymbol{k}}{(2\pi)^3} \frac{1}{\eta k^2}\left(\boldsymbol{I} - \frac{\boldsymbol{kk}}{k^2}\right)\mathrm{e}^{\mathrm{i}\boldsymbol{k}\cdot\boldsymbol{r}} \qquad (6.5.9)$$

引入 $\boldsymbol{k}$ 方向的单位矢量 $\hat{\boldsymbol{k}} = \boldsymbol{k}/k$，并注意到 $\boldsymbol{T}(\boldsymbol{r})$ 是实的，式(6.5.9)可以写为

$$\begin{aligned}
\boldsymbol{T}(\boldsymbol{r}) &= \frac{1}{(2\pi)^3} \int \mathrm{d}\Omega \int_{0}^{\infty} \mathrm{d}k \frac{1}{\eta}\left(\boldsymbol{I} - \hat{\boldsymbol{k}}\hat{\boldsymbol{k}}\right)\mathrm{e}^{\mathrm{i}k\hat{\boldsymbol{k}}\cdot\boldsymbol{r}} \\
&= \frac{1}{(2\pi)^3} \int \mathrm{d}\Omega \int_{-\infty}^{\infty} \mathrm{d}k \frac{1}{2\eta}\left(\boldsymbol{I} - \hat{\boldsymbol{k}}\hat{\boldsymbol{k}}\right)\mathrm{e}^{\mathrm{i}k\hat{\boldsymbol{k}}\cdot\boldsymbol{r}} \\
&= \frac{1}{(2\pi)^2} \int \mathrm{d}\Omega \frac{1}{2\eta}\left(\boldsymbol{I} - \hat{\boldsymbol{k}}\hat{\boldsymbol{k}}\right)\delta(\hat{\boldsymbol{k}}\cdot\boldsymbol{r})
\end{aligned} \qquad (6.5.10)$$

为了简化计算，做一坐标转动，使 $\boldsymbol{r}$ 沿 $z$ 轴方向。设这一转动的变换矩阵为 $U$，

则 $UU^{\mathrm{T}} = U^{\mathrm{T}}U = 1$，且有如下关系:

$$
\begin{cases}
r'_\alpha = r\delta_{\alpha 3} = U_{\alpha\beta}r_\beta \\
r_\alpha = U_{\beta\alpha}r'_\beta = U_{3\alpha}r \\
\hat{k}'_\alpha = U_{\alpha\beta}\hat{k}_\beta \\
\hat{k}_\alpha = U_{\beta\alpha}\hat{k}'_\beta
\end{cases}
\tag{6.5.11}
$$

积分式(6.5.10)变为

$$
\begin{aligned}
T_{\alpha\beta}(\boldsymbol{r}) &= \frac{1}{(2\pi)^2}\int \mathrm{d}\Omega' \frac{1}{2\eta}\Big(\delta_{\alpha\beta} - U_{\gamma\alpha}U_{\delta\beta}\hat{k}'_\gamma\hat{k}'_\delta\Big)\delta(\hat{k}'_3 r) \\
&= \frac{1}{4\pi\eta r}\delta_{\alpha\beta} - \frac{1}{(2\pi)^2}\int \mathrm{d}\Omega' \frac{1}{2\eta}U_{\gamma\alpha}U_{\delta\beta}\hat{k}'_\gamma\hat{k}'_\delta\delta(\hat{k}'_3 r)
\end{aligned}
\tag{6.5.12}
$$

式(6.5.12)第二项的积分，当 $\delta \neq \gamma$ 时以及 $\gamma = \delta = 3$ 时为 0，当 $\gamma = \delta = 1$ 和 $\gamma = \delta = 2$ 时

$$
\int \mathrm{d}\Omega' \,\hat{k}'_\gamma\hat{k}'_\delta\delta(\hat{k}'_3 r) = \frac{\pi}{r}
\tag{6.5.13}
$$

由式(6.5.11)，式(6.5.12)和式(6.5.13)可以得到

$$
\begin{aligned}
T_{\alpha\beta}(\boldsymbol{r}) &= \frac{1}{4\pi\eta r}\delta_{\alpha\beta} - (U_{1\alpha}U_{1\beta} + U_{2\alpha}U_{2\beta} + U_{3\alpha}U_{3\beta} - U_{3\alpha}U_{3\beta}) \\
&= \frac{1}{4\pi\eta r}\delta_{\alpha\beta} - \frac{1}{8\pi\eta r}(\delta_{\alpha\beta} - U_{3\alpha}U_{3\beta}) \\
&= \frac{1}{8\pi\eta r}\Big(\delta_{\alpha\beta} + \frac{r_\alpha r_\beta}{r^2}\Big)
\end{aligned}
\tag{6.5.14}
$$

或写成矢量形式

$$
\boldsymbol{T}(\boldsymbol{r}) = \frac{1}{8\pi\eta}\frac{1}{r}\Big(\boldsymbol{I} + \frac{\boldsymbol{r}\boldsymbol{r}}{r^2}\Big)
\tag{6.5.15}
$$

### 6.5.2　几个积分的计算

1.
$$
\oint_{\partial V_{\mathrm{p}}} \mathrm{d}S\,\boldsymbol{T}(\boldsymbol{r} - \boldsymbol{r}') = \frac{2a}{3\eta}\boldsymbol{I}, \quad \boldsymbol{r}' \in \partial V_{\mathrm{p}}
\tag{6.5.16}
$$

**证明**　记上述积分为 $J$，把 $\boldsymbol{T}(\boldsymbol{r} - \boldsymbol{r}')$ 用其傅里叶变换代入

$$
J = \oint_{\partial V_{\mathrm{p}}} \mathrm{d}S \int \frac{\mathrm{d}\boldsymbol{k}}{(2\pi)^3}\boldsymbol{T}(k)\mathrm{e}^{\mathrm{i}\boldsymbol{k}\cdot(\boldsymbol{r} - \boldsymbol{r}')}
\tag{6.5.17}
$$

注意到

$$
\oint_{\partial V_{\mathrm{p}}} \mathrm{d}S\,\mathrm{e}^{\mathrm{i}\boldsymbol{k}\cdot\boldsymbol{r}} = 4\pi a^2 \frac{\sin(ka)}{ka}
$$

并把 $\boldsymbol{T}(k)$ 的表达式代入，得到

$$J = \frac{a^2}{2\pi^2\eta} \int \mathrm{d}\Omega \, (\boldsymbol{I} - \hat{\boldsymbol{k}}\hat{\boldsymbol{k}}) \int_0^\infty \mathrm{d}k \, \frac{\sin(ka)}{2ka} \left( \mathrm{e}^{\mathrm{i}k\hat{\boldsymbol{k}}\cdot\boldsymbol{r}'} - \mathrm{e}^{-\mathrm{i}k\hat{\boldsymbol{k}}\cdot\boldsymbol{r}'} \right) \tag{6.5.18}$$

先计算对 $k$ 的积分

$$\int_0^\infty \mathrm{d}k \, \frac{\sin(ka)}{2ka} \left( \mathrm{e}^{\mathrm{i}k\hat{\boldsymbol{k}}\cdot\boldsymbol{r}'} - \mathrm{e}^{-\mathrm{i}k\hat{\boldsymbol{k}}\cdot\boldsymbol{r}'} \right)$$

$$= \int_{-\infty}^\infty \mathrm{d}k \, \frac{\sin(ka)}{2ka} \mathrm{e}^{\mathrm{i}k\hat{\boldsymbol{k}}\cdot\boldsymbol{r}}$$

$$= \frac{1}{4\mathrm{i}} \int_{-\infty}^\infty \mathrm{d}k \left[ \frac{\mathrm{e}^{\mathrm{i}k(a+\hat{\boldsymbol{k}}\cdot\boldsymbol{r}')}}{ka} - \frac{\mathrm{e}^{-\mathrm{i}k(a-\hat{\boldsymbol{k}}\cdot\boldsymbol{r}')}}{ka} \right] \tag{6.5.19}$$

类似于式(6.5.5)的计算，可求得上述积分的值在 $-a < \hat{\boldsymbol{k}}\cdot\boldsymbol{r}' < a$ 时为 $\pi/2a$，在其他情形为 0。在球面上 $\hat{\boldsymbol{k}}\cdot\boldsymbol{r}' = a\cos\theta$，$\theta$ 为 $\hat{\boldsymbol{k}}$ 与 $\boldsymbol{r}'$ 的夹角，总是满足 $-a < \hat{\boldsymbol{k}}\cdot\boldsymbol{r}' < a$。于是

$$J = \frac{a}{4\pi\eta} \int \mathrm{d}\Omega \, (\boldsymbol{I} - \hat{\boldsymbol{k}}\hat{\boldsymbol{k}}) = \frac{a}{4\pi\eta} \left( 4\pi\boldsymbol{I} - \frac{1}{3} 4\pi\boldsymbol{I} \right) = \frac{2a}{3\eta} \boldsymbol{I} \tag{6.5.20}$$

2.

$$\oint_{\partial V} \mathrm{d}S \, \boldsymbol{r} \times (\boldsymbol{\omega} \times \boldsymbol{r}) = 4\pi a^2 \frac{2}{3} a^2 \boldsymbol{\omega}_p \tag{6.5.21}$$

**证明**　由

$$\boldsymbol{r} \times (\boldsymbol{\omega} \times \boldsymbol{r}) = r^2 \boldsymbol{\omega} - \boldsymbol{\omega} \cdot \boldsymbol{r}\boldsymbol{r} \tag{6.5.22}$$

$$\oint_{\partial V} \mathrm{d}S \, r^2 \boldsymbol{\omega} = 4\pi a^2 a^2 \boldsymbol{\omega} \tag{6.5.23}$$

对第二项取分量形式，注意到

$$\oint_{\partial V} \mathrm{d}S \, r_\alpha r_\beta \propto \delta_{\alpha\beta} \tag{6.5.24}$$

$$\oint_{\partial V} \mathrm{d}S \, \omega_\beta r_\beta r_\alpha = \omega_\beta \oint_{\partial V} \mathrm{d}S \, r_\alpha r_\beta = \omega_\beta \frac{1}{3} \delta_{\alpha\beta} \oint_{\partial V} \mathrm{d}S \, r^2$$

$$= 4\pi a^2 \frac{1}{3} a^2 \delta_{\alpha\beta} \omega_\beta = 4\pi a^2 \frac{1}{3} a^2 \omega_\alpha \tag{6.5.25}$$

于是得到式(6.5.21)。

3.

$$\oint_{\partial V_\mathrm{p}} \mathrm{d}S \, \boldsymbol{T}(\boldsymbol{r} - \boldsymbol{r}') \cdot [(\boldsymbol{r} - \boldsymbol{r}') \times \boldsymbol{f}(\boldsymbol{r}')] = -\frac{a}{3\eta} (\boldsymbol{r}' - \boldsymbol{r}_\mathrm{p}) \times \boldsymbol{f}(\boldsymbol{r}'), \quad \boldsymbol{r}' \in \partial V_\mathrm{p}$$

$$\tag{6.5.26}$$

**证明**

$$J = \oint_{\partial V_{\mathrm{p}}} \mathrm{d}S \, \boldsymbol{T}(\boldsymbol{r} - \boldsymbol{r}') \cdot [(\boldsymbol{r} - \boldsymbol{r}') \times \boldsymbol{f}(\boldsymbol{r}')]$$

$$= \oint_{\partial V_{\mathrm{p}}} \mathrm{d}S \, \boldsymbol{T}(\boldsymbol{r} - \boldsymbol{r}') \cdot [(\boldsymbol{r} - \boldsymbol{r}_{\mathrm{p}}) \times \boldsymbol{f}(\boldsymbol{r}') - (\boldsymbol{r}' - \boldsymbol{r}_{\mathrm{p}}) \times \boldsymbol{f}(\boldsymbol{r}')]$$

$$= J_1 - J_2 \tag{6.5.27}$$

首先

$$J_2 = \oint_{\partial V_{\mathrm{p}}} \mathrm{d}S \, \boldsymbol{T}(\boldsymbol{r} - \boldsymbol{r}') \cdot (\boldsymbol{r}' - \boldsymbol{r}_{\mathrm{p}}) \times \boldsymbol{f}(\boldsymbol{r}')$$

$$= \frac{2a}{3\eta} \boldsymbol{I} \cdot (\boldsymbol{r}' - \boldsymbol{r}_{\mathrm{p}}) \times \boldsymbol{f}(\boldsymbol{r}')$$

$$= \frac{2a}{3\eta} (\boldsymbol{r}' - \boldsymbol{r}_{\mathrm{p}}) \times \boldsymbol{f}(\boldsymbol{r}') \tag{6.5.28}$$

$$J_1 = \oint_{\partial V_{\mathrm{p}}} \mathrm{d}S \, \boldsymbol{T}(\boldsymbol{r} - \boldsymbol{r}') \cdot [(\boldsymbol{r} - \boldsymbol{r}_{\mathrm{p}}) \times \boldsymbol{f}(\boldsymbol{r}')]$$

$$= \oint_{\partial V_{\mathrm{p}}} \mathrm{d}S \int \frac{\mathrm{d}\boldsymbol{k}}{(2\pi)^3} \boldsymbol{T}(k) \cdot [(\boldsymbol{r} - \boldsymbol{r}_{\mathrm{p}}) \times \boldsymbol{f}(\boldsymbol{r}')] \mathrm{e}^{\mathrm{i}\boldsymbol{k} \cdot (\boldsymbol{r} - \boldsymbol{r}')}$$

$$= \int \frac{\mathrm{d}\boldsymbol{k}}{(2\pi)^3} \mathrm{e}^{-\mathrm{i}\boldsymbol{k} \cdot (\boldsymbol{r}' - \boldsymbol{r}_{\mathrm{p}})} \boldsymbol{T}(k) \cdot \oint_{\partial V_{\mathrm{p}}} \mathrm{d}S \, [(\boldsymbol{r} - \boldsymbol{r}_{\mathrm{p}}) \times \boldsymbol{f}(\boldsymbol{r}') \mathrm{e}^{\mathrm{i}\boldsymbol{k} \cdot (\boldsymbol{r} - \boldsymbol{r}_{\mathrm{p}})}]$$

$$= \int \frac{\mathrm{d}\boldsymbol{k}}{(2\pi)^3} \mathrm{e}^{-\mathrm{i}\boldsymbol{k} \cdot (\boldsymbol{r}' - \boldsymbol{r}_{\mathrm{p}})} \boldsymbol{T}(k) \cdot [\mathrm{i}\boldsymbol{f}(\boldsymbol{r}') \times \nabla_k] \oint_{\partial V_{\mathrm{p}}} \mathrm{d}S \, \mathrm{e}^{\mathrm{i}\boldsymbol{k} \cdot (\boldsymbol{r} - \boldsymbol{r}_{\mathrm{p}})}$$

$$= 4\pi a^2 \int \frac{\mathrm{d}\boldsymbol{k}}{(2\pi)^3} \mathrm{e}^{-\mathrm{i}\boldsymbol{k} \cdot (\boldsymbol{r}' - \boldsymbol{r}_{\mathrm{p}})} \boldsymbol{T}(k) \cdot [\mathrm{i}\boldsymbol{f}(\boldsymbol{r}') \times \hat{\boldsymbol{k}}] \frac{\partial}{\partial k} \frac{\sin(ka)}{ka}$$

$$= \frac{a^2}{2\pi^2 \eta} \int \mathrm{d}\Omega \left( \boldsymbol{I} - \hat{\boldsymbol{k}}\hat{\boldsymbol{k}} \right) \cdot [\mathrm{i}\boldsymbol{f}(\boldsymbol{r}') \times \hat{\boldsymbol{k}}] \int_0^\infty \mathrm{d}k \, \mathrm{e}^{-\mathrm{i}k\hat{\boldsymbol{k}} \cdot (\boldsymbol{r}' - \boldsymbol{r}_{\mathrm{p}})} \frac{\partial}{\partial k} \frac{\sin(ka)}{ka} \tag{6.5.29}$$

注意到

$$\hat{\boldsymbol{k}}\hat{\boldsymbol{k}} \cdot \left[ \boldsymbol{f}(\boldsymbol{r}') \times \hat{\boldsymbol{k}} \right] = 0$$

对上式中 $k$ 的积分作分部积分，得到

$$J_1 = \frac{\mathrm{i}a^2}{2\pi^2 \eta} \int \mathrm{d}\Omega \left[ \boldsymbol{f}(\boldsymbol{r}') \times \hat{\boldsymbol{k}} \right] \left[ 1 + \mathrm{i}\hat{\boldsymbol{k}} \cdot (\boldsymbol{r}' - \boldsymbol{r}_{\mathrm{p}}) \int_0^\infty \mathrm{d}k \, \mathrm{e}^{-\mathrm{i}k\hat{\boldsymbol{k}} \cdot (\boldsymbol{r}' - \boldsymbol{r}_{\mathrm{p}})} \frac{\sin(ka)}{ka} \right]$$

利用 $J_1$ 为实，用类似于计算式(6.5.18)的方法，当 $\boldsymbol{r}' \in \partial V_{\mathrm{p}}$ 时，注意到

$$\int \mathrm{d}\Omega \left[ \boldsymbol{f}(\boldsymbol{r}') \times \hat{\boldsymbol{k}} \right] = 0$$

上式中对 $k$ 的积分可以做出为 $\pi/2a$，于是

$$
\begin{aligned}
J_1 &= -\frac{a}{4\pi\eta}\int \mathrm{d}\Omega\left[\boldsymbol{f}(\boldsymbol{r}')\times\hat{\boldsymbol{k}}\right]\hat{\boldsymbol{k}}\cdot(\boldsymbol{r}'-\boldsymbol{r}_{\mathrm{p}})\\
&= -\frac{a}{4\pi\eta}\boldsymbol{f}(\boldsymbol{r}')\times\left(\int\mathrm{d}\Omega\,\hat{\boldsymbol{k}}\hat{\boldsymbol{k}}\right)\cdot(\boldsymbol{r}'-\boldsymbol{r}_{\mathrm{p}})
\end{aligned}
$$

因为

$$
\int\mathrm{d}\Omega\,\hat{\boldsymbol{k}}\hat{\boldsymbol{k}} = \frac{1}{3}\int\mathrm{d}\Omega\,\boldsymbol{I} = \frac{4\pi}{3}\boldsymbol{I}
$$

最后得到

$$
J_1 = \frac{a}{3\eta}(\boldsymbol{r}'-\boldsymbol{r}_{\mathrm{p}})\times\boldsymbol{f}(\boldsymbol{r}')
$$

$$
J = J_1 - J_2 = -\frac{a}{3\eta}(\boldsymbol{r}'-\boldsymbol{r}_{\mathrm{p}})\times\boldsymbol{f}(\boldsymbol{r}')
$$

### 6.5.3  几个张量关系的证明

这里给出式(6.4.19)的证明。由定义

$$
\boldsymbol{H}^{(n)}(\boldsymbol{r}) = (\nabla)^n\frac{1}{r}
$$

当 $r\neq 0$ 时，

$$
\begin{cases}
\nabla^2\boldsymbol{H}^{(n)}(\boldsymbol{r}) = (\nabla)^n\nabla^2\dfrac{1}{r} = 0\\[2mm]
\nabla\cdot\boldsymbol{H}^{(n)}(\boldsymbol{r}) = (\nabla)^{n-1}\nabla^2\dfrac{1}{r} = 0
\end{cases}
\tag{6.5.30}
$$

现证明第三式，当 $n=0$ 时，

$$
\boldsymbol{r}\cdot\boldsymbol{H}^{(1)}(\boldsymbol{r}) = \boldsymbol{r}\cdot\nabla\frac{1}{r} = -\frac{\boldsymbol{r}\cdot\boldsymbol{r}}{r^3} = -\frac{1}{r} = -\boldsymbol{H}^{(0)}
$$

显然成立。注意到

$$
\nabla\boldsymbol{r} = \boldsymbol{I},\quad \nabla\times\boldsymbol{r} = 0
$$

以及

$$
\nabla\times\boldsymbol{H}^{(n)}(\boldsymbol{r}) = 0,\quad n\geqslant 1
$$

$$
\begin{aligned}
\boldsymbol{r}\cdot\boldsymbol{H}^{(n+1)}(\boldsymbol{r}) &= \boldsymbol{r}\cdot\nabla(\nabla)^n\frac{1}{r} = \boldsymbol{r}\cdot\nabla\boldsymbol{H}^{(n)}(\boldsymbol{r})\\
&= \nabla\left[\boldsymbol{r}\cdot\boldsymbol{H}^{(n)}(\boldsymbol{r})\right] - \nabla\boldsymbol{r}\cdot\boldsymbol{H}^{(n)}(\boldsymbol{r})\\
&= \nabla\left[\boldsymbol{r}\cdot\boldsymbol{H}^{(n)}(\boldsymbol{r})\right] - \boldsymbol{H}^{(n)}(\boldsymbol{r})
\end{aligned}
\tag{6.5.31}
$$

若 $n$ 时成立，则

$$r \cdot H^{(n+1)}(r) = \nabla\left[-nH^{(n-1)}(r)\right] - H^{(n)}(r) = -(n+1)H^{(n)}(r) \qquad (6.5.32)$$

对第四式，

$$\begin{aligned}
\nabla^2\left[r^2 H^{(n)}(r)\right] &= (\nabla^2 r^2)H^{(n)}(r) + 2\nabla r^2 \cdot \nabla H^{(n)}(r) + r^2\nabla^2 H^{(n)}(r) \\
&= 6H^{(n)}(r) + 4r \cdot H^{(n+1)}(r) \\
&= [6 - 4(n+1)]H^{(n)}(r) \\
&= -2(2n-1)H^{(n)}(r) \qquad (6.5.33)
\end{aligned}$$

对第五式，

$$\begin{aligned}
\nabla \cdot \left[r^2 H^{(n)}(r)\right] &= \nabla r^2 \cdot H^{(n)}(r) + r^2\nabla \cdot H^{(n)}(r) = 2r \cdot H^{(n)}(r) \\
&= -2nH^{(n-1)}(r) \qquad (6.5.34)
\end{aligned}$$

# 第 7 章   动态光散射与扩散

本章介绍光散射的基本原理和扩散的一些基本图像和初步理论，所有介绍都以单组元系统为对象。推广到二组元系统的一些计算和结果可以参看文献 [155, 156]。

## 7.1   散 射 电 场

考虑一些位置固定的质点的集合，一束单色平面电磁波（光）入射在这个集合上，光在质点上散射后射出。设散射为弹性，即入射光的波长不变，仅仅改变方向。在与入射光不同的方向上，可以探测散射光。散射光由各个不同的质点的散射光相加而成，每个质点散射的光到达探测器的相位不同，这些光相干合成为测量的光强。图 7.1.1 是一个示意图。

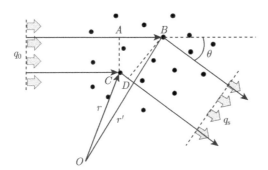

图 7.1.1   光在质点的集合上散射的示意图

记 $q_0$ 为入射光的波矢量，$q_s$ 是散射光的波矢量，对于弹性散射

$$q_0 = q_s = 2\pi/\lambda \tag{7.1.1}$$

$\lambda$ 是光的波长。由两个分别位于 $r$ 和 $r'$ 的质点散射的光，在与入射光为 $\theta_s$ 的方向上的相位差 $\Delta\Phi$ 为 $2\pi\Delta/\lambda$，$\Delta$ 为两条光线的光程差，简单计算得到

$$\Delta\Phi = (r' - r) \cdot (q_0 - q_s) \tag{7.1.2}$$

这样，我们可以对每一个点 $r$ 联系一个相位 $r \cdot (q_0 - q_s)$，总的散射电场 $E_s$ 正比于 $\exp[ir \cdot (q_0 - q_s)]$ 对所有质点的加权求和。权重为每个质点的散射强度。现在

考虑一个连续的物体，将其划分为无穷小的体积元，将每个体积元看成一个质点，对应的散射强度为 $\mathrm{d}\boldsymbol{r}\,F(\boldsymbol{r})$，则散射电场就成为

$$\boldsymbol{E}_{\mathrm{s}} = \int_{V_{\mathrm{s}}} \mathrm{d}\boldsymbol{r}\,F(\boldsymbol{r}) \exp\left[\mathrm{i}(\boldsymbol{q}_0 - \boldsymbol{q}_{\mathrm{s}}) \cdot \boldsymbol{r}\right] \boldsymbol{E}_0 \tag{7.1.3}$$

这里，$V_{\mathrm{s}}$ 是散射体积，为入射光的探测体积。

对于胶体悬浮液，在入射光的散射体积内，设想有 $N$ 个胶体粒子，光仅仅被胶体粒子散射，则 $N$ 个粒子的总散射电场为

$$\boldsymbol{E}_{\mathrm{s}} = \sum_{j=1}^{N} \int_{V_j} \mathrm{d}\boldsymbol{r}\,F(\boldsymbol{r}) \exp\left[\mathrm{i}(\boldsymbol{q}_0 - \boldsymbol{q}_{\mathrm{s}}) \cdot \boldsymbol{r}\right] \boldsymbol{E}_0 \tag{7.1.4}$$

此处 $V_j$ 是第 $j$ 个粒子的散射体积。用 $\boldsymbol{r}_j$ 表示第 $j$ 个粒子的位置，例如，粒子如果是球形，则可以选第 $j$ 个粒子的球心为其代表位置，这样，对第 $j$ 个粒子，对积分变量做代换 $\boldsymbol{r}' = \boldsymbol{r} - \boldsymbol{r}_j$，完成积分后得到

$$\boldsymbol{E}_{\mathrm{s}} = \sum_{j=1}^{N} B_j(\boldsymbol{q}) \exp\left(-\mathrm{i}\boldsymbol{q} \cdot \boldsymbol{r}_j\right) \boldsymbol{E}_0 \tag{7.1.5}$$

其中

$$B_j(\boldsymbol{q}) = \int_{V_j} \mathrm{d}\boldsymbol{r}'\,F(\boldsymbol{r}') \exp\left(-\mathrm{i}\boldsymbol{q} \cdot \boldsymbol{r}'\right) \tag{7.1.6}$$

这里 $B_j$ 为第 $j$ 个粒子的散射振幅，而

$$\boldsymbol{q} = \boldsymbol{q}_{\mathrm{s}} - \boldsymbol{q}_0 \tag{7.1.7}$$

为散射波矢量。简单计算得到

$$q = \frac{4\pi}{\lambda} \sin\frac{\theta_{\mathrm{s}}}{2} \tag{7.1.8}$$

如果散射球是各向异性的，入射波的偏振方向是 $\boldsymbol{u}_i$，在散射方向的测量偏振为 $\boldsymbol{u}_{\mathrm{s}}$，则 $B_j$ 推广为一个张量，而实际上需要考虑的是 $E_{\mathrm{s}} = \boldsymbol{u}_{\mathrm{s}} \cdot \boldsymbol{E}_{\mathrm{s}}$，

$$E_{\mathrm{s}} = \sum_{j=1}^{N} \left[\boldsymbol{u}_{\mathrm{s}} \cdot \boldsymbol{B}_j(\boldsymbol{q}) \cdot \boldsymbol{u}_i\right] \exp\left(-\mathrm{i}\boldsymbol{q} \cdot \boldsymbol{r}_j\right) E_0 \tag{7.1.9}$$

## 7.2　静 态 散 射

在第 3 章中我们引入了对分布函数 $g(r)$ 及其傅里叶变换–结构因子 $S(k)$，并给出了计算方法的简介，本节我们考虑如何测量对分布函数。在实验上，对分布

函数可以通过散射方法间接测量，而结构因子则是可以直接测量的。光散射是比较方便的测量方法，中子散射是另一种方法。对于胶体系统，因胶体粒子的尺寸在亚微米量级，合适的方法是光散射。而对于原子和分子液体，因原子的尺寸处于 0.1nm 的量级，所以 X 射线散射和中子散射是比较适合的方法。这里仅仅给出其基本原理。

考虑单组元胶体，即 $N$ 个球形粒子悬浮在不可压缩流体中组成的悬浮系统，胶体粒子的位形由 $(r_1, r_2, \cdots, r_N)$ 表示，每个粒子的散射振幅相等，为 $B(q)$，$t$ 时刻，在 $\theta$ 角处 $2\pi \sin\theta \, \mathrm{d}\theta$ 的立体角内测到的散射光的强度是

$$
\begin{aligned}
i(\boldsymbol{q}, t) &\propto |\boldsymbol{E}_s(\boldsymbol{q}, t)|^2 \\
&\propto |B(\boldsymbol{q})|^2 \sum_{l=1}^{N} \sum_{j=1}^{N} \mathrm{e}^{\mathrm{i}\boldsymbol{q}\cdot[\boldsymbol{r}_l(t)-\boldsymbol{r}_j(t)]}
\end{aligned} \tag{7.2.1}
$$

实验测量的是一段时间 $T$ 的平均效应，

$$
I(\boldsymbol{q}) = \frac{1}{T} \int_0^T i(\boldsymbol{q}, t) \, \mathrm{d}t \tag{7.2.2}
$$

实际测量中，时间 $T$ 足够长，在这个时间内，每个胶体粒子都在不断运动，其各种位形大致都能经历，因此，上述对时间的平均与系综平均的结果一致，即

$$
\begin{aligned}
I(\boldsymbol{q}) &\propto \left\langle |B(\boldsymbol{q})|^2 \sum_l \sum_j \mathrm{e}^{\mathrm{i}\boldsymbol{q}\cdot(\boldsymbol{r}_l-\boldsymbol{r}_j)} \right\rangle \\
&= |B(\boldsymbol{q})|^2 \left\langle \left| \sum_l \mathrm{e}^{\mathrm{i}\boldsymbol{q}\cdot\boldsymbol{r}_l} \right|^2 \right\rangle
\end{aligned} \tag{7.2.3}
$$

这里 $\langle \cdots \rangle$ 为系综平均。由静态结构因子的定义

$$
S(q) = \frac{1}{N} \left\langle \left| \sum_l \mathrm{e}^{\mathrm{i}\boldsymbol{q}\cdot\boldsymbol{r}_l} \right|^2 \right\rangle
$$

可知

$$
I(\boldsymbol{q}) \propto N|B(\boldsymbol{q})|^2 S(q) \tag{7.2.4}
$$

$I(\boldsymbol{q})$ 为直接测量的量，由此即可给出 $S(q)$，而 $g(r)$ 则通过式 (3.5.29) 得到。

## 7.3 动态光散射

本节假定胶体粒子的光学性质各向异性，也就是说，对每个粒子，有一个固定在其上的光学轴，从而粒子的旋转布朗运动可以由光散射测量。对于第 $j$ 个粒

子，我们记它的质心位置为 $\boldsymbol{r}_j$，光学轴的方向为 $\boldsymbol{n}_j$，它们一般是时间的函数，其相应的单位矢量为 $\hat{\boldsymbol{r}}_j$ 和 $\hat{\boldsymbol{n}}_j$。悬浮系统的构型可以用 $6N$ 维超矢量 $(\boldsymbol{r}^N, \boldsymbol{n}^N)$ 来描述。假定所有的小球都相同，把散射振幅写成 $\boldsymbol{B}_j(\boldsymbol{q}) = b(\boldsymbol{q})\boldsymbol{\alpha}$，$\boldsymbol{\alpha}(\boldsymbol{n})$ 是小球相对于溶剂的极化张量。散射电场的远场量 $E_s(\boldsymbol{q}, t)$ 为

$$E_s(\boldsymbol{q}, t) = b(q) \sum_{j=1}^{N} \mathrm{e}^{-\mathrm{i}\boldsymbol{q}\cdot\boldsymbol{r}_j(t)} \boldsymbol{u}_s \cdot \boldsymbol{\alpha}(\boldsymbol{n}_j(t)) \cdot \boldsymbol{u}_i E_0 \tag{7.3.1}$$

$\boldsymbol{u}_i$ 和 $\boldsymbol{u}_s$ 分别是入射和出射偏振光的单位极化矢量。散射平面是由入射和出射偏振光的波矢量 $\boldsymbol{q}_0$ 和 $\boldsymbol{q}_s$ 张成的平面，$\boldsymbol{q} = \boldsymbol{q}_s - \boldsymbol{q}_0$，$q$ 是 $\boldsymbol{q}$ 的大小。

动态光散射（dynamic light scattering，DLS）测量两个时刻的光强度，并作出其关联平均，即

$$\frac{1}{T} \int_0^T i(\boldsymbol{q}, t+t') i(\boldsymbol{q}, t') \,\mathrm{d}t'$$
$$\propto \frac{1}{T} \int_0^T E_s(\boldsymbol{q}, t+t') E_s(-\boldsymbol{q}, t+t') E_s(\boldsymbol{q}, t') E_s(-\boldsymbol{q}, t') \,\mathrm{d}t' \tag{7.3.2}$$

时间 $T$ 足够长时，上面的时间平均等价于系综平均，所以 DLS 测量的光强的时间关联平均与下面的关联函数成正比

$$I_I(\boldsymbol{q}, t) = \langle E_s(\boldsymbol{q}, t) E_s(-\boldsymbol{q}, t) E_s(\boldsymbol{q}, 0) E_s(-\boldsymbol{q}, 0) \rangle \tag{7.3.3}$$

$E_s$ 来自多个做布朗运动的粒子的散射的叠加，这些粒子可以划分为多个统计上独立的"集团"，集团大小大致由胶体粒子的相互作用决定。由中心极限定理，散射电场 $E_s$ 的平均值为零，大致满足高斯分布的随机变量。因此，可以对上面的四个 $E_s$ 乘积的系综平均做 Wick 分解，

$$\begin{aligned} I_I(\boldsymbol{q}, t) &= \langle E_s(\boldsymbol{q}, t) E_s(-\boldsymbol{q}, t) E_s(\boldsymbol{q}, 0) E_s(-\boldsymbol{q}, 0) \rangle \\ &= \langle E_s(\boldsymbol{q}, t) E_s(-\boldsymbol{q}, t) \rangle \langle E_s(\boldsymbol{q}, 0) E_s(-\boldsymbol{q}, 0) \rangle \\ &\quad + \langle E_s(\boldsymbol{q}, t) E_s(\boldsymbol{q}, 0) \rangle \langle E_s(-\boldsymbol{q}, t) E_s(-\boldsymbol{q}, 0) \rangle \\ &\quad + \langle E_s(\boldsymbol{q}, t) E_s(-\boldsymbol{q}, 0) \rangle \langle E_s(-\boldsymbol{q}, t) E_s(\boldsymbol{q}, 0) \rangle \end{aligned} \tag{7.3.4}$$

其中，第一项正比于光强的平方，从而正比于结构因子 $S(q)$ 的平方，记为 $I(q)^2$，第二项可以证明为 $0$[14]，第三项可以写为 $I(\boldsymbol{q}, t)$ 的平方，其中

$$I(\boldsymbol{q}, t) = \langle E_s(\boldsymbol{q}, t) E_s(-\boldsymbol{q}, 0) \rangle \tag{7.3.5}$$

是散射电场的自关联函数。显然，$I(\boldsymbol{q}) = I(\boldsymbol{q}, 0)$。这样，实验测量的 $I_I(\boldsymbol{q}, t)$ 就可以写为

$$I_I(\boldsymbol{q}, t) = I(\boldsymbol{q})^2 + I(\boldsymbol{q}, t)^2 \tag{7.3.6}$$

与静态测量一起，就能确定散射电场的自关联函数 $I(\boldsymbol{q},t)$ [14,15,147]。

对于光学各向同性的胶体球，

$$\boldsymbol{\alpha(n)} = \alpha \boldsymbol{I} \tag{7.3.7}$$

散射光与入射光的偏振相同，于是 (以下 $E_{\mathrm{s}}$ 以入射电场的振幅 $E_0$ 为单位)

$$E_{\mathrm{s}}(\boldsymbol{q},t) = \alpha b(q) \sum_{j=1}^{N} \mathrm{e}^{-\mathrm{i}\boldsymbol{q}\cdot\boldsymbol{r}_j(t)} \tag{7.3.8}$$

而自关联函数(7.3.5)成为

$$
\begin{aligned}
I(q,t) &= \alpha^2 b(q) b(q) \sum_{j,l} \left\langle \mathrm{e}^{-\mathrm{i}\boldsymbol{q}\cdot[\boldsymbol{r}_j(t)-\boldsymbol{r}_l(0)]} \right\rangle \\
&= N[b(q)\alpha]^2 S_{\mathrm{c}}(q,t)
\end{aligned}
\tag{7.3.9}
$$

这里

$$S_{\mathrm{c}}(q,t) = \frac{1}{N} \sum_{j,l} \left\langle \mathrm{e}^{-\mathrm{i}\boldsymbol{q}\cdot[\boldsymbol{r}_j(t)-\boldsymbol{r}_l(0)]} \right\rangle \tag{7.3.10}$$

为集体动态结构因子。这个因子与密度的傅里叶变换相联系。胶体球的密度为

$$\rho(\boldsymbol{r},t) = \sum_{j=1}^{N} \delta(\boldsymbol{r}-\boldsymbol{r}_j(t)) \tag{7.3.11}$$

其傅里叶变换是

$$\rho(\boldsymbol{q},t) = \sum_{j=1}^{N} \exp\left[\mathrm{i}\boldsymbol{q}\cdot\boldsymbol{r}_j(t)\right] \tag{7.3.12}$$

这样，集体动态结构因子就可以写成

$$S_{\mathrm{c}}(\boldsymbol{q},t) = \left\langle \frac{1}{N} \rho^{\star}(\boldsymbol{q},t) \rho(\boldsymbol{q},0) \right\rangle \tag{7.3.13}$$

集体动态结构因子与多个胶体球的集体运动相联系，对应的是密度的 $\boldsymbol{q}$ 分量的扩散运动。

现在考虑一种实验，系统包含两种胶体球，其中一种的浓度非常小，而另一种则可以是稠密的。设想稠密的组元不散射光，即对应的 $b(q)=0$，这样，式(7.3.8)中的求和只对稀薄的组元进行。在非常稀薄的条件下，胶体粒子之间没有相互作用，从而，对于 $i \neq j$

$$\left\langle \exp\left[\mathrm{i}\boldsymbol{q}\cdot(\boldsymbol{r}_i-\boldsymbol{r}_j)\right] \right\rangle = \left\langle \exp\left(\mathrm{i}\boldsymbol{q}\cdot\boldsymbol{r}_i\right) \right\rangle \left\langle \exp\left(-\mathrm{i}\boldsymbol{q}\cdot\boldsymbol{r}_j\right) \right\rangle$$

对于非零的 $\boldsymbol{q}$，$\langle \exp(\mathrm{i}\boldsymbol{q}\cdot\boldsymbol{r}_i)\rangle = 0$，这样，关联函数就与下面的动态自关联函数成正比

$$S_{\mathrm{s}}(q,t) = \left\langle \mathrm{e}^{-\mathrm{i}\boldsymbol{q}\cdot[\boldsymbol{r}_1(t)-\boldsymbol{r}_1(0)]} \right\rangle = \int \mathrm{d}\boldsymbol{r}\, \mathrm{e}^{-\mathrm{i}\boldsymbol{q}\cdot\boldsymbol{r}} P(\boldsymbol{r},t) \tag{7.3.14}$$

这里，下标 1 表示选定的一个胶体球，记为第 1 个胶体球。式中，

$$P(\boldsymbol{r},t) = \langle \delta\{\boldsymbol{r}-[\boldsymbol{r}_1(t)-\boldsymbol{r}_1(0)]\}\rangle$$

其物理意义是，若 $t=0$ 时刻在原点有一个粒子，那么在时间 $t$，在距原点 $\boldsymbol{r}$ 处发现该粒子的概率为 $P(\boldsymbol{r},t)$。显然，$P(\boldsymbol{r},0)=\delta(\boldsymbol{r})$，从而 $P(\boldsymbol{q},0)=1$。

还有一种动态关联函数，可以称为动态区分关联函数，定义为

$$S_d(q,t) = \left\langle \frac{1}{N}\sum_{l\neq j=1}^{N} \exp\{-\mathrm{i}\boldsymbol{q}\cdot[\boldsymbol{r}_l(t)-\boldsymbol{r}_j(0)]\} \right\rangle \tag{7.3.15}$$

这个关联函数只描述不同粒子的集体关联，即扣除了自关联之后的集体关联函数。

对于具有单轴光学各向异性的均匀胶体球，其极化张量 $\boldsymbol{\alpha}(\boldsymbol{n})$ 为

$$\boldsymbol{\alpha}(\boldsymbol{n}) = \alpha\boldsymbol{I} + \beta\left(\hat{n}\hat{n} - \frac{1}{3}\boldsymbol{I}\right) \tag{7.3.16}$$

其中，$\boldsymbol{I}$ 是单位张量，而 $\alpha = (\alpha_{\parallel}+2\alpha_{\perp})/3$ 是平均极化率，$\beta = \alpha_{\parallel}-\alpha_{\perp}$ 是粒子的各向异性因子。这里 $\alpha_{\parallel}$ 是在光学轴方向 $\boldsymbol{n}$ 上粒子相对于溶剂的相对极化率，而 $\alpha_{\perp}$ 是在垂直于光学轴的方向上粒子相对于溶剂的相对极化率。显然 $\beta$ 与溶剂无关。我们用 $V$（vertical）标记垂直于散射平面，用 $H$（horizontal）标记平行于散射平面。通常选择 $\boldsymbol{u}_{\mathrm{i}}$ 垂直于散射平面（即 $\boldsymbol{u}_{\mathrm{i}} = \boldsymbol{u}_V$），而 $\boldsymbol{u}_{\mathrm{s}}$ 垂直于平面（$\boldsymbol{u}_{\mathrm{s}} = \boldsymbol{u}_V$，即 $VV$ 情形）或平行于平面（$\boldsymbol{u}_{\mathrm{s}} = \boldsymbol{u}_H$，即 $VH$ 情形）。我们把光学轴方向 $\boldsymbol{n}$ 和 $\boldsymbol{u}_V$ 方向之间的夹角记作 $\theta$，而 $\boldsymbol{n}$ 在散射平面上的投影与 $\boldsymbol{u}_H$ 之间的夹角记作 $\phi$。

这里我们取解耦近似：首先假定粒子的位置和方向统计无关；其次，对于粒子间作用势为球对称的二体势情形，两个不同粒子的光学轴不关联。下面我们分别考虑实验中的两种情况。

(1) 在 $VV$ 情形中，

$$E_{\mathrm{s}}^{VV}(\boldsymbol{q},t) = b(q)\sum_{j=1}^{N} \mathrm{e}^{-\mathrm{i}\boldsymbol{q}\cdot\boldsymbol{r}_j(t)} \boldsymbol{u}_V \cdot \boldsymbol{\alpha}(\boldsymbol{n}_j(t)) \cdot \boldsymbol{u}_V \tag{7.3.17}$$

其中

$$
\begin{aligned}
\boldsymbol{u}_V \cdot \boldsymbol{\alpha}(\boldsymbol{n}_j(t)) \cdot \boldsymbol{u}_V &= \boldsymbol{u}_V \cdot \left(\alpha - \frac{\beta}{3}\right)\boldsymbol{I} \cdot \boldsymbol{u}_V + \boldsymbol{u}_V \cdot \beta\boldsymbol{nn} \cdot \boldsymbol{u}_V \\
&= \left(\alpha - \frac{\beta}{3}\right)\boldsymbol{u}_V \cdot \boldsymbol{u}_V + \beta(\boldsymbol{u}_V \cdot \boldsymbol{n})(\boldsymbol{n} \cdot \boldsymbol{u}_V) \\
&= \left(\alpha - \frac{\beta}{3}\right) + \beta\cos^2\theta \\
&= \alpha + \beta\left(\cos^2\theta - \frac{1}{3}\right)
\end{aligned}
\tag{7.3.18}
$$

把式(7.3.18)中的角度部分用球谐函数表示,式(7.3.17)可以写成

$$
E_{\mathrm{s}}^{VV}(\boldsymbol{q}, t) = b(q)\sum_{j=1}^{N}\mathrm{e}^{-\mathrm{i}\boldsymbol{q}\cdot\boldsymbol{r}_j(t)}\left[\alpha + \frac{2}{3}\sqrt{\frac{4\pi}{5}}\beta Y_{2,0}(\boldsymbol{n}_j(t))\right]
\tag{7.3.19}
$$

而自关联函数式(7.3.5)为

$$
\begin{aligned}
I^{VV}(q, t) = b(q)b(q)\sum_{j,l}&\left\langle\mathrm{e}^{-\mathrm{i}\boldsymbol{q}\cdot[\boldsymbol{r}_j(t)-\boldsymbol{r}_l(0)]}\right\rangle \\
&\cdot\left\langle\left[\alpha + \frac{2}{3}\sqrt{\frac{4\pi}{5}}\beta Y_{2,0}(\boldsymbol{n}_j(t))\right]\left[\alpha + \frac{2}{3}\sqrt{\frac{4\pi}{5}}\beta Y_{2,0}^*(\boldsymbol{n}_l(0))\right]\right\rangle
\end{aligned}
\tag{7.3.20}
$$

因

$$
\begin{aligned}
\langle Y_{2,0}(\boldsymbol{n}_j(t))\rangle &= \frac{1}{4\pi}\int\mathrm{d}\boldsymbol{n}\, Y_{2,0}(\boldsymbol{n}_j(t)) \\
&= \frac{1}{\sqrt{4\pi}}\int\mathrm{d}\boldsymbol{n}\, Y_{2,0}(\boldsymbol{n}_j(t))Y_{0,0}(\boldsymbol{n}_j(t)) = 0
\end{aligned}
\tag{7.3.21}
$$

这里用到了 $Y_{0,0}(\boldsymbol{n}) = 1/\sqrt{4\pi}$ 和球谐函数的正交性关系。由此得到电场自关联函数的表达式为

$$
\begin{aligned}
I^{VV}(q, t) = b(q)b(q)\sum_{j,l}&\left\langle\mathrm{e}^{-\mathrm{i}\boldsymbol{q}\cdot[\boldsymbol{r}_j(t)-\boldsymbol{r}_l(0)]}\right\rangle \\
&\cdot\left[\alpha^2 + \frac{16\pi}{45}\left\langle\beta^2 Y_{2,0}(\boldsymbol{n}_j(t))Y_{2,0}^*(\boldsymbol{n}_l(0))\right\rangle\right]
\end{aligned}
\tag{7.3.22}
$$

另外,对于球对称的二体势,不同粒子的光学轴是不关联的,即

$$
\left\langle Y_{2,0}(\boldsymbol{n}_j(t))Y_{2,0}^*(\boldsymbol{n}_l(0))\right\rangle \propto \delta_{jl}
\tag{7.3.23}
$$

这样式(7.3.19)就可以写成

$$
\begin{aligned}
I^{VV}(q,t) =& [b(q)\alpha]^2 \sum_{j,l} \left\langle \mathrm{e}^{-\mathrm{i}\boldsymbol{q}\cdot[\boldsymbol{r}_j(t)-\boldsymbol{r}_l(0)]} \right\rangle \\
&+ [b(q)\beta]^2 \frac{16\pi}{45} \sum_j \left\langle \mathrm{e}^{-\mathrm{i}\boldsymbol{q}\cdot[\boldsymbol{r}_j(t)-\boldsymbol{r}_j(0)]} \right\rangle \left\langle Y_{2,0}(\boldsymbol{n}_j(t))Y_{2,0}^*(\boldsymbol{n}_j(0)) \right\rangle
\end{aligned}
\tag{7.3.24}
$$

由于所有粒子是相同的，所以

$$
\begin{aligned}
I^{VV}(q,t) =& N(b(q)\alpha)^2 \frac{1}{N} \sum_{j,l} \left\langle \mathrm{e}^{-\mathrm{i}\boldsymbol{q}\cdot[\boldsymbol{r}_j(t)-\boldsymbol{r}_l(0)]} \right\rangle \\
&+ (b(q)\beta)^2 \frac{16\pi}{45} N \left\langle \mathrm{e}^{-\mathrm{i}\boldsymbol{q}\cdot[\boldsymbol{r}_1(t)-\boldsymbol{r}_1(0)]} \right\rangle \left\langle Y_{2,0}(\boldsymbol{n}_1(t))Y_{2,0}^*(\boldsymbol{n}_1(0)) \right\rangle
\end{aligned}
\tag{7.3.25}
$$

式(7.3.25)中的第一项对应于集体动态结构函数 $S_\mathrm{c}(q,t)$，描述集体关联；第二项对应于两个关联函数，一个是平动自关联函数 $S_\mathrm{s}(q,t)$，它包含了单粒子动态的信息，另一个是转动自关联函数[147]，以如下方式定义：

$$
S_\mathrm{srm}(t) = 4\pi \left\langle Y_{2,m}^*(\boldsymbol{n}_i(t))Y_{2,m}(\boldsymbol{n}_i(0)) \right\rangle
\tag{7.3.26}
$$

利用这些关联函数，式(7.3.25)就可以写成

$$
I^{VV}(q,t) = N[b(q)\alpha]^2 S_\mathrm{c}(q,t) + N\frac{4}{45}[b(q)\beta]^2 S_\mathrm{s}(q,t)S_\mathrm{sr0}(t)
\tag{7.3.27}
$$

如果我们研究单粒子的动态行为（例如代表粒子的自扩散[155]），则只需考虑式(7.3.27)中的第二项。

(2) 在 $VH$ 情形中，类似地，我们得到

$$
E_\mathrm{s}^{VH}(\boldsymbol{q},t) = b(q) \sum_{j=1}^N \mathrm{e}^{-\mathrm{i}\boldsymbol{q}\cdot\boldsymbol{r}_j(t)} \boldsymbol{u}_H \cdot \boldsymbol{\alpha}(\boldsymbol{n}_j(t)) \cdot \boldsymbol{u}_V
\tag{7.3.28}
$$

其中

$$
\begin{aligned}
\boldsymbol{u}_H \cdot \boldsymbol{\alpha}(\boldsymbol{n}_j(t)) \cdot \boldsymbol{u}_V &= \left(\alpha - \frac{\beta}{3}\right)\boldsymbol{u}_H \cdot \boldsymbol{u}_V + \beta(\boldsymbol{u}_H \cdot \boldsymbol{n})(\boldsymbol{n} \cdot \boldsymbol{u}_V) \\
&= \beta \cos\theta \sin\theta \cos\phi
\end{aligned}
\tag{7.3.29}
$$

同样，$VH$ 情形的自关联函数可以通过球谐函数表示为

$$
I^{VH}(q,t) = \frac{2\pi}{15}[b(q)\beta]^2 \sum_{j,l} \left\langle \mathrm{e}^{-\mathrm{i}\boldsymbol{q}\cdot[\boldsymbol{r}_j(t)-\boldsymbol{r}_l(0)]} \right\rangle \left[ \left\langle Y_{2,1}(\boldsymbol{n}_j(t))Y_{2,1}^*(\boldsymbol{n}_l(0)) \right\rangle \right.
$$

$$+ \left\langle Y_{2,-1}^*(\boldsymbol{n}_j(t)) Y_{2,-1}(\boldsymbol{n}_l(0)) \right\rangle ] \tag{7.3.30}$$

与情形一类似，运用球谐函数的性质对式(7.3.30)进行数学变换，我们得到

$$I^{VH}(q,t) = N \frac{1}{15} [b(q)\beta]^2 S_{\mathrm{s}}(q,t) S_{\mathrm{sr1}}(t) \tag{7.3.31}$$

这里

$$S_{\mathrm{sr1}}(t) = 4\pi \left\langle Y_{2,1}(\boldsymbol{n}_j(t)) Y_{2,-1}(\boldsymbol{n}_l(0)) \right\rangle \tag{7.3.32}$$

为转动的自关联函数。显然这个结果只包含单粒子动态的贡献。

利用上述结果，通过光散射测量 $I^{VV}(q,t)$ 和 $I^{VH}(q,t)$，就能够从中提取出 $S_{\mathrm{c}}(q,t)$ 和 $S_{\mathrm{s}}(q,t)$ 以及 $S_{\mathrm{d}}(q,t)$，这些结构因子与胶体系统的扩散性质紧密联系。

## 7.4 非常稀薄的胶体系统的扩散

本节和 7.5 节对胶体的扩散做一些概念和图像上的描述。

单组元胶体系统中胶体粒子的平动扩散有两种类型，一种是自扩散，是单个粒子（我们称之为"示踪粒子"(tracer)）在流体环境及其他粒子作用下的扩散运动；另一种是集体扩散，描述的是系统中大量胶体粒子受密度梯度的驱动，在流体环境和粒子之间的相互作用下同时进行的集体扩散运动。对于多组元系统，还有一类互扩散。

对于非常稀薄的胶体系统，重要的扩散过程是自扩散。由于系统非常稀薄，粒子的运动来自处于静止状态的均匀溶剂分子对于胶体粒子的随机碰撞。描述平动自扩散过程的重要物理量是粒子的平均平方位移 $W(t)$，定义为

$$W(t) \equiv \frac{1}{2d} \left\langle |\boldsymbol{r}(t) - \boldsymbol{r}(0)|^2 \right\rangle \tag{7.4.1}$$

这里，$\boldsymbol{r}(t)$ 是 $t$ 时刻示踪粒子的质心的位置矢量；$\Delta\boldsymbol{r}(t) = \boldsymbol{r}(t) - \boldsymbol{r}(0)$ 是示踪粒子在时间间隔 $t$ 内的位移。这里的平均是系综平均，即对多个相同系统做平均（这里的定义比通常教材上的定义多了一个 $\frac{1}{2d}$ 因子，$d$ 是空间维数。在胶体物理研究中大多使用这个定义，后面会看到这样的定义在扩散问题中有方便之处）。

如果 $t = 0$ 时的示踪粒子的速度为 $\boldsymbol{v}_0$，在很短的时间内 $(t \ll \tau_{\mathrm{B}})$，粒子的速度几乎没有因分子的热碰撞而发生改变，$\boldsymbol{r}(t) - \boldsymbol{r}(0) \approx \boldsymbol{v}_0 t$，因此

$$W(t) \sim t^2 \tag{7.4.2}$$

在 $t \gg \tau_{\mathrm{B}}$，粒子经历了非常多的分子热碰撞，$W(t)$ 成为

$$W(t) = D_0 t \tag{7.4.3}$$

这里，$D_0$ 为单粒子扩散系数，又称之为斯托克斯–爱因斯坦扩散系数。

这些结果可以通过朗之万方程来理解。在溶剂中，一个以速度 $\boldsymbol{v}$ 运动的胶体球满足低雷诺数的条件，所受的阻力为 $-\gamma\boldsymbol{v}$，$\gamma$ 是阻尼系数。对于球形粒子，$\gamma = 6\pi\eta a$，$\eta$ 是溶剂的剪切黏度，$a$ 是球的半径。分子碰撞的特征时间为 $\tau_s \approx 10^{-13}$s 的数量级，在比这个时间长得多的时间尺度上，分子对于胶体球的碰撞相互作用可以看成一个时间上没有关联、平均值为零的随机力 $\boldsymbol{f}(t)$，

$$\langle\boldsymbol{f}(t)\rangle = 0, \quad \langle\boldsymbol{f}(t)\cdot\boldsymbol{f}(t')\rangle = 2dB\delta(t - t') \tag{7.4.4}$$

$B$ 量度这个随机力的大小，在热平衡状态下，$B = \gamma kT$。

在 $t \gg \tau_s$ 的时间尺度上，胶体球满足朗之万方程

$$M\frac{\mathrm{d}\boldsymbol{v}}{\mathrm{d}t} = -\gamma\boldsymbol{v} + \boldsymbol{f}(t) \tag{7.4.5}$$

解出

$$\boldsymbol{v}(t) = \boldsymbol{v}_0\mathrm{e}^{-(t-t_0)/\tau_B} + \frac{\mathrm{e}^{-t/\tau_B}}{M}\int_{t_0}^t \mathrm{e}^{t'/\tau_B}\boldsymbol{f}(t')\,\mathrm{d}t' \tag{7.4.6}$$

其中，$t_0$ 为初始时间；$\boldsymbol{v}_0$ 为胶体粒子在 $t_0$ 时刻的初始速度；$\tau_B = M/\gamma = M/6\pi\eta a$。$\tau_B$ 的典型数量级为 $10^{-9} \sim 10^{-8}$s。对式(7.4.6)取系综平均，注意到式(7.4.4)，得到

$$\langle\boldsymbol{v}(t)\rangle = \boldsymbol{v}_0\mathrm{e}^{-(t-t_0)/\tau_B} \tag{7.4.7}$$

这样，就自然引入了一个特征时间。当 $t - t_0 \ll \tau_B$ 时，胶体球的速度几乎没有变化，而当 $t - t_0 \gg \tau_B$ 时，初始速度的影响不再起作用，即在 $t - t_0 \gg \tau_B$ 的时间尺度上

$$\langle\boldsymbol{v}(t)\rangle = 0$$

现在计算速度平方的平均

$$\begin{aligned}
\langle\boldsymbol{v}(t)^2\rangle =&\, \boldsymbol{v}_0^2\mathrm{e}^{-2(t-t_0)/\tau_B} + 2\mathrm{e}^{-(t-t_0)/\tau_B}\frac{\mathrm{e}^{-t/\tau_B}}{M}\int_{t_0}^t \mathrm{e}^{t'/\tau_B}\boldsymbol{v}_0\cdot\langle\boldsymbol{f}(t')\rangle\,\mathrm{d}t' \\
&+ \frac{\mathrm{e}^{-2t/\tau_B}}{M^2}\int_{t_0}^t \mathrm{d}t_1\int_{t_0}^t \mathrm{d}t_2\,\mathrm{e}^{(t_1+t_2)/\tau_B}\langle\boldsymbol{f}(t_1)\cdot\boldsymbol{f}(t_2)\rangle \\
=&\, \boldsymbol{v}_0^2\mathrm{e}^{-2(t-t_0)/\tau_B} + \frac{2dB}{M^2}\mathrm{e}^{-2t/\tau_B}\int_{t_0}^t \mathrm{d}t_1\int_{t_0}^t \mathrm{d}t_2\,\mathrm{e}^{(t_1+t_2)/\tau_B}\delta(t_1 - t_2) \\
=&\, \boldsymbol{v}_0^2\mathrm{e}^{-2(t-t_0)/\tau_B} + \frac{dB\tau_B}{M^2}\left[1 - \mathrm{e}^{-2(t-t_0)/\tau_B}\right]
\end{aligned}$$

计算中用到了式(7.4.4)。当 $t - t_0 \gg \tau_B$ 时，得到

$$\langle\boldsymbol{v}(t)^2\rangle = \frac{dB\tau_B}{M^2} \tag{7.4.8}$$

由能量均分原理，

$$\frac{1}{2}M\left\langle \boldsymbol{v}^2 \right\rangle = \frac{d}{2}kT$$

定出

$$B = \frac{MkT}{\tau_{\mathrm{B}}} = \gamma kT \tag{7.4.9}$$

如果系统处于平衡态，时间的零点没有特别的意义。为了消除初始条件的影响，考虑令初始时刻 $t_0 \to -\infty$，这样就有

$$\boldsymbol{v}(t) = \frac{\mathrm{e}^{-t/\tau_{\mathrm{B}}}}{M}\int_{-\infty}^{t} \mathrm{e}^{t'/\tau_{\mathrm{B}}}\boldsymbol{f}(t')\,\mathrm{d}t' \tag{7.4.10}$$

定义粒子速度的时间自关联函数

$$C_v(t,t') = \frac{1}{d}\left\langle \boldsymbol{v}(t)\cdot\boldsymbol{v}(t')\right\rangle \tag{7.4.11}$$

在平衡态，时间自关联函数具有时间平移不变性，所以式(7.4.11)只能是 $t-t'$ 的函数，于是，式(7.4.11)可以简化为

$$C_v(t) = \frac{1}{d}\left\langle \boldsymbol{v}(t)\cdot\boldsymbol{v}(0)\right\rangle \tag{7.4.12}$$

代入 $\boldsymbol{v}(t)$ 的表达式，

$$
\begin{aligned}
C_v(t) &= \frac{1}{dM^2}\mathrm{e}^{-t/\tau_{\mathrm{B}}}\int_{-\infty}^{t}\int_{-\infty}^{0}\mathrm{e}^{t'+t''/\tau_{\mathrm{B}}}\left\langle \boldsymbol{f}(t')\cdot\boldsymbol{f}(t'')\right\rangle \mathrm{d}t'\,\mathrm{d}t'' \\
&= \frac{2\gamma kT}{M^2}\mathrm{e}^{-t/\tau_{\mathrm{B}}}\int_{-\infty}^{t}\int_{-\infty}^{0}\mathrm{e}^{t'+t''/\tau_{\mathrm{B}}}\delta(t'-t'')\,\mathrm{d}t'\,\mathrm{d}t''
\end{aligned}
$$

如果 $t > 0$，则包含 $\delta$ 函数的积分成为

$$\int_{-\infty}^{t}\int_{-\infty}^{0}\mathrm{e}^{(t'+t'')/\tau_{\mathrm{B}}}\delta(t'-t'')\,\mathrm{d}t'\,\mathrm{d}t'' = \int_{-\infty}^{0}\mathrm{e}^{2t'/\tau_{\mathrm{B}}}\,\mathrm{d}t' = \frac{\tau_{\mathrm{B}}}{2}$$

$$C_v(t) = \frac{kT}{M}\mathrm{e}^{-t/\tau_{\mathrm{B}}}$$

如果 $t < 0$，则包含 $\delta$ 函数的积分成为

$$\int_{-\infty}^{t}\int_{-\infty}^{0}\mathrm{e}^{(t'+t'')/\tau_{\mathrm{B}}}\delta(t'-t'')\,\mathrm{d}t'\,\mathrm{d}t'' = \int_{-\infty}^{t}\mathrm{e}^{2t'/\tau_{\mathrm{B}}}\,\mathrm{d}t' = \frac{\tau_{\mathrm{B}}}{2}\mathrm{e}^{2t/\tau_{\mathrm{B}}}$$

$$C_v(t) = \frac{kT}{M}\mathrm{e}^{t/\tau_{\mathrm{B}}} = \frac{kT}{M}\mathrm{e}^{-|t|/\tau_{\mathrm{B}}}$$

综合以上结果，得到

$$C_v(t) = \frac{kT}{M} e^{-|t|/\tau_B} \tag{7.4.13}$$

利用

$$\boldsymbol{r}(t) - \boldsymbol{r}(0) = \int_0^t \boldsymbol{v}(t)\,\mathrm{d}t$$

平均平方位移为

$$W(t) = \frac{1}{2d}\int_0^t \mathrm{d}t_1 \int_0^t \mathrm{d}t_2 \langle \boldsymbol{v}(t_1)\boldsymbol{v}(t_2)\rangle = \frac{1}{2}\int_0^t \mathrm{d}t_1 \int_0^t \mathrm{d}t_2\, C_v(t_1 - t_2) \tag{7.4.14}$$

做代换 $t' = t_1 - t_2$，通过分部积分，可以得到

$$W(t) = \int_0^t \mathrm{d}t'\,(t - t')C_v(t') \tag{7.4.15}$$

对于非稀薄系统，这个结果也正确，只是 $C_v(t)$ 不能简单地由式(7.4.13)得到。把式(7.4.13)代入式 (7.4.15)，简单计算得到

$$W(t) = D_0 t\Big[1 - \frac{\tau_B}{t}\big(1 - e^{-t/\tau_B}\big)\Big] \rightarrow
\begin{cases}
\dfrac{kT}{2M}t^2, & t \ll \tau_B \\[2mm]
D_0 t, & t \gg \tau_B
\end{cases} \tag{7.4.16}$$

其中

$$D_0 = \frac{kT}{\gamma} = \frac{kT}{6\pi\eta a} \tag{7.4.17}$$

胶体球的位移 $\Delta\boldsymbol{r}(t)$ 可以看成一个高斯随机变量，其概率密度函数为

$$P(\Delta\boldsymbol{r}, t) = \left(\frac{1}{4\pi W(t)}\right)^{d/2} \exp\left\{-\frac{(\Delta\boldsymbol{r})^2}{4W(t)}\right\} \tag{7.4.18}$$

使得

$$\langle \Delta\boldsymbol{r}^2 \rangle = \int \mathrm{d}\Delta\boldsymbol{r}\,\Delta\boldsymbol{r}^2 P(\Delta\boldsymbol{r}, t) = 2dW(t) \tag{7.4.19}$$

概率密度函数满足扩散方程

$$\frac{\partial P(\Delta\boldsymbol{r}, t)}{\partial t} = D(t)\nabla^2 P(\Delta\boldsymbol{r}, t) \tag{7.4.20}$$

这里

$$D(t) = \frac{\mathrm{d}W(t)}{\mathrm{d}t} = D_0\big[1 - e^{-t/\tau_B}\big]$$

其初始条件为 $P(\Delta\boldsymbol{r}, 0) = \delta(\Delta\boldsymbol{r})$。

利用概率密度函数，可以求得动态结构因子即(7.3.14)

$$S_s(q,t) = \int d(\Delta \boldsymbol{r}) \, e^{-i\boldsymbol{q}\cdot\Delta\boldsymbol{r}} P(\Delta\boldsymbol{r}, t) = e^{-q^2 W(t)} \tag{7.4.21}$$

在动态光散射的时间尺度 $(\sim 10^{-6}\text{s})$，$W(t) = D_0 t$，概率密度函数的方程成为简单的扩散方程

$$\frac{\partial P(\Delta\boldsymbol{r}, t)}{\partial t} = D_0 \nabla^2 P(\Delta\boldsymbol{r}, t) \tag{7.4.22}$$

而

$$S_s(q,t) = \int d(\Delta\boldsymbol{r}) \, e^{-i\boldsymbol{q}\cdot\Delta\boldsymbol{r}} P(\Delta\boldsymbol{r}, t) = \exp\left(-q^2 D_0 t\right) \tag{7.4.23}$$

在统计意义上，方程(7.4.23)与如下过阻尼朗之万方程等价

$$\boldsymbol{v}(t) = \frac{1}{\gamma} \boldsymbol{f}(t) \tag{7.4.24}$$

$\boldsymbol{f}(t)$ 由式(7.4.4)定义。这个方程描述 $t \gg \tau_B$ 的情形。

## 7.5 稠密系统的扩散

在稠密的胶体悬浮液系统中，胶体粒子的三类平动扩散，即自扩散、集体扩散和互扩散都很重要。除了平动扩散外，胶体粒子还有转动扩散，通常转动扩散和平动扩散可以互相耦合。本章假定胶体粒子为球形，并仅考虑单组元胶体。对于简单球形胶体的扩散行为的深入理解，能够为理解更为复杂系统的扩散提供有用的指导。

对于稠密系统的扩散，需要考虑两类相互作用。一类是胶体球之间的直接相互作用，如胶体球的硬球相互作用、带电胶体球的屏蔽库仑相互作用、范德瓦耳斯相互作用等。直接相互作用发生显著作用的时间尺度是胶体球的位形发生显著变化的时间，作为一个非常粗略的估计，可以选胶体粒子扩散其尺寸的距离所需的时间，即 $\tau_I = \dfrac{a^2}{D_0}$，其典型的数量级为 $10^{-4} \sim 10^{-3}\text{s}$。另一类是通过溶剂传递的流体动力相互作用，当胶体球运动时，会在其周围生成一个流体场，这个场会对其他胶体球产生影响，导致胶体球之间的等效相互作用。传递流体动力相互作用的典型时间尺度是 $\tau_\eta \approx \tau_B$，所以在考虑扩散问题时，即在 $t \gg \tau_B$ 的时间尺度上，流体动力相互作用可以看成是瞬时相互作用。在第 6 章中，在 $t \gg \tau_\eta$ 的近似条件下，我们得到胶体球的速度与其所受的力之间满足线性关系，其比例系数是扩散矩阵 $\boldsymbol{D}$，同时也给出了计算这个矩阵的思路和初步结果。

这样，我们有两个时间尺度，一个是短时间尺度，对应于 $\tau_B \ll t \ll \tau_I$，另一个是长时间尺度，对应于 $t \gg \tau_I$。

### 7.5.1　自扩散

对于短时情形，单个胶体球扩散的距离远小于其尺寸，因此，其扩散只发生在由其他胶体球构成的一个空腔内，其他胶体球几乎没有改变位置，因此，直接相互作用力几乎没有改变，而起主要作用的是流体动力相互作用，如图 7.5.1所示。这样，胶体球的均方位移仍然是时间的线性关系，

$$W(t) = D_s^S t, \quad \tau_B \ll t \ll \tau_I \tag{7.5.1}$$

$D_s^S$ 为短时间自扩散系数。由于流体动力相互作用的影响，这个系数比稀薄情形的扩散系数 $D_0$ 要小。这里的上标 "S" 表示 "短时间"，下标 "s" 表示 "自扩散"。在中等时间尺度 $t \sim \tau_I$，周围的胶体球都有了较大位移，所考察的胶体球受到直接力的影响，因此，均方位移与时间的关系不是简单的线性关系。在长时间情形，$t \gg \tau_I$，所考察的胶体球与周围的胶体球已经发生了多次碰撞，其综合效果为平均的阻尼作用，这导致均方位移回到时间的线性关系

$$W(t) = D_s^L t, \quad t \gg \tau_I \tag{7.5.2}$$

此时的扩散系数是长时间自扩散系数 $D_s^L$，上标 "L" 表示 "长时间"。由于胶体球直接相互作用的影响，长时间扩散系数 $D_s^L$ 小于短时间自扩散系数 $D_s^S$。这样就有

$$0 \leqslant D_s^L \leqslant D_s^S \leqslant D_0 \tag{7.5.3}$$

这个结果与直接相互作用的具体形式无关。

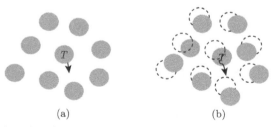

(a)　　　　　　　　　　　　　(b)

图 7.5.1　一个胶体球（以 $T$ 标记）在短时间 $\tau_B \ll t \ll \tau_I$(a) 和长时间 $t \sim \tau_I$(b) 的示意图

在稀薄极限下，长时间和短时间扩散系数均趋于 $D_0$。在相互作用较强的情况下，$D_s^L$ 远小于 $D_0$，在发生玻璃体转变时，$D_s^L \to 0$，即在长时间尺度上，胶体球不再扩散。但短时间扩散系数不会趋于 0，因为在发生玻璃体转变后，胶体球仍然可以在小范围内做随机的布朗运动。

由式(7.4.15)，在假设 $W(t) = 2D_{\mathrm{s}}^{\mathrm{L}}t$ 的长时间行为下，$D_{\mathrm{s}}^{\mathrm{L}}$ 可以表示为对于速度自相关函数的积分

$$
\begin{aligned}
D_{\mathrm{s}}^{\mathrm{L}} &= \lim_{t\to\infty} \frac{W(t)}{t} \\
&= \lim_{t\to\infty} \int_0^\infty \left(1 - \frac{t'}{t}\right) C_v(t')\, \mathrm{d}t' \\
&= \int_0^\infty C_v(t)\, \mathrm{d}t
\end{aligned}
\tag{7.5.4}
$$

这里 $d$ 是空间维数。在 $t \gg \tau_{\mathrm{B}}$ 的时间尺度上，速度自相关函数应该具有如下形式：

$$
C_v(t) = 2D_{\mathrm{s}}^{\mathrm{S}}\delta(t) - \Delta C_v(t)
\tag{7.5.5}
$$

它包含一个奇异的部分（与时间尺度 $\tau_{\mathrm{B}}$ 对应，因 $\tau_{\mathrm{B}}$ 远小于此处所考虑的时间尺度，可以看成是 0，从而给出 $\delta$ 函数项）和一项负的长时间项。可以证明 $\Delta C_v(t) > 0$ 以及 $\mathrm{d}\Delta C_v(t)/\mathrm{d}t < 0$，与 $D_{\mathrm{s}}^{\mathrm{L}} < D_{\mathrm{s}}^{\mathrm{S}}$ 相符。长时间项是相邻胶体球之间的相互作用导致的代表性胶体球速度的反相关，而奇异项实际上是非常短的时间 $t \sim \tau_{\mathrm{B}}$ 及更短时间的速度关联函数的剩余效应。图 7.5.2 示意地画出了不同时间尺度下速度关联函数的图像。

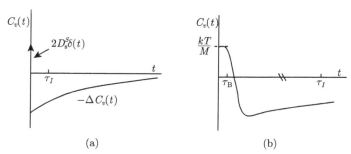

图 7.5.2  速度自关联函数的示意图。(a) $t \gg \tau_{\mathrm{B}}$ 的时间尺度；(b) $t \ll \tau_{\mathrm{B}}$ 的时间尺度，说明了 $\delta$ 奇异项的来源

把式(7.5.5)代入式(7.4.15)，可以求得

$$
W(t) = D_{\mathrm{s}}^{\mathrm{L}}t + \tau_{\mathrm{m}}\left(D_{\mathrm{s}}^{\mathrm{S}} - D_{\mathrm{s}}^{\mathrm{L}}\right) - \int_t^\infty \mathrm{d}t'\, (t' - t)\Delta C_v(u)
\tag{7.5.6}
$$

这里

$$
\tau_{\mathrm{m}} = \frac{\displaystyle\int_0^\infty \mathrm{d}t\, t\Delta C_v(t)}{\displaystyle\int_0^\infty \mathrm{d}t\, \Delta C_v(t)}
\tag{7.5.7}
$$

是 $\Delta C_v(t)$ 的弛豫时间, 大体上是 $\tau_I$ 的量级。式(7.5.6) 中的最后一项是 $W(t)$ 与其长时间渐近值之间的差。长时间的渐近形式与纵轴的截距为 $\tau_{\mathrm{m}}(D_{\mathrm{s}}^{\mathrm{S}} - D_{\mathrm{s}}^{\mathrm{L}})$。值得特别注意的是, 长时间的 $W(t)$ 达到其渐近值式(7.5.2)的时间会非常长。在三维情形下[157],

$$\Delta C_v \approx A\left(\frac{t}{\tau_{\mathrm{m}}}\right)^{-5/2}, \quad t \gg \tau_{\mathrm{m}} \tag{7.5.8}$$

常数 $A > 0$, 与胶体球的稠密程度有关。由此求得大的 $t$ 下的均方位移为

$$W(t) \approx D_{\mathrm{s}}^{\mathrm{L}}t + \tau_{\mathrm{m}}(D_{\mathrm{s}}^{\mathrm{S}} - D_{\mathrm{s}}^{\mathrm{L}})\left[1 - \left(\frac{t}{\tau_l}\right)^{-1/2}\right] + \mathcal{O}(t^{-1}) \tag{7.5.9}$$

这里 $\tau_l$ 是一个与 $\tau_{\mathrm{m}}$ 相关的时间尺度。图 7.5.3 给出了三维情形下均方位移的示意图。

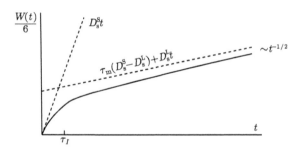

图 7.5.3　$t \gg \tau_{\mathrm{B}}$ 时三维情形的均方位移

在二维情形, 在胶体球的所有浓度下, 对于 $t \gg \tau_{\mathrm{m}}$, $\Delta C_v \sim t^{-2}$, 与具体的相互作用形式无关。因此, 二维情形下均方位移的渐近值为[158]

$$W(t) \approx D_{\mathrm{s}}^{\mathrm{L}}t + \tau_{\mathrm{m}}(D_{\mathrm{s}}^{\mathrm{S}} - D_{\mathrm{s}}^{\mathrm{L}})\ln\left(\frac{t}{\tau_l}\right) + \mathcal{O}(1) \tag{7.5.10}$$

对于一维情形, 不考虑流体动力作用, 有[159]

$$W(t) \to \begin{cases} 2D_0 t, & \tau_{\mathrm{B}} \ll t \ll \tau_I \\ \dfrac{1}{n}\left(\dfrac{4D_0 t}{\pi}\right)^{1/2}, & t \gg \tau_I \end{cases} \tag{7.5.11}$$

这里, $n$ 是胶体球的线密度, $\tau_I = 1/D_0 n^2$。

自扩散系数可以通过各种方式测量, 其中比较重要的是光散射方法, 测量得到动态结构因子后, 就可以从中获得自扩散系数。

### 7.5.2 集体扩散

自扩散涉及的是单个示踪粒子在其他粒子影响下的布朗运动，而集体扩散则涉及完全不同的问题，即大量粒子的密度涨落的集体运动。设想一个胶体系统，在某一时刻，胶体粒子密度按照正弦函数的方式分布，即在 $t = 0$ 时，胶体粒子的数密度是

$$\rho_{\boldsymbol{q}}(\boldsymbol{r}) = \rho_0 + \rho(\boldsymbol{q})\sin(\boldsymbol{q}\cdot\boldsymbol{r}) \tag{7.5.12}$$

这里，$\rho_0 = N/V$ 是平均粒子数密度；$\rho(\boldsymbol{q})$ 是密度波的振幅；波矢量 $\boldsymbol{q}$ 决定波的传播方向和正弦波的波长 $\lambda = 2\pi/q$。这个密度波将会因粒子的集体运动而弛豫到均匀情形。在弛豫的初始阶段，即 $\tau_B \ll t \ll \tau_I$，密度波的衰减是指数方式。在较长的时间 $t \sim \tau_I$，衰减成为非指数方式，且由于粒子之间的相互作用开始起作用，所以衰减会变慢。在长时间 $t \gg \tau_I$ 阶段，某些特定 $\boldsymbol{q}$ 分量的衰减将再次恢复到指数方式，但衰减的速率比初始阶段要小。对于较大的密度波振幅，在较长时间后，其他 $\boldsymbol{q}$ 的分量也会被激发，从而密度的波形将会偏离正弦波的形式。

我们对上述图像给出一个唯象的描述。

粒子的运动满足局域的连续性方程：

$$\frac{\partial}{\partial t}\bar{\rho}(\boldsymbol{r},t) + \nabla\cdot\bar{j}(\boldsymbol{r},t) = 0 \tag{7.5.13}$$

其中，$\bar{\rho}(\boldsymbol{r},t)$ 和 $\bar{j}(\boldsymbol{r},t)$ 是粒子数密度和粒子流在体积 $\Delta V \gg q^{-3}$ 上的粗粒平均。对于小的振幅且处于平衡态附近的情形，流密度与密度的梯度成线性关系

$$\bar{\boldsymbol{j}}(\boldsymbol{r},t) = -\int\mathrm{d}\boldsymbol{r}'\int_0^t\mathrm{d}t'\,\boldsymbol{D}_{\mathrm{c}}(\boldsymbol{r}-\boldsymbol{r}',t-t')\cdot\nabla'\bar{\rho}(\boldsymbol{r}',t') \tag{7.5.14}$$

这里，$\boldsymbol{D}_{\mathrm{c}}(\boldsymbol{r},t)$ 为实空间的集体扩散系数。这个关系可以理解成流密度按照密度的梯度展开的领头项。因为方程 (7.5.13) 对于密度 $\bar{\rho}(\boldsymbol{r},t)$ 是线性的，所以各个 $\boldsymbol{q}$ 的密度波的衰减是各自独立的。由于粒子之间的相互作用，$\boldsymbol{r}'$ 处的密度梯度可以导致另一点 $\boldsymbol{r}$ 处的密度流，这是密度流与密度梯度的非局域依赖关系的来源。所以，在胶体粒子的关联长度 $\xi_I$ 之外，即 $|\boldsymbol{r}-\boldsymbol{r}'| \gg \xi_I$ 时，$\boldsymbol{D}_{\mathrm{c}}(\boldsymbol{r}-\boldsymbol{r}',t-t') = 0$。同时，由于相互作用的传播需要时间，因而 $t$ 时刻的密度流也可以依赖于较早时刻的密度梯度，这种时间推迟效应称为记忆效应。当 $t-t' \gg \tau_I$ 时，$\boldsymbol{D}_{\mathrm{c}}(\boldsymbol{r}-\boldsymbol{r}',t-t') = 0$。由于因果律的要求，当 $t < 0$ 时，$\boldsymbol{D}_{\mathrm{c}}(\boldsymbol{r},t) = 0$。

对连续性方程做空间的傅里叶变换，得到

$$\frac{\partial}{\partial t}\bar{\rho}(\boldsymbol{q},t) + \mathrm{i}\boldsymbol{q}\cdot\bar{\boldsymbol{j}}(q,t) = 0 \tag{7.5.15}$$

这里

$$\overline{\rho}(\boldsymbol{q}, t) = \int \mathrm{d}\boldsymbol{r}\, \overline{\rho}(\boldsymbol{r}, t) \mathrm{e}^{-\mathrm{i}\boldsymbol{q} \cdot \boldsymbol{r}}$$

$$\overline{\boldsymbol{j}}(\boldsymbol{q}, t) = -\int_0^t \mathrm{d}t'\, \boldsymbol{D}_{\mathrm{c}}(q, t-t') \cdot \mathrm{i}\boldsymbol{q}\overline{\rho}(\boldsymbol{q}, t')$$

令

$$D_{\mathrm{c}}(\boldsymbol{q}, t) = \hat{\boldsymbol{q}} \cdot \boldsymbol{D}_{\mathrm{c}}(\boldsymbol{q}, t) \cdot \hat{\boldsymbol{q}}$$

为扩散系数的傅里叶变换的纵向分量,其中 $\hat{\boldsymbol{q}} = \boldsymbol{q}/q$ 为 $\boldsymbol{q}$ 方向的单位矢量,代入 $\overline{\boldsymbol{j}}(\boldsymbol{q}, t)$,得到

$$\frac{\partial}{\partial t}\overline{\rho}(\boldsymbol{q}, t) = -q^2 \int_0^t \mathrm{d}t'\, D_{\mathrm{c}}(q, t-t')\overline{\rho}(\boldsymbol{q}, t') \tag{7.5.16}$$

由此方程注意到,密度随时间的变化率有正比于 $q^2$ 的因子,因此,随着 $q$ 减小,密度的衰减也就变慢。直观地看,这是由于当 $q$ 变小时,波长 $\lambda$ 变大,所以为了抹平对应的密度涨落,粒子需要扩散更远的距离。

由式(7.5.16),两边乘以 $\overline{\rho}(\boldsymbol{q}, 0)$ 并取平均,得到动态结构因子满足相同的方程,即

$$\frac{\partial}{\partial t}S_{\mathrm{c}}(\boldsymbol{q}, t) = -q^2 \int_0^t \mathrm{d}t'\, D_{\mathrm{c}}(q, t-t')S_{\mathrm{c}}(\boldsymbol{q}, t') \tag{7.5.17}$$

这个方程的解可以通过对时间做拉普拉斯变换得到。时间的函数 $f(t)$ 的拉普拉斯变换定义为

$$\tilde{f}(s) = \int_0^\infty \mathrm{d}t\, f(t)\mathrm{e}^{-st} \tag{7.5.18}$$

对式(7.5.17)做拉普拉斯变换,得到

$$s\tilde{S}(q, s) - S(q, 0) = -q^2 \tilde{D}_{\mathrm{c}}(q, s)\,\tilde{S}(q, s) \tag{7.5.19}$$

由此可以得到动态结构因子的拉普拉斯变换形式

$$\tilde{S}_{\mathrm{c}}(q, s) = \frac{S(q)}{s + q^2 \tilde{D}_{\mathrm{c}}(q, s)} \tag{7.5.20}$$

其中

$$\tilde{D}_{\mathrm{c}}(q, s) = \hat{\boldsymbol{q}} \cdot \tilde{\boldsymbol{D}}_{\mathrm{c}}(q, s) \cdot \hat{\boldsymbol{q}} \tag{7.5.21}$$

这里,$\tilde{D}_{\mathrm{c}}(q, s)$ 的 $q$ 依赖性描写空间不同位置处胶体粒子的相互作用,而 $s$ 依赖性则描述其记忆效应。对于强相互作用的系统,记忆效应导致 $S_{\mathrm{c}}(q, t)$ 非常复杂的时间依赖关系。另一方面,集体动态结构因子和自关联动态结构因子都是时间的严格单调下降函数。

存在一种极端的粗粒化情形，如果我们考虑的空间尺度远大于 $\xi_I$，例如空间分辨尺度在 1mm 的量级，时间尺度远大于 $\tau_I$，例如时间分辨尺度在 1s 的量级，这样的极端情形称为流体力学极限。在此极限下，可以忽略空间的非局域性和时间上的记忆效应，实空间的扩散系数成为

$$\boldsymbol{D}_{\mathrm{c}}(\boldsymbol{r} - \boldsymbol{r}', t - t') = D_{\mathrm{c}}^{\mathrm{L}} \boldsymbol{I} \delta(\boldsymbol{r} - \boldsymbol{r}') \delta(t - t') \tag{7.5.22}$$

$D_{\mathrm{c}}^{\mathrm{L}}$ 与位置和时间无关，于是有

$$\overline{\boldsymbol{j}}(\boldsymbol{r}, t) = -D_{\mathrm{c}}^{\mathrm{L}} \nabla \overline{\rho}(\boldsymbol{r}, t) \tag{7.5.23}$$

这就是菲克扩散定律。在此极限下，$q \ll \xi_I^{-1}$，$t \gg \tau_I$，$S_{\mathrm{c}}(q, t)$ 及 $\bar{\rho}_q(\boldsymbol{r}, t)$ 可以非常方便地求出

$$S_{\mathrm{c}}(q, t) = S_{\mathrm{c}}(q) \mathrm{e}^{-q^2 D_{\mathrm{c}}^{\mathrm{L}} t} \tag{7.5.24}$$

$$\bar{\rho}_q(\boldsymbol{r}, t) = \rho_0 + \exp\left(-q^2 D_{\mathrm{c}}^{\mathrm{L}} t\right) \bar{\rho}(\boldsymbol{q}) \sin\left(\boldsymbol{q} \cdot \boldsymbol{r}\right) \tag{7.5.25}$$

这里，$S_{\mathrm{c}}(q) = S_{\mathrm{c}}(q, t = 0)$ 为静态结构因子。相关长度可以粗略地估计为 $\xi_I \sim 1/q_{\mathrm{m}}$，这里 $q_{\mathrm{m}}$ 是静态结构因子取主极大时对应的 $q$ 值。由围绕单个胶体球的邻近胶体球构成的腔的尺寸大致是 $2\pi/q_{\mathrm{m}}$，在流体力学极限下，这样的空间尺度是完全无法分辨的，这意味着式(7.5.24)中的 $S_{\mathrm{c}}(q)$ 实际上对应的是其长波极限 $S_{\mathrm{c}}(0)$

$$S_{\mathrm{c}}(0) = \lim_{q \to 0} S_{\mathrm{c}}(q) = \rho_0 kT \chi_T \tag{7.5.26}$$

其中

$$\chi_T = \frac{1}{\rho_0} \left(\frac{\partial \rho_0}{\partial p}\right)_T \tag{7.5.27}$$

是胶体球的等温渗透压缩率。

扩散系数 $D_{\mathrm{c}}^{\mathrm{L}}$ 为长时间集体扩散系数，它可以通过梯度扩散实验来测量。

另外，我们注意到上述分析等价于

$$\tilde{S}_{\mathrm{c}}(q, s) = \frac{S_{\mathrm{c}}(0)}{s + q^2 D_{\mathrm{c}}^{\mathrm{L}}} \tag{7.5.28}$$

其中

$$D_{\mathrm{c}}^{\mathrm{L}} = \lim_{q \to 0} \lim_{s \to 0} D_{\mathrm{c}}(\boldsymbol{q}, s) \tag{7.5.29}$$

在一般情况下，$\tilde{\boldsymbol{D}}_{\mathrm{c}}(q, s)$ 与 $q$，$s$ 有关，从而动态结构因子偏离简单的指数衰减关系。

在短时间，$\tau_{\mathrm{B}} \ll t \ll \tau_I$，记忆效应尚未起作用，也应该有

$$S_{\mathrm{c}}(q, t) = S_{\mathrm{c}}(q) \mathrm{e}^{-q^2 D_{\mathrm{c}}^S(q) t} \tag{7.5.30}$$

即对于所有的 $q$, 短时间的集体动态结构因子按照指数方式随时间衰减。短时间集体扩散与密度波的初始弛豫相联系, 由一个与波矢量有关的集体扩散系数 $D_c^S(q) = \lim_{s \to \infty} D_c(q, s)$ 来标志。这意味着, 在 $t \sim \tau_I$ 的时间尺度, 一般的扩散系数 $D_c(q, t)$ 可以写成

$$D_c(q, t) = 2D_c^S(q)\delta(t) - \frac{1}{q^2 S(q)} M_c(q, t) \tag{7.5.31}$$

其拉普拉斯变换为

$$\tilde{D}_c(q, s) = D_c^S(q) - \frac{1}{q^2 S(q)} \tilde{M}_c(q, s) \tag{7.5.32}$$

$M_c(q, t) \geqslant 0$ 为一记忆函数, 这个函数只有在超过短时间区域才起作用。令 $\omega(q) = S(q)q^2 D_c^S(q)$, 把式(7.5.32)代入式(7.5.19), 集体动态结构函数的方程成为

$$s\tilde{S}(q, s) - \tilde{S}(q, 0) = -\frac{1}{S(q)}\Big[\omega(q) - \tilde{M}(q, s)\Big]\tilde{S}(\boldsymbol{q}, s) \tag{7.5.33}$$

解得

$$\tilde{S}_c(q, s) = \frac{S(q)}{s + \dfrac{1}{S(q)}\Big[\omega(q) - \tilde{M}_c(q, s)\Big]} \tag{7.5.34}$$

这个方程给出一个非指数衰减且衰减更慢的集体动态结构因子。

短时间集体扩散系数定义为

$$D_c^S = \lim_{q \to 0} D_c^S(q) \tag{7.5.35}$$

与长时间集体扩散系数的关系为

$$D_c^L = D_c^S - \lim_{q \to 0} \int_0^\infty \mathrm{d}t\, \frac{M_c(q, t)}{q^2 S(q)} \tag{7.5.36}$$

从而有与自扩散系数相同的关系

$$D_c^L \leqslant D_c^S \tag{7.5.37}$$

在结束本节前, 简单讨论一下转动扩散。在忽略流体动力相互作用的条件下, 转动自关联函数在所有时间 $t \gg \tau_B \approx \tau_B^r$ 均是指数衰减的

$$S_r(t) = \mathrm{e}^{-6D_0^r t} \tag{7.5.38}$$

这是由于转动的布朗运动与周围其他粒子无关。考虑了流体动力相互作用后, $S_r(t)$ 只有在短时间为指数衰减, 由短时间转动自扩散系数来表征。短时间转动自扩散系数定义为

$$D_s^r = -\frac{1}{6}\lim_{t \to 0}\frac{\partial \ln S_r(t)}{\partial t} \tag{7.5.39}$$

这里的 $t \to 0$ 应理解为 $\tau_{\mathrm{B}} \ll t \ll \tau_I$。流体动力相互作用阻碍转动扩散运动，从而有 $D_{\mathrm{s}}^r < D_0^r$。在稀薄极限下，$D_{\mathrm{s}}^r \to D_0^r$。在长时间，记忆效应开始起作用，$S_r(t)$ 一般不是呈指数衰减的。

本节我们定性地讨论了几个比较重要的扩散过程，给出了一些图像。但是，本节的讨论没有给出计算扩散系数和记忆函数的方法。7.6 节将给出计算这些量的理论基础，并给出若干简单情形下的计算结果。

# 7.6 斯莫鲁霍夫斯基方程

在第 7.4 节中我们看到，当 $t \gg \tau_{\mathrm{B}}$ 时，单个胶体球的位移的概率密度函数满足简单的扩散方程。而如果已知概率密度函数，则可以计算动态结构因子、平均平方位移等重要的扩散量。对于稠密系统，在 $t \gg \tau_{\mathrm{B}}$ 的时间尺度上，胶体系统的动态行为完全由位形空间的 $N$ 粒子概率密度分布函数 $P(\boldsymbol{r}^N, t)$ 决定，这一函数随时间的演化由斯莫鲁霍夫斯基方程[160] 描述

$$\frac{\partial}{\partial t} P(\boldsymbol{r}^N, t) = \hat{O}(\boldsymbol{r}^N) P(\boldsymbol{r}^N, t) \tag{7.6.1}$$

这里 $\hat{O}(\boldsymbol{r}^N)$ 为斯莫鲁霍夫斯基算符，定义为

$$\hat{O}(\boldsymbol{r}^N) = \sum_{i,j=1}^N \nabla_i \cdot \boldsymbol{D}_{ij} \cdot [\nabla_j + \beta \nabla_j U] \tag{7.6.2}$$

其中，$U(\boldsymbol{r}^N)$ 是胶体粒子之间的直接相互作用势，溶剂的作用包含在扩散张量 $\boldsymbol{D}_{ij}(\boldsymbol{r}^N)$ 之中；$P(\boldsymbol{r}^N, t)$ 代表 $t$ 时刻胶体粒子处于构型 $\boldsymbol{r}^N$ 的概率密度。这一方程原则上可以从描述胶体粒子概率分布的福克尔–普朗克方程约化而得到[161]。原则上，约化过程是不断积分掉快变量的过程。这里我们仅仅给出这一方程的一个启发式的推导。尽管这一推导并不严密，但物理图像比较清楚。下面我们只考虑粒子的平动。设体系有 $N$ 个粒子，由于粒子数守恒，$P$ 应满足连续性方程

$$\frac{\partial}{\partial t} P(\boldsymbol{r}^N, t) + \sum_{i=1}^N \nabla_i \cdot [P(\boldsymbol{r}^N, t) \boldsymbol{v}_i] = 0 \tag{7.6.3}$$

由前面的讨论知道，在 $t \gg \tau_{\mathrm{B}} \approx \tau_\eta$ 的时间尺度上，粒子的速度弛豫到其平衡速度，故每个粒子所受合力为零，即

$$\boldsymbol{F}_i^P + \boldsymbol{F}_i^H + \boldsymbol{F}_i^B = 0 \tag{7.6.4}$$

这里，$\boldsymbol{F}_i^P$ 为粒子所受到的直接力；$\boldsymbol{F}_i^H$ 为粒子所受的来自流体的作用力；$\boldsymbol{F}_i^B$ 为来自胶体粒子系统的趋于统计平衡的力。设体系不受外力作用，则

$$\boldsymbol{F}_i^P = -\nabla_i U$$

为粒子间的相互作用力。$\boldsymbol{F}_i^H$ 与各个粒子的速度成正比，可以写为

$$\boldsymbol{F}_i^H = -\sum_{j=1}^{N} \boldsymbol{\xi}_{ij}(\boldsymbol{r}^N) \cdot \boldsymbol{v}_j \tag{7.6.5}$$

其中，$\boldsymbol{\xi}_{ij}$ 是流体动力阻尼张量。$\boldsymbol{F}_i^B$ 为布朗力，是来源于系统熵增加原理的力，其作用是使得系统的构型趋于平衡，其具体形式将在后面给出。

由广义的斯托克斯–爱因斯坦关系

$$\sum_{l=1}^{N} \boldsymbol{\xi}_{il} \cdot \boldsymbol{D}_{lj} = kT\,\boldsymbol{I}\delta_{ij} \tag{7.6.6}$$

可以得到

$$\boldsymbol{v}_i = \beta \sum_{l=1}^{N} \boldsymbol{D}_{il} \cdot (-\nabla_l U + \boldsymbol{F}_l^B) \tag{7.6.7}$$

代入连续性方程得到

$$\frac{\partial}{\partial t}P(\boldsymbol{r}^N, t) + \sum_{i=1}^{N} \nabla_i \cdot \left[ P(\boldsymbol{r}^N, t)\beta \sum_{l=1}^{N} \boldsymbol{D}_{il} \cdot (-\nabla_l U + \boldsymbol{F}_l^B) \right] = 0 \tag{7.6.8}$$

当 $t \to \infty$ 时，概率密度应该趋于平衡分布

$$P_{\text{eq}}(\boldsymbol{r}^N) \propto \exp\{-\beta U\}$$

如果我们选取

$$\boldsymbol{F}_i^B = -kT\nabla_i \ln P(\boldsymbol{r}^N, t) \tag{7.6.9}$$

就可以满足上述要求，这样我们就得到了斯莫鲁霍夫斯基方程。

定义条件概率密度 $P(\boldsymbol{r}^N, t | \boldsymbol{r}_0^N)$ 为初始时刻 $t = 0$ 时构型为 $\boldsymbol{r}_0^N$ 的系统在 $t$ 时刻处于构型 $\boldsymbol{r}^N$ 的概率密度，它是斯莫鲁霍夫斯基方程在初始条件

$$P(\boldsymbol{r}^N, t = 0 | \boldsymbol{r}_0^N) = \delta(\boldsymbol{r}^N - \boldsymbol{r}_0^N) \tag{7.6.10}$$

下的解。而联合概率密度分布可通过条件概率密度表示为

$$P(\boldsymbol{r}^N, t;\ \boldsymbol{r}_0^N, t = 0) = P_{\text{in}}(\boldsymbol{r}_0^N)P(\boldsymbol{r}^N, t | \boldsymbol{r}_0^N, t = 0) \tag{7.6.11}$$

其中，$P_{\text{in}}(\boldsymbol{r}_0^N)$ 为 $t = 0$ 时的初始概率密度。对于处于热力学平衡的体系，$P_{\text{in}}$ 就等于平衡态的概率密度 $P_{\text{eq}}$。条件概率密度的形式解可写为

$$P(\boldsymbol{r}^N, t | \boldsymbol{r}_0^N, t = 0) = \mathrm{e}^{\hat{O}t}\delta(\boldsymbol{r}^N - \boldsymbol{r}_0^N) \tag{7.6.12}$$

有了初始概率密度 $P_{eq}$ 和条件概率密度,相关的动态量也就确定了。

对于粒子间不存在相互作用的稀薄系统,每个粒子都可看成是孤立的,在时间 $t$ 第 $i$ 个粒子处于位置 $\boldsymbol{r}_i$ 的概率满足如下方程,

$$\frac{\partial}{\partial t} P(\boldsymbol{r}_i, t) = D_0 \nabla_i^2 P(\boldsymbol{r}_i, t) \tag{7.6.13}$$

且

$$P(\boldsymbol{r}^N, t) = \prod_{i=1}^{N} P(\boldsymbol{r}_i, t) \tag{7.6.14}$$

这一方程很容易求解,条件概率密度为

$$P(\boldsymbol{r}, t | \boldsymbol{r}_0, t = 0) = \frac{1}{(4\pi D_0 t)^{3/2}} \exp\left[-\frac{(\boldsymbol{r} - \boldsymbol{r}_0)^2}{4 D_0 t}\right] \tag{7.6.15}$$

在实际工作中用得较多的是伴随斯莫鲁霍夫斯基算符 $\hat{O}_B$,我们通过研究几个关联函数来引进这一算符。设 $f(\boldsymbol{r}^N)$ 和 $g(\boldsymbol{r}^N)$ 是构型 $\boldsymbol{r}^N$ 的复函数,可以定义关联函数如下:

$$\langle f | g \rangle = \int \mathrm{d}\boldsymbol{r}^N P_{eq}(\boldsymbol{r}^N) f^*(\boldsymbol{r}^N) g(\boldsymbol{r}^N) \equiv \langle g | f \rangle^* \tag{7.6.16}$$

函数上的 "$*$" 表示复数共轭,其中 $P_{eq}$ 是系统的平衡分布,$\hat{O} P_{eq} = 0$,$P_{eq} \propto \mathrm{e}^{-\beta U(\boldsymbol{r}^N)}$。这一关联函数可以看成是函数 $f(\boldsymbol{r}^N)$ 和 $g(\boldsymbol{r}^N)$ 的以平衡分布概率密度为权重的内积。另一个有用的关联函数为等权内积

$$(f | g) = \int \mathrm{d}\boldsymbol{r}^N f^*(\boldsymbol{r}^N) g(\boldsymbol{r}^N) \tag{7.6.17}$$

伴随斯莫鲁霍夫斯基算符由以下恒等式定义为

$$\left(f \middle| \hat{O} g\right) = \left(\hat{O}_B f \middle| g\right) \tag{7.6.18}$$

由方程(7.6.2),(7.6.17),(7.6.18) 出发并通过分部积分,可以求得

$$\hat{O}_B = \sum_{i,j=1}^{N} (\nabla_i - \beta \nabla_i U) \cdot \boldsymbol{D}_{ij} \cdot \nabla_j \tag{7.6.19}$$

用分部积分法还可以证明这一算符对于含权内积是自伴随 (厄米) 的:

$$\left\langle f \middle| \hat{O}_B g \right\rangle = \left\langle \hat{O}_B f \middle| g \right\rangle \tag{7.6.20}$$

由方程(7.6.10)和(7.6.18),可以证明如下关系式:

$$\left\langle f \middle| \hat{O}_B g \right\rangle = - \sum_{i,j=1}^{N} \left\langle \nabla_i f^* \cdot \boldsymbol{D}_{ij} \cdot \nabla_j g \right\rangle_{\text{eq}} \tag{7.6.21}$$

两个动态变量 $f(t) = f(\boldsymbol{r}^N(t))$ 和 $g(t) = g(\boldsymbol{r}^N(t))$ 的时间关联函数可以用伴随斯莫鲁霍夫斯基算符和内积来表示。由于定态过程只与时间间隔有关，为方便起见，我们取初始时刻为 $t = 0$。定义时间关联函数 $C(t)$ 为

$$C(t) \equiv \left\langle f^*(t=0) g(t) \right\rangle \tag{7.6.22}$$

此处 $\langle \cdots \rangle$ 表示对于位形的平均，则

$$
\begin{aligned}
C(t) &\equiv \int \mathrm{d}\boldsymbol{r}_0^N \int \mathrm{d}\boldsymbol{r}^N \, f^*(\boldsymbol{r}_0^N) g(\boldsymbol{r}^N) P(\boldsymbol{r}^N, t; \, \boldsymbol{r}_0^N, t = 0) \\
&= \int \mathrm{d}\boldsymbol{r}_0^N \, f^*(\boldsymbol{r}_0^N) P_{\text{eq}}(\boldsymbol{r}_0^N) \int \mathrm{d}\boldsymbol{r}^N \, g(\boldsymbol{r}^N) \mathrm{e}^{\hat{O}t} \delta(\boldsymbol{r}^N - \boldsymbol{r}_0^N) \\
&= \int \mathrm{d}\boldsymbol{r}_0^N \, f^*(\boldsymbol{r}_0^N) P_{\text{eq}}(\boldsymbol{r}_0^N) \left[ \int \mathrm{d}\boldsymbol{r}^N \, \mathrm{e}^{\hat{O}_B(\boldsymbol{r}^N)t} g(\boldsymbol{r}^N) \delta(\boldsymbol{r}^N - \boldsymbol{r}_0^N) \right] \\
&= \int \mathrm{d}\boldsymbol{r}_0^N \, P_{\text{eq}}(\boldsymbol{r}_0^N) f^*(\boldsymbol{r}_0^N) \mathrm{e}^{\hat{O}_B(\boldsymbol{r}_0^N)t} g(\boldsymbol{r}_0^N) \\
&= \left\langle f^* \mathrm{e}^{O_B t} g \right\rangle_{\text{eq}} = \left\langle f \middle| \mathrm{e}^{O_B t} g \right\rangle \tag{7.6.23}
\end{aligned}
$$

## 7.7   短时间动态行为

胶体粒子的数密度为

$$\rho(\boldsymbol{r}) = \sum_{i=1}^{N} \delta(\boldsymbol{r} - \boldsymbol{r}_i)$$

数密度的傅里叶变换为

$$\rho(\boldsymbol{q}) = \sum_{i=1}^{N} \mathrm{e}^{-\mathrm{i}\boldsymbol{q} \cdot \boldsymbol{r}_i}$$

数密度的傅里叶分量的时间相关函数定义为集体动态结构因子

$$S_{\text{c}}(q, t) = \frac{1}{N} \sum_{i,j=1}^{N} \left\langle \mathrm{e}^{\mathrm{i}\boldsymbol{q} \cdot [\boldsymbol{r}_i(0) - \boldsymbol{r}_j(t)]} \right\rangle_{\text{eq}} \tag{7.7.1}$$

这是一个动态散射实验可以直接测量的重要量，在胶体动态研究中起着重要作用。显然，集体动态结构因子是 7.6 节引进的时间关联函数的一个重要特例，这里取

$$f = g = \frac{1}{\sqrt{N}} \sum_{j=1}^{N} \mathrm{e}^{-\mathrm{i}\boldsymbol{q} \cdot \boldsymbol{r}_j} \equiv \frac{\rho(q)}{\sqrt{N}}$$

关联函数 $C(t)$ 的初始斜率可由式(7.6.23) 推出：

$$\frac{\mathrm{d}C(t)}{\mathrm{d}t}\bigg|_{t=0} = \left\langle f \big| \hat{O}_{\mathrm{B}} g \right\rangle \tag{7.7.2}$$

这里 $t=0$ 指的是 $\tau_{\mathrm{B}} \ll t \ll \tau_I$。类比于式(7.4.23)，我们可以用下面的式子一般地定义扩散系数 $D(q,t)$ 为

$$S_{\mathrm{c}}(q,t) = S(\boldsymbol{q})\mathrm{e}^{-q^2 D(q,t)t} \tag{7.7.3}$$

这样 $-\ln S_{\mathrm{c}}(q,t)$ 的初始斜率 $\Gamma_1(q)$ 就能给出短时间的扩散系数。

$$\Gamma_1(q) = -\frac{\partial}{\partial t}\ln S_{\mathrm{c}}(q,t)\bigg|_{t=0} = -\frac{1}{S(q)}\frac{\partial S_{\mathrm{c}}(q,t)}{\partial t}\bigg|_{t=0} \tag{7.7.4}$$

其中，$S(q) = S_{\mathrm{c}}(q,t=0)$ 为静态结构因子。应用式(7.6.23)、式(7.7.2)和式(7.6.21)可得到

$$\begin{aligned}
\Gamma_1(q) &= \frac{1}{NS(q)}\sum_{i,j=1}^{N}\left\langle \boldsymbol{q}\cdot\boldsymbol{D}_{ij}\cdot\boldsymbol{q}\mathrm{e}^{\mathrm{i}\boldsymbol{q}\cdot(\boldsymbol{r}_i-\boldsymbol{r}_j)}\right\rangle_{\mathrm{eq}} \\
&= \frac{q^2}{NS(q)}\sum_{i,j=1}^{N}\left\langle \hat{\boldsymbol{q}}\cdot\boldsymbol{D}_{ij}\cdot\hat{\boldsymbol{q}}\mathrm{e}^{\mathrm{i}\boldsymbol{q}\cdot(\boldsymbol{r}_i-\boldsymbol{r}_j)}\right\rangle_{\mathrm{eq}} \\
&\equiv q^2 D_{\mathrm{eff}}^{\mathrm{S}}(q) \tag{7.7.5}
\end{aligned}$$

这里，$\hat{\boldsymbol{q}}$ 是 $\boldsymbol{q}$ 方向的单位向量。式(7.7.5)中出现的因子 $D_{\mathrm{eff}}^{\mathrm{S}}(q)$ 称为短时间有效扩散系数，我们把它写为

$$D_{\mathrm{eff}}^{\mathrm{S}}(q) = D_0\frac{H(q)}{S(q)} \tag{7.7.6}$$

其中，$H(q)$ 为流体动力函数，定义为

$$H(q) = \frac{1}{ND_0}\sum_{i,j=1}^{N}\left\langle \hat{\boldsymbol{q}}\cdot\boldsymbol{D}_{ij}\cdot\hat{\boldsymbol{q}}\mathrm{e}^{\mathrm{i}\boldsymbol{q}\cdot(\boldsymbol{r}_i-\boldsymbol{r}_j)}\right\rangle_{\mathrm{eq}} \tag{7.7.7}$$

由于 $H(q)$ 中既包含了扩散张量 $\boldsymbol{D}_{ij}$，又对平衡态取系综平均，所以它与流体动力相互作用及粒子间相互作用势都有关。

现在考虑自扩散，即只考虑单个示踪粒子的扩散运动，为此，需要考察单个粒子的动态结构因子

$$S_{\mathrm{s}}(q,t) = \left\langle \mathrm{e}^{\mathrm{i}\boldsymbol{q}\cdot[\boldsymbol{r}(t)-\boldsymbol{r}(0)]}\right\rangle \tag{7.7.8}$$

类似地计算得到短时间自扩散系数为

$$D_s^S = \langle \hat{\boldsymbol{q}} \cdot \boldsymbol{D}_{11} \cdot \hat{\boldsymbol{q}} \rangle \tag{7.7.9}$$

这里，上下标分别对应于"短时间"和"自扩散"。

在稀薄极限下，每个粒子可看成是孤立的，

$$S_s(q,t) = \langle e^{i\boldsymbol{q}\cdot[\boldsymbol{r}(t)-\boldsymbol{r}(0)]} \rangle$$

$$= \iint d\boldsymbol{r}^N\, d\boldsymbol{r}_0^N\, e^{i\boldsymbol{q}\cdot(\boldsymbol{r}-\boldsymbol{r}_0)} P(\boldsymbol{r}^N,t|\boldsymbol{r}_0^N) P_{eq}(\boldsymbol{r}_0^N) \tag{7.7.10}$$

利用式(7.6.15)，式(7.7.10)可以写为

$$S_s(q,t) = \int d\boldsymbol{r}_0 \int d\boldsymbol{r}\, e^{i\boldsymbol{q}\cdot(\boldsymbol{r}-\boldsymbol{r}_0)} \frac{1}{(4\pi D_0 t)^{3/2}} e^{-(\boldsymbol{r}-\boldsymbol{r}_0)^2/4D_0 t} P_{eq}(\boldsymbol{r}_0)$$

$$= \int d\boldsymbol{r}_0\, e^{-q^2 D_0 t} P_{eq}(\boldsymbol{r}_0)$$

$$= S(q) e^{-q^2 D_0 t} \tag{7.7.11}$$

这里 $S(q) = 1$ 为孤立粒子系统的静态结构因子。

如果流体动力相互作用可以忽略，即 $\boldsymbol{D}_{ij} = D_0 \boldsymbol{I} \delta_{ij}$，则 $H(q) = 1$，从而 $D_{eff}^S(q) = D_0/S(q)$。而 $H(q)$ 对 1 的任何偏离就意味着存在流体动力相互作用。如果粒子间存在相互作用，当 $q \ll q_m$ 时，$S(q) \ll 1$，这里 $q_m$ 是与 $S(q)$ 的最大值对应的波数，反映了粒子间平均间距的大小。因此，当 $q \ll q_m$ 时有 $D_{eff}^S(q) \gg D_0$，意味着粒子扩散很快，而扩散最慢发生在 $q = q_m$ 处。在短时间域，准确到 $t$ 的一次方，由式 (7.7.4) 和式 (7.7.5)得到

$$S_c(q,t) \approx S(q) e^{-q^2 D_{eff}^S t} \tag{7.7.12}$$

在实验上，可以通过静态光散射（测量 $S(q)$）和动态光散射（测量 $S_c(q,t)$ 从而得到 $D_{eff}^S(q)$）相结合而测得流体动力函数 $H(q)$。图 7.7.1是带电胶体粒子悬浮系统的 $H(q)$ 的实验及理论结果。$H(q)$ 的整体形状与对应的 $S(q)$ 的形状很相似，只是 $H(q)$ 曲线的起伏较小。$H(q)$ 的峰值对应的波数与 $q_m$ 非常接近，$H(q \ll q_m) < 1$，随着粒子体积分数的增加，无论对于硬球粒子还是带电粒子，$H(q \to 0)$ 都会减小。

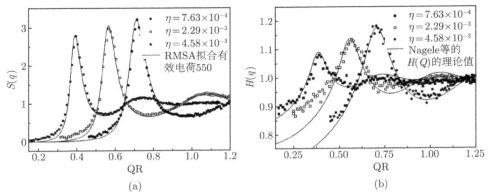

图 7.7.1 带电胶体粒子悬浮系统的静态结构因子 $S(q)$(a) 和流体动力函数 $H(q)$(b)，对应于体积分数 $\phi = 7.63 \times 10^{-4}$、$2.29 \times 10^{-3}$ 和 $4.58 \times 10^{-3}$（图中用 $\eta$ 表示体积分数），实线为计算结果，点为实验测量结果[162]

在二体近似下，$H(q)$ 可以写成

$$D_0 H(q) = \langle \hat{\boldsymbol{q}} \cdot \boldsymbol{D}_{11} \cdot \hat{\boldsymbol{q}} \rangle + (N-1) \langle \hat{\boldsymbol{q}} \cdot \boldsymbol{D}_{12} \cdot \hat{\boldsymbol{q}} e^{i \boldsymbol{q} \cdot (\boldsymbol{r}_1 - \boldsymbol{r}_2)} \rangle$$
$$= D_s^S + D_0 H_d(q) \tag{7.7.13}$$

$D_s^S$ 就是短时间自扩散系数。当 $q \gg q_m$ 时，由于因子 $e^{i \boldsymbol{q} \cdot (\boldsymbol{r}_1 - \boldsymbol{r}_2)}$ 快速振荡，故 $H_d(q \gg q_m) \approx 0$。在同一极限下，$S(q) \to 1$，所以由式(7.7.6)可得 $D_{eff}^S(q \gg q_m) \approx D_0 H(q \gg q_m) \approx D_s^S$，即 $H(q \gg q_m) = D_s^S / D_0$。由于系统是各向同性的，因此式(7.7.13)的系综平均可以表示为[18]

$$\langle f(\boldsymbol{r}_1 - \boldsymbol{r}_2) \rangle = \frac{1}{V} \int \mathrm{d} \boldsymbol{r} g(r) f(\boldsymbol{r}), \quad \boldsymbol{r} = \boldsymbol{r}_1 - \boldsymbol{r}_2 \tag{7.7.14}$$

其中，$g(r)$ 是对分布函数。由于 $g(r)$ 与粒子间的相互作用及粒子的体积分数有关，对于不同的系统，流体动力相互作用对短时间扩散系数 $D_{eff}^S(q)$ 的影响也不同。对于带电粒子，在两球接触处及其后较大距离上 $g(r) = 0$，所以只要计及 $D_{ij}$ 中前几项的贡献；相反，对于硬球系统，在两球接触处 $g(r)$ 最大。这时在 $D_{ij}$ 中必须多算几项，才能给出收敛的结果。

作为例子，我们给出流体动力函数的计算。考虑低密度情形，此时对分布函数可以近似为

$$g(r) = \begin{cases} 1, & r > 2a \\ 0, & r < 2a \end{cases}$$

由式(7.7.13)和式(7.7.14)，短时间自扩散系数为

$$D_s^S = \langle \hat{\boldsymbol{q}} \cdot \boldsymbol{D}_{11} \cdot \hat{\boldsymbol{q}} \rangle \tag{7.7.15}$$

把式(6.4.39)代入式(7.7.15)，得到

$$\frac{D_s^S}{D_0} = 1 + \sum_{j=1,\neq i}^{\infty} \left[ -\frac{15}{4} \left\langle \left(\frac{a}{r_{ij}}\right)^4 (\hat{\boldsymbol{r}}_{ij} \cdot \hat{\boldsymbol{q}})^2 \right\rangle - \frac{17}{16} \left\langle \left(\frac{a}{r_{ij}}\right)^6 \right\rangle \right.$$

$$\left. + \frac{105}{17} \left\langle \left(\frac{a}{r_{ij}}\right)^6 (\hat{\boldsymbol{r}}_{ij} \cdot \hat{\boldsymbol{q}})^2 \right\rangle + \cdots \right]$$

$$= 1 + \frac{N-1}{V} \left[ -\frac{15}{4} \int \left(\frac{a}{r}\right)^4 \cos^2\theta g(r) r^2 \, dr \, d\cos\theta \, d\phi \right.$$

$$- \frac{17}{16} \int \left(\frac{a}{r}\right)^6 g(r) r^2 \, dr \, d\cos\theta \, d\phi$$

$$\left. + \frac{105}{16} \int \left(\frac{a}{r}\right)^6 \cos^2\theta g(r) r^2 \, dr \, d\cos\theta \, d\phi + \cdots \right] \tag{7.7.16}$$

令 $x = r/a$，并取 $g(r)$ 的零级近似，式(7.7.16)成为

$$\frac{D_s^S}{D_0} = 1 + 2\pi\rho a^3 \int_2^{\infty} dx \left( -\frac{15}{4}\frac{2}{3}\frac{1}{x^2} - \frac{17}{16}3\frac{1}{x^4} + \frac{105}{16}\frac{2}{3}\frac{1}{x^4} + \cdots \right)$$

$$= 1 + 2\pi\rho a^3 \left( -\frac{5}{2}\frac{1}{2} - \frac{17}{8}\frac{1}{24} + \frac{35}{8}\frac{1}{24} + \cdots \right)$$

$$= 1 - \frac{111}{64}\phi = 1 - 1.734\phi \tag{7.7.17}$$

如果利用精确的二体扩散矩阵（式(6.4.39)的展开式取到更高阶的项），得到的结果是

$$\frac{D_s^S}{D_0^t} = 1 - 1.831\phi \tag{7.7.18}$$

这里，$D_0^t$ 的上标 t 代表平移，以区别于下面给出的转动扩散。由流体动力函数 $H(q)$ 的结果可以看出[163,164]，流体动力相互作用对于短时间扩散系数的贡献是非常重要的。即使在带电粒子系统中，强斥力使各粒子尽可能远离，但由于流体动力相互作用的贡献是以 $1/r$ 的方式随距离缓慢衰减，其作用范围大于屏蔽的库仑作用，必然影响粒子的扩散运动。

以上讨论的都是粒子做平移运动的情形，我们也可以用类似的方法研究悬浮粒子的转动扩散。目前研究得较多的是单组元胶体悬浮系统。下面列出一些近年来得到的理论结果，这些结果中已经计入三体相互作用。为了区别平动和转动，下面的几个公式使用上标 t 和 r 分别代表平动和转动。对于体积分数较小的硬球系统，平移自扩散系数为[153,165,166]

$$\frac{D_s^{t,S}}{D_0^t} = 1 - 1.831\phi + 0.71\phi^2 \tag{7.7.19}$$

旋转自扩散系数为[167]

$$\frac{D_s^{r,S}}{D_0^r} = 1 - 0.630\phi - 0.67\phi^2$$

对于带电粒子系统 [168]:

$$\frac{D_s^{t,S}}{D_0^t} = 1 - 2.59\phi^{1.30}$$

$$\frac{D_s^{r,S}}{D_0^r} = 1 - 1.2\phi^2$$

由式(7.7.3)定义的扩散系数与时间和波矢量 $q$ 有关，每个 $q$ 对应于一种密度的涨落，当 $q$ 很小时，对应的是实空间非常大范围内的密度变化，涉及非常多的胶体粒子，所以是一种集体涨落。基于这个图像，从式(7.7.6)和式(7.7.11)出发，我们可以定义短时间集体扩散系数

$$D_c^S = \lim_{q \to 0} D_{eff}^S(q) = D_0 \frac{H(q \to 0)}{S(q \to 0)} \tag{7.7.20}$$

对于 $q \ll q_m$ 和 $t \ll \tau_I$:

$$S_c(q,t) \approx S(q)e^{-q^2 D_c^S t} \tag{7.7.21}$$

由定义可知 $S_c(q,t)$ 是波长 $\propto 1/q$ 的密度涨落的关联函数。对于 $q \to 0$，波长很大，所以 $D_c^S$ 反映的是宏观尺度上密度涨落的初始弛豫情况。

为了计算短时间集体扩散系数，需要得到 $H_d(q)$ 和 $S(q)$ 的长波极限。$H_d(q)$ 可计算如下。从式(7.7.13)和式(7.7.14)出发，把式(6.4.39)的第二式代入，得到

$$\begin{aligned}
H_d(q) = {}& \rho\hat{\boldsymbol{q}} \cdot \left[ \int d\boldsymbol{r}\, \frac{3}{4}\left(\frac{a}{r}\right)(\boldsymbol{I} + \hat{\boldsymbol{r}}\hat{\boldsymbol{r}})e^{i\boldsymbol{q}\cdot\boldsymbol{r}}(g(r) - 1) \right] \cdot \hat{\boldsymbol{q}} \\
& + \rho\hat{\boldsymbol{q}} \cdot \left[ \int d\boldsymbol{r}\, \frac{3}{4}\left(\frac{a}{r}\right)(\boldsymbol{I} + \hat{\boldsymbol{r}}\hat{\boldsymbol{r}})e^{i\boldsymbol{q}\cdot\boldsymbol{r}} \right] \cdot \hat{\boldsymbol{q}} \\
& + \rho \int r^2\, dr\, d\cos\theta\, d\phi\, g(r)\left[ \frac{1}{2}\left(\frac{a}{r}\right)^3 (1 - 3\cos^2\theta) \right. \\
& \left. + \frac{75}{4}\left(\frac{a}{r}\right)^7 \cos^2\theta \right] e^{iqr\cos\theta}
\end{aligned} \tag{7.7.22}$$

为了使第一项的积分收敛，我们从 $g(r)$ 中减去 1，同时加上第二项。第二项中的积分为 Oseen 张量的傅里叶变换，由式(6.5.3)，其结果正比于

$$\frac{1}{q^2}(\boldsymbol{I} - \hat{\boldsymbol{q}}\hat{\boldsymbol{q}})$$

而

$$\hat{\boldsymbol{q}} \cdot (\boldsymbol{I} - \hat{\boldsymbol{q}}\hat{\boldsymbol{q}}) \cdot \hat{\boldsymbol{q}} = 0$$

所以积分的第二项为 0。注意到

$$\int d\cos\theta\, d\phi\, e^{iqr\cos\theta} = 4\pi j_0(qr)$$

$$\int d\cos\theta\, d\phi\, \cos^2\theta\, e^{iqr\cos\theta} = -4\pi\left[j_2(qr) - \frac{j_1(qr)}{qr}\right] \tag{7.7.23}$$

其中，$j_n(qr)$ 为 $n$ 阶球贝塞尔函数。利用

$$\frac{j_1(x)}{x} = \frac{1}{3}[j_2(x) + j_0(x)]$$

取低密度近似 $g(r) = \theta(r-2a)$，并作变换 $x = r/a$，得到

$$\begin{aligned}
H_d(q) = &-4\pi\rho a^3 \int_0^2 dx\, x\left[j_0(qax) - \frac{1}{2}j_2(qax)\right]\\
&+4\pi\rho a^3 \int_2^\infty dx\, \frac{1}{x}j_2(qax)\\
&+4\pi\rho a^3 \int_2^\infty dx\, \frac{25}{4x^5}[j_0(qax) - 2j_2(qax)]
\end{aligned} \tag{7.7.24}$$

式(7.7.24)的积分可以解析做出，这里不给出复杂的解析表达式，而只给出长波极限和其图形。当 $q \to 0$ 时，

$$j_0(qax) \to 1$$
$$j_1(qax) \to \frac{1}{3}qax$$
$$j_2(qax) \to \frac{1}{15}(qax)^2$$

式(7.7.24)的第一项成为

$$-4\pi\rho a^3 \cdot 2 = -6\phi$$

第三项为

$$4\pi\rho a^3 \cdot \frac{25}{4} \cdot \frac{1}{64} = \frac{75}{256}\phi$$

第二项需特别小心。如果直接代入 $j_2(qax)$ 的渐近式，则积分发散。如果先取 $q \to 0$ 的极限，则积分为零。$q \to 0$ 的极限与整个系统趋于无限大 (热力学极限) 相联系，而实际体系总是有限的。因此，应在计算完成后再取 $q \to 0$ 的极限。注意到

$$\begin{aligned}
\int_2^\infty dx\, \frac{1}{x}j_2(qax) &= \int_0^\infty dx\, \frac{j_2(x)}{x} - \int_0^2 dx\, \frac{j_2(qax)}{x}\\
&= \frac{1}{3} - \int_0^2 dx\, \frac{1}{x}\frac{(qax)^2}{15} \to \frac{1}{3}
\end{aligned} \tag{7.7.25}$$

则第二项的结果为 $4\pi\rho a^3/3 = \phi$。于是，我们求得长波极限下 $H_d(q)$ 的结果为

$$H_d(q \to 0) = -6\phi + \frac{75}{256}\phi + \phi \approx -4.707\phi \qquad (7.7.26)$$

二体精确结果为

$$H_d(q \to 0) = -4.72\phi$$

$$H(q \to 0) = -(1.83 + 4.72)\phi = -6.55\phi$$

图 7.7.2给出了作为 $qa$ 的函数的 $H_d(q)$ 的图形，从图中可见，当 $qa \gg 1$ 时，$H_d(q) \to 0$。

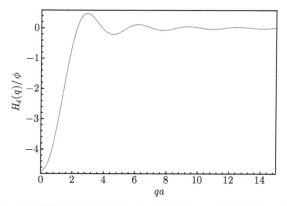

图 7.7.2　硬球粒子悬浮系统的 $H_d(q)$(作为 $qa$ 的函数) 的理论结果

最后，我们给出静态结构因子 $S(q)$ 在低密度极限下的结果

$$S(q) = 1 + \rho \int d\boldsymbol{r}\, [g(r) - 1]e^{-i\boldsymbol{q}\cdot\boldsymbol{r}} \qquad (7.7.27)$$

由于式(7.7.27)的积分正比于 $\rho$(从而正比于 $\phi$)，我们只需利用 $g(r)$ 的零级近似，于是

$$\begin{aligned} S(q) &= 1 - \rho \int_0^{2a} r^2\, dr \int e^{-iqr\cos\theta}\, d\theta \\ &= 1 - 3\phi \int_0^2 dx\, x^2 \frac{\sin(qax)}{qax} \\ &= 1 - 3\frac{\sin(2qa) - 2qa\cos(2qa)}{(qax)^3}\phi \end{aligned} \qquad (7.7.28)$$

当 $q \to 0$ 时，$S(q) = 1 - 8\phi$。由以上结果，代入式(7.7.20)，得到

$$D_c^s = D_0 \frac{1 - 6.55\phi}{1 - 8\phi} = D_0(1 + 1.45\phi) \qquad (7.7.29)$$

# 7.8  长时间动态行为

本节介绍长时间动态行为的理论方法，主要是布朗动力学模拟方法和记忆方程方法。

## 7.8.1  布朗动力学模拟方法

获得较为精确的长时间和中等时间扩散问题结果的一个方法是布朗动力学模拟（BD）。这一方法基于胶体粒子的朗之万（Langevin）描述，在统计意义上，这种描述与斯莫鲁霍夫斯基方程等价。对于 $N$ 个粒子的单组元的胶体系统，给定初始平衡位形，每个时间步 $\Delta t$ 的胶体粒子的位移由下式给出[169]

$$\boldsymbol{r}_i(t+\Delta t) - \boldsymbol{r}_i(t) = \sum_{j=1}^{N} \left[-\beta \boldsymbol{D}_{ij}(\boldsymbol{r}^N) \cdot \nabla_j U(\boldsymbol{r}^N) + \nabla_j \cdot \boldsymbol{D}_{ij}(\boldsymbol{r}^N)\right]\Delta t \\ + \Delta \boldsymbol{x}_i + \mathcal{O}(\Delta t^2) \tag{7.8.1}$$

其中，$\Delta \boldsymbol{x}_i$ 为满足高斯分布的随机位移矢量，并满足如下关系：

$$\langle \Delta \boldsymbol{x}_i \rangle = 0 \\ \langle \Delta \boldsymbol{x}_i \Delta \boldsymbol{x}_j \rangle = 2\boldsymbol{D}_{ij}\Delta t \tag{7.8.2}$$

这里，时间步长 $\Delta t$ 满足 $\tau_B \ll \Delta t \ll \tau_I$。对于 $\Delta \boldsymbol{x}_i$ 的取样方法，通常是先产生一系列宽度为 $\Delta t$ 的高斯分布的随机数，再变换到 $\Delta \boldsymbol{x}_i$，原始文献 [169] 描述了一个有效的算法。

对于较为稀薄的悬浮系统，计算中只需要考虑 $\boldsymbol{D}_{ij}$ 的主导项，即只计算到 Rotne-Prager 近似(6.4.40)，在此近似下，$\nabla_j \cdot \boldsymbol{D}_{ij} = 0$，方程(7.8.1)中的 $\nabla_j \cdot \boldsymbol{D}_{ij}$ 项可以略去。

在布朗动力学模拟中，粒子数 $N$ 通常取几千个，并利用周期性边界条件。初始平衡位形的获得可以通过正则系综的蒙特卡罗模拟来实现。从初始位形出发，大约计算 $10^4 \sim 10^6$ 时间步，并同时计算平方平均位移

$$W(t) = \frac{1}{2d}\left\langle \frac{1}{N}\sum_{i=1}^{N}|\boldsymbol{r}_i(t)-\boldsymbol{r}_i(0)|^2 \right\rangle$$

等其他感兴趣的物理量。这里，$\langle\cdots\rangle$ 是对布朗动力学模拟时间的平均，对于具有两个时间的物理量 $f(t,t')$，

$$\langle f(t,t') \rangle \equiv \frac{1}{M}\sum_{l=1}^{M} f(t+l\Delta t, t'+l\Delta t)$$

当然，时间 $t$, $t'$ 也是 $\Delta t$ 的倍数。

由于 $\boldsymbol{D}_{ij}$ 的长程特性，在模拟中必须特殊处理，常用的方法之一是第 3 章的附录中介绍的 Ewald 求和方法，针对 Rotne-Prager 近似的算法见文献 [170]。

### 7.8.2　记忆方程方法

在第 7.5.2 节我们从唯象的关系出发得到了记忆方程(7.5.33)。用微观理论也能严格推导出这个方程[171,172]，并得到记忆函数 $M_c(q,t)$ 的微观表达式。其基本出发点为：胶体粒子与溶剂分子之间有相互作用，处于不停地运动之中，由于粒子数守恒，运动过程中粒子数密度满足连续性方程

$$\frac{\partial}{\partial t}\rho(\boldsymbol{q},t) = -\mathrm{i}\boldsymbol{q}\cdot\boldsymbol{j}_\rho(\boldsymbol{q}) \tag{7.8.3}$$

其中，$\boldsymbol{j}_\rho(\boldsymbol{q})$ 是粒子流密度。当 $q \to 0$ 时，

$$\frac{\partial}{\partial t}\rho(\boldsymbol{q},t) \to 0 \tag{7.8.4}$$

所以此守恒量也叫做慢变量 (至少在 $q \to 0$ 时)。由密度函数张成的一维子空间称为动态慢变量子空间。除了粒子数密度之外，所有其他的变量都很快地趋于平衡，称为快变量。显然，动态结构因子就是这个慢变量的关联函数。由于它与其他变量互相耦合，我们可以把任一个动态变量分为快的和慢的两部分。引入标量投影算符 $\hat{P}(\boldsymbol{q})$，对任一动态变量有

$$\hat{P}(\boldsymbol{q})A(\boldsymbol{q}) = \rho(\boldsymbol{q})\frac{\langle\rho(\boldsymbol{q})|A(\boldsymbol{q})\rangle}{\langle\rho(\boldsymbol{q})|\rho(\boldsymbol{q})\rangle} = \rho(\boldsymbol{q})\frac{\langle\rho(\boldsymbol{q})|A(\boldsymbol{q})\rangle}{NS(\boldsymbol{q})} \tag{7.8.5}$$

代表 $A$ 的慢部分，其中 $S(\boldsymbol{q})$ 是静态结构因子。$\hat{P}$ 的互补算符

$$\hat{Q}(\boldsymbol{q}) = 1 - \hat{P}(\boldsymbol{q})$$

则把变量投影到由快变量组成的互补子空间，所以 $\hat{Q}A$ 就是动态变量 $A$ 的快部分。这里 $\langle\cdots|\cdots\rangle$ 代表由式(7.6.16)定义的内积。$\rho(\boldsymbol{q}) \equiv \rho(\boldsymbol{q},0)$ 为初始密度的 $\boldsymbol{q}$ 分量。投影算符 $\hat{P}$ 和 $\hat{Q}$ 满足如下显而易见的关系：

$$\hat{P}\hat{P}A = \hat{P}A$$
$$\hat{Q}\hat{Q}A = \hat{Q}A$$
$$\hat{P}\hat{Q}A = \hat{Q}\hat{P}A = 0$$

对于内积运算，算符 $\hat{P}$ 和 $\hat{Q}$ 具有如下性质。设 $A$, $B$ 为任意两个力学量，则

$$\left\langle \hat{P}A \middle| \hat{Q}B \right\rangle = \left\langle \frac{\langle\rho|A\rangle}{\langle\rho|\rho\rangle}\rho \middle| \left(B - \frac{\langle\rho|A\rangle}{\langle\rho|\rho\rangle}\rho\right) \right\rangle$$

$$= \frac{\langle\rho|A\rangle}{\langle\rho|\rho\rangle}\langle\rho|B\rangle - \frac{\langle\rho|A\rangle}{\langle\rho|\rho\rangle}\frac{\langle\rho|B\rangle}{\langle\rho|\rho\rangle}\langle\rho|\rho\rangle \equiv 0 \tag{7.8.6}$$

同理，

$$\left\langle \hat{Q}A \middle| \hat{P}B \right\rangle = 0 \tag{7.8.7}$$

以及

$$\left\langle \hat{P}A \middle| \hat{P}B \right\rangle = \left\langle \frac{\langle\rho|A\rangle}{\langle\rho|\rho\rangle}\rho \middle| \frac{\langle\rho|B\rangle}{\langle\rho|\rho\rangle}\rho \right\rangle$$

$$= \frac{\langle\rho|A\rangle}{\langle\rho|\rho\rangle}\langle\rho|B\rangle = \left\langle \hat{P}A \middle| B \right\rangle = \left\langle A \middle| \hat{P}B \right\rangle \tag{7.8.8}$$

同理

$$\left\langle \hat{Q}A \middle| \hat{Q}B \right\rangle = \left\langle \hat{Q}A \middle| B \right\rangle = \left\langle A \middle| \hat{Q}B \right\rangle \tag{7.8.9}$$

为了清楚起见，我们省去推导中间过程中 $\rho(\boldsymbol{q},0)$ 中的宗量，而在最后结果中恢复，这从上下文是很容易判断的。由定义，并利用式(7.6.23)，动态结构因子可以写为

$$S_\mathrm{c}(q,t) = \frac{1}{N}\left\langle \rho(-\boldsymbol{q},0)\rho(\boldsymbol{q},t) \right\rangle_\mathrm{eq}$$

$$= \left\langle \rho(-\boldsymbol{q},0)\mathrm{e}^{O_\mathrm{B}t}\rho(\boldsymbol{q},0) \right\rangle_\mathrm{eq} \tag{7.8.10}$$

其中，$O_\mathrm{B}$ 为伴随斯莫鲁霍夫斯基算符。对时间求导，得到

$$\frac{\partial S_\mathrm{c}(q,t)}{\partial t} = \frac{1}{N}\left\langle \rho(-\boldsymbol{q},0)\mathrm{e}^{O_\mathrm{B}t}O_\mathrm{B}\rho(\boldsymbol{q},0) \right\rangle_\mathrm{eq}$$

$$= \frac{1}{N}\left\langle \rho(-\boldsymbol{q},0)\mathrm{e}^{O_\mathrm{B}t}\hat{P}O_\mathrm{B}\rho(\boldsymbol{q},0) \right\rangle_\mathrm{eq}$$

$$+ \frac{1}{N}\left\langle \rho(-\boldsymbol{q},0)\mathrm{e}^{O_\mathrm{B}t}\hat{Q}O_\mathrm{B}\rho(\boldsymbol{q},0) \right\rangle_\mathrm{eq} \tag{7.8.11}$$

对于式(7.8.11)中的第一项，有

$$\mathrm{e}^{O_\mathrm{B}t}\hat{P}O_\mathrm{B}\rho = \mathrm{e}^{O_\mathrm{B}t}\rho\frac{\langle\rho|O_\mathrm{B}\rho\rangle}{\langle\rho|\rho\rangle}$$

$$\equiv \Omega(\boldsymbol{q})\mathrm{e}^{O_\mathrm{B}t}\rho(\boldsymbol{q},0)$$

其中

$$\Omega(\boldsymbol{q}) = \frac{\langle\rho(\boldsymbol{q},0)|O_\mathrm{B}\rho(\boldsymbol{q},0)\rangle}{NS(q)}$$

由式(7.7.5)可知，

$$\Omega(\boldsymbol{q}) = -q^2 D_{\text{eff}}^{\text{S}}(q) = -q^2 D_0 \frac{H(q)}{S(q)} = -\frac{\omega(q)}{S(q)} \tag{7.8.12}$$

即

$$\omega(q) = q^2 S_{\text{c}}(q) D_{\text{eff}}^{\text{S}} = q^2 D_0 H(q)$$

这与出现在式(7.5.33)中的 $\omega(q)$ 是一致的。对于式(7.8.11)中的第二项，利用算符恒等式[①]

$$e^{O_{\text{B}}t} = e^{\hat{Q}O_{\text{B}}t} + \int_0^t \mathrm{d}t'\, e^{O_{\text{B}}(t-t')} \hat{P} O_{\text{B}} e^{\hat{Q}O_{\text{B}}t'} \tag{7.8.13}$$

并定义

$$R(\boldsymbol{q}, t) = e^{\hat{Q}(\boldsymbol{q})O_{\text{B}}t} \hat{Q}(\boldsymbol{q}) O_{\text{B}} \rho(\boldsymbol{q}, 0)$$

得到

$$
\begin{aligned}
e^{O_{\text{B}}t} \hat{Q} O_{\text{B}} \rho(\boldsymbol{q}, 0) &= e^{\hat{Q}O_{\text{B}}t} \hat{Q} O_{\text{B}} \rho(\boldsymbol{q}, 0) \\
&\quad + \int_0^t \mathrm{d}t'\, e^{O_{\text{B}}(t-t')} \hat{P} O_{\text{B}} e^{Q O_{\text{B}} t'} \hat{Q} O_{\text{B}} \rho(\boldsymbol{q}, 0) \\
&= R(\boldsymbol{q}, t) + \int_0^t \mathrm{d}t'\, e^{O_{\text{B}}(t-t')} \hat{P} O_{\text{B}} R(\boldsymbol{q}, t')
\end{aligned} \tag{7.8.14}
$$

注意到 $R(\boldsymbol{q}, t)$ 是快变量，

$$\hat{Q} R(\boldsymbol{q}, t') = R(\boldsymbol{q}, t')$$

利用式(7.8.6)~ 式(7.8.9)，式(7.8.14)中积分号内的部分可变换如下：

$$
\begin{aligned}
\hat{P} O_{\text{B}} R(\boldsymbol{q}, t) &= \rho \frac{\langle \rho | O_{\text{B}} R(\boldsymbol{q}, t) \rangle}{\langle \rho | \rho \rangle} = \rho \frac{\langle O_{\text{B}} \rho | R(\boldsymbol{q}, t) \rangle}{\langle \rho | \rho \rangle} \\
&= \rho \frac{\langle O_{\text{B}} \rho | \hat{Q} R(\boldsymbol{q}, t) \rangle}{\langle \rho | \rho \rangle} = \rho \frac{\langle \hat{Q} O_{\text{B}} \rho | R(\boldsymbol{q}, t) \rangle}{\langle \rho | \rho \rangle} \\
&= \rho \frac{\langle R(\boldsymbol{q}, 0) | R(\boldsymbol{q}, t) \rangle}{N S(q)}
\end{aligned} \tag{7.8.15}
$$

---

[①] 证明如下：定义

$$\Delta(t) = e^{O_{\text{B}}t} - e^{\hat{Q}O_{\text{B}}t}$$

对 $t$ 求导，得到

$$\frac{\mathrm{d}\Delta}{\mathrm{d}t} = O_{\text{B}} e^{O_{\text{B}}t} - \hat{Q} O_{\text{B}} e^{\hat{Q}O_{\text{B}}t} = O_{\text{B}} \Delta + \hat{P} O_{\text{B}} e^{\hat{Q}O_{\text{B}}t}$$

这一方程的解为

$$\Delta(t) = \int_0^t \mathrm{d}t'\, e^{O_{\text{B}}(t-t')} \hat{P} O_{\text{B}} e^{\hat{Q}O_{\text{B}}t'}$$

定义记忆函数

$$M_{c}(\boldsymbol{q},t) = \frac{1}{N}\langle R(\boldsymbol{q},0)|R(\boldsymbol{q},t)\rangle \tag{7.8.16}$$

则式(7.8.15)成为

$$\hat{P}O_{B}R(\boldsymbol{q},t) = \rho(\boldsymbol{q},t)\frac{M_{c}(\boldsymbol{q},t)}{S(q)}$$

由于出现了因子 $\hat{Q}$，所以 $R(0)$ 和 $R(t)$ 都属于快变量。把以上结果代入式(7.8.11)，并注意到 $R(\boldsymbol{q},t)$ 与 $\rho(\boldsymbol{q})$ 正交，得到

$$\frac{\partial S_{c}(q,t)}{\partial t} = -\omega(q)S(q) + \int_{0}^{t}\mathrm{d}t'\, M_{c}(\boldsymbol{q},t-t')\frac{S_{c}(q,t')}{S(q)} \tag{7.8.17}$$

$R(\boldsymbol{q},t)$ 等价于朗之万方程中的随机力。$M_{c}(q,t)$ 就是此随机力的关联函数，显然它应该比 $S_{c}(q,t)$ 衰减得快。而且，由于它只包含变量的快部分，所以在数学上它也比 $S_{c}(q,t)$ 要简单一些。式(7.8.17)与唯象结果式(7.5.33)在形式上完全相同，同时也得到了计算 $\omega(q)$ 和记忆函数的微观公式。一般都是先计算 $M_{c}(\boldsymbol{q},t)$，然后再利用式(7.5.34)算出 $S_{c}(q,t)$。

在 $t \gg \tau_I$ 的时间，由于 $M_{c}(\boldsymbol{q},t-t')$ 在 $t-t'$ 较大时快速衰减，式(7.8.17)中对积分的贡献主要是 $t \sim t'$ 的部分，因此在被积函数中可以把 $S_{c}(\boldsymbol{q},t')$ 中的 $t'$ 用 $t$ 代替，然后把积分限扩展为 $[0,\infty)$，得到

$$\frac{\partial S_{c}(q,t)}{\partial t} = -\left[\omega(q) - \int_{0}^{\infty}\mathrm{d}t'M_{c}(q,t')\right]\frac{S_{c}(q,t)}{S(q)}$$
$$\equiv -q^2 D_{c}^{L}(q)S_{c}(q,t) \tag{7.8.18}$$

这样，在长时间，$S_{c}(q,t)$ 仍然呈指数形式，其斜率为长时间集体扩散系数

$$D_{c}^{L}(q) = \frac{1}{S(q)}\left[\omega(q) - \int_{0}^{\infty}\mathrm{d}t'M_{c}(q,t')\right]$$

当 $q \to 0$ 时，它就是流体力学极限下的扩散系数 $D_{c}$。

方程(7.8.17)的数值稳定性不太好，为了数值求解方便，我们引入约化记忆函数 $\tilde{M}_{c}^{ir}(q,s)$，由下式定义：

$$\tilde{M}_{c}(q,s) = q^2 D_0 H(q)\frac{\tilde{M}_{c}^{ir}(q,s)}{1+\tilde{M}_{c}^{ir}(q,s)} \tag{7.8.19}$$

因此，式(7.5.33)的拉普拉斯逆变换成为

$$\frac{\partial S_{c}(q,t)}{\partial t} = -\omega(q)S_{c}(q,t) - \int_{0}^{t}\mathrm{d}t'M_{c}^{ir}(q,t-t')\frac{\partial S_{c}(q,t')}{\partial t'} \tag{7.8.20}$$

这一方程的数值稳定性较好，在实际研究中，通常都是求解此式。

式(7.8.17)和式(7.8.20)都是从连续性方程出发经过一列数学运算推导出来的。由于连续性方程是严格成立的，推导中没有引进近似，因此结果是严格的。但是在实际计算 $M_c^{ir}(q,t)$ 时必须引入近似。用于计算记忆函数的常用近似方法是模式耦合理论 (mode coupling theory，MCT)。一旦算出了 $M_c^{ir}(q,t)$，式(7.8.20)就变成了 $S_c(q,t)$ 的非线性方程，其解可通过数值方法给出。

通过完全类似的推导过程，可以得到自扩散的理论，代表粒子的结构因子是

$$S_s(q,t) = \left\langle e^{i\boldsymbol{q} \cdot [\boldsymbol{r}_1(0) - \boldsymbol{r}_1(t)]} \right\rangle \tag{7.8.21}$$

其中，$\boldsymbol{r}_1(t)$ 代表粒子在时间 $t$ 的位置。其严格的记忆方程为

$$\frac{\partial S_s(q,t)}{\partial t} = -q^2 D_s^S(q) S_s(q,t) - \int_0^t dt' \, M_s^{ir}(q, t-t') \frac{\partial S_s(q,t')}{\partial t'} \tag{7.8.22}$$

其中，$M_s^{ir}(q,t)$ 是自扩散的约化记忆函数。

## 7.9 记忆方程的求解，模式耦合理论

记忆方程是一个微分积分方程，其积分核 (记忆函数) 的微观表达式虽然可以在形式上给出，但实际上无法用定义计算。由方程(7.8.16)可知，为了计算记忆函数，必须计算 $R(\boldsymbol{q},t)$ 的时间相关函数。从形式上看，它的计算与计算 $S_c(q,t)$ 一样困难。但另一方面，由于 $R(\boldsymbol{q},t)$ 是相对于 $\rho(\boldsymbol{q},t)$ 的快变量，它的时间相关函数应该比 $S_c(q,t)$ 更快衰减。基于这一考虑，我们可以设法对记忆函数取近似，想办法把它用 $S_c(q,t)$ 表示出来，使得记忆方程成为 $S_c(q,t)$ 的一个闭合方程，求解就容易了。计算实践表明，直接求解记忆方程(7.8.17)时，数值稳定性并不好，而且会导致非物理结果，而用约化记忆函数表示的记忆方程(7.8.20)，则具有很好的数值稳定性。

模式耦合理论的近似给出用动态结构因子表示的约化记忆函数为[172-179]

$$M_c^{ir}(\boldsymbol{q},t) = \frac{D_0}{2(2\pi)^3 \rho_0 H(k)} \int d\boldsymbol{k} \, |V_c(\boldsymbol{q},\boldsymbol{k})|^2 S_c(k,t) S_c(|\boldsymbol{q}-\boldsymbol{k}|,t) \tag{7.9.1}$$

式中，$\rho_0 = N/V$ 为系统的数密度，而

$$V_c(\boldsymbol{q},\boldsymbol{k}) = \frac{1}{N\sqrt{D_0}} \frac{\langle R(-\boldsymbol{q})\rho(\boldsymbol{k})\rho(\boldsymbol{q}-\boldsymbol{k})\rangle_{eq}}{q S(k) S(|\boldsymbol{q}-\boldsymbol{k}|)} \tag{7.9.2}$$

称为顶角函数。

如果完全忽略流体动力相互作用，则 $H(\boldsymbol{k})=1$，$\boldsymbol{D}_{ij}=D_0\boldsymbol{I}\delta_{ij}$，

$$V_c(\boldsymbol{q},\boldsymbol{k})=\boldsymbol{q}\cdot\boldsymbol{k}\left[1-\frac{1}{S(k)}\right]+\boldsymbol{q}\cdot(\boldsymbol{q}-\boldsymbol{k})\left[1-\frac{1}{S(|\boldsymbol{q}-\boldsymbol{k}|)}\right] \quad (7.9.3)$$

顶角函数已经用静态结构函数表示出来，可以代入记忆函数(7.9.1)，与记忆方程(7.8.20)一起，构成求解 $S_c(k,t)$ 的闭合微分积分方程。这一组方程称为没有流体动力相互作用的模式耦合理论。

对于示踪粒子扩散问题，无流体动力作用的顶角函数为

$$V_s(\boldsymbol{q},\boldsymbol{k})=\boldsymbol{q}\cdot\boldsymbol{k}\left(1-\frac{1}{S(k)}\right) \quad (7.9.4)$$

约化的记忆函数为

$$M_s^{\mathrm{ir}}(\boldsymbol{q},t)=\frac{D_0}{2(2\pi)^3\rho_0}\int\mathrm{d}\boldsymbol{k}\,|V_s(\boldsymbol{q},\boldsymbol{k})|^2 S_c(k,t)S_s(|\boldsymbol{q}-\boldsymbol{k}|,t) \quad (7.9.5)$$

对于粒子浓度较高的硬球粒子系统，应该计入流体动力多体的贡献，这样得出的结果可以与实验比较。包括了流体动力作用的顶角函数的近似理论要复杂很多，这里不再进一步介绍。7.10 节我们将介绍一种唯象地计入流体动力相互作用影响的方法。

## 7.10　扩　散　性　质

本节我们给出一些理论结果，其中部分结果来自前面几节介绍的理论，另外一些来自布朗动力学模拟。关于得到这些结果的具体计算过程可以参看有关文献。

基于 MCT 方法，可以计算出硬球粒子系统和带电悬浮粒子系统的各种扩散性质。位移的平方平均值 $W(t)$ 与动态自关联函数的关系为

$$W(t)=-2d\lim_{q\to0}\frac{1}{q^2}\ln S_s(q,t) \quad (7.10.1)$$

而据 $D_s^{\mathrm{L}}$ 的定义，

$$W(t)=2dD_s^{\mathrm{L}}t$$

因此，只要求出了 $S_s(q,t)$，就可以根据上面两式得到 $D_s^{\mathrm{L}}$ 的值。

在 MCT 计算中，流体动力相互作用（HI）可以以唯象的方式计入，其方法是通过简单的重新标度方式来实现的。Medina-Noyold[183] 和 Brada[184,185] 假定输运系数的长时间贡献，即记忆效应，主要由不包含流体动力相互作用的构型弛豫过程引起；而在短时间贡献中，流体动力相互作用更为重要。这样，就可以用

计入了流体动力贡献的短时间扩散系数来标度不计流体动力贡献，由 MCT 结果给出的结构部分，以达到在长时间扩散系数中计入流体动力贡献的目的。对于自扩散的情况

$$D_s^L = \frac{D_s^S}{D_0} D_s^{L,MCT} \tag{7.10.2}$$

式(7.10.2)中第一个因子就是标度因子，其半经验的结果为[186]

$$\frac{D_s^S}{D_0} = (1 - 1.56\phi)(1 - 0.27\phi) \tag{7.10.3}$$

当粒子浓度很小时，$D_s^S/D_0 = 1 - 1.83\phi$，与前面得到的结果一致；当 $\phi = 0.64$ 时，即随机密堆的情况，$D_s^S = 0$。

下面给出一些结果。图 7.10.1是硬球粒子系统的 $D_s^L$ 随体积分数 $\phi$ 变化的函数关系[189]。图中显示了不考虑流体动力相互作用的布朗动力学模拟的结果（标示为 BD）、实验数据和 MCT 的计算结果，同时也画出了对密度展开到领头项的结果 $D_s^L/D_0 = 1 - 2.1\phi$。虽然动态光散射（DLS）和两个光脱色荧光恢复（fluorescence recovery after photobleaching，FRAP）的实验数据之间有较大分散，但模拟结果和实验数据之间的系统差别很明显,这表明流体动力作用的效果是显著的,是可以观

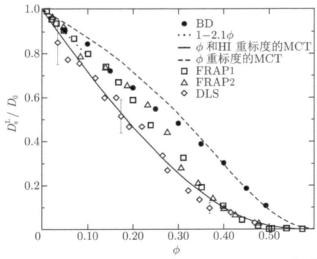

图 7.10.1　硬球粒子系统的 $D_s^L$ 随体积分数 $\phi$ 变化的函数关系。实心圆[180] 表示由布朗动力学模拟得到的结果。虚线表示经 $\phi$ 重新标度的 MCT 得到的长时间自扩散系数; 实线表示经过 $\phi$ 重新标度和 HI 标度的 MCT 得到的结果。方块、三角形和菱形符号分别对应于两个光脱色荧光恢复的实验结果[181] 和动态光散射的实验结果[182]; 点虚线对应于不计 HI 的无限稀薄情形的结果: $D_s^L/D_0 = 1 - 2.1\phi$

测的。图中画出了两个 MCT 的计算结果，一个不考虑流体动力作用，一个唯象地计入了流体动力作用。计入流体动力作用的 MCT 计算结果得到的长时间自扩散系数在 $\phi = 0.525$ 处变为 0，这个位置就是发生玻璃转变的地方，实验测量的玻璃转变点在 $\phi \approx 0.58$。不考虑流体动力作用的 MCT 计算结果与布朗动力学模拟的结果也有明显偏差。改进 MCT 结果的唯象的修正方法是：把体积分数重新标度为 $\phi \to \phi(\phi_g/0.525)$，这里选择 $\phi_g = 0.62$，重新标度后的 MCT 结果在计入和不计入流体动力作用下分别与实验数据和布朗动力学模拟结果符合得较好 [180,187]。图中画出的两个 MCT 的结果是经过密度重新标度的。流体动力作用以前述唯象方式计入[178]。由图 7.10.1中两条 MCT 曲线的明显差别可以看出，这个重新标度方法对结果影响很大，使得理论计算结果与实验结果符合得很好。类似的重新标度方法也可用于计算长时间集体扩散系数。

　　现在来看一下自扩散系数从短时间的 $D_s^S$ 到长时间的 $D_s^L$ 的变化过程。这个结果由自扩散函数 $D_s(t) = W(t)/t$ 给出，当 $t \to 0$ 时它变成 $D_s^S$，当 $t \to \infty$ 时它变成 $D_s^L$。图 7.10.2显示了分别由 MCT 和布朗动力学模拟计算得到的 $W(t)/D_0 t$ 随时间的变化关系，计算中不包含流体动力相互作用[178]。由图中可以看出，当 $t \ll \tau_I$ 时，$W(t)/D_0 t$ 快速下降，$t = 0$ 的值对应的是短时间扩散系数；在当 $t \sim \tau_I$

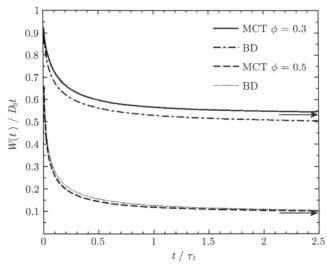

图 7.10.2　硬球粒子系统的 $W(t)/D_0 t$ 随时间 $t/\tau_I$ 的变化关系。实线对应体积分数 $\phi = 0.3$ 时的 MCT 结果[178]；长虚线对应体积分数 $\phi = 0.5$ 时的 MCT 结果；长短相间的虚线和点虚线分别对应上述两种情形下由布朗动力学模拟得到的结果[187]，靠近图右部的水平直线指出 MCT 计算所得的长时间扩散系数，即 MCT 曲线的渐近值。这里 $\tau_I = a^2/D_0$ 是一个半径为 $a$ 的孤立球形粒子扩散距离 $a$ 所需的时间。取自文献 [178]

时，$W(t)/D_0 t$ 缓慢下降，并缓慢趋向于其渐近值 $D_{\mathrm{s}}^{\mathrm{L}}$。图中，渐近值 $D_{\mathrm{s}}^{\mathrm{L}}$ 由水平的短直线指出，由式 (7.5.9) 可知，当 $t$ 足够大时

$$\frac{W(t)}{2dD_0 t} = \frac{D_{\mathrm{s}}^{\mathrm{L}}}{D_0} + \frac{D_{\mathrm{s}}^{\mathrm{S}} - D_{\mathrm{s}}^{\mathrm{L}}}{D_0}\frac{\tau_{\mathrm{m}}}{t} + \mathcal{O}\left(t^{-3/2}\right)$$

即 $W(t)/D_0 t$ 按照 $1/t$ 的方式趋于其渐近值，所以，在图中的时间尺度内（$t \leqslant 2.5\tau_I$），与渐近值还有明显的差别。从图中也可以明显看出，MCT 计算结果和布朗动力学计算结果在体积分数较大时符合得更好。

集体扩散与密度涨落趋于平衡的过程 (弛豫过程) 相联系，由动态结构因子 $S_{\mathrm{c}}(q,t)$ 描述，对带电粒子系统，图 7.10.3 给出了分别用 MCT、布朗动力学模拟[188] 求得的 $S_{\mathrm{c}}(q,t)$。随着时间增大，动态结构因子总是衰减的。从图中可以明显看出其衰减过程。同样，我们也注意到 MCT 的计算结果与布朗动力学模拟的结果符合得很好。

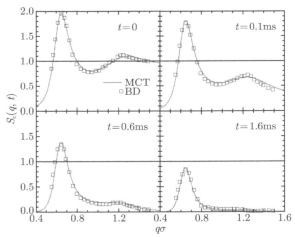

图 7.10.3　由 MCT(用实线表示)，布朗动力学模拟 (BD，用空心方块表示) 方法求得的 $S_{\mathrm{c}}(q,t)$[188]。系统的参数为：粒子的直径 $\sigma = 46\mathrm{nm}$，体积分数 $\phi = 0.44 \times 10^{-3}$，$\kappa\sigma = 0.25$；$D_0 = 9.5 \times 10^{-12}\mathrm{m}^2/\mathrm{s}$。取自文献 [135]

在不同的长度尺度上，弛豫因子也不同。图 7.10.4 [178] 给出了动态结构因子随约化时间的衰减过程。图中分别给出了 MCT 和布朗动力学模拟的计算结果和实验结果。(a) 是 $S_{\mathrm{c}}(q,t)$ 峰值（对应于 $q_{\mathrm{m}}\sigma = 0.69$）随时间的衰减以及长波区（对应 $q = 0.87q_{\mathrm{m}}$）的衰减，(b) 是短波区（对应 $q = 2.13q_{\mathrm{m}}$）$S_{\mathrm{c}}(q,t)$ 的衰减[190]。从图中可以明显看出，对应 $q_{\mathrm{m}}$ 的 $S_{\mathrm{c}}(q,t)$ 衰减比较慢，而 $S_{\mathrm{c}}(q,t)$ 极大值两边都衰减较快。同时，我们也注意到，计算结果和实验结果都不是简单的指数形式。

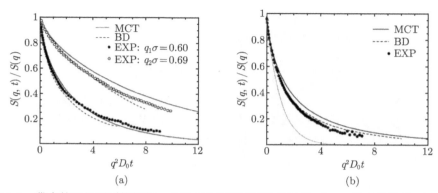

图 7.10.4  带电粒子悬浮系统的归一化动态结构因子随约化时间 $q^2 D_0 t$ 的变化关系。(a) 对应于两种波数 $q_1 \sigma = 0.60$ 和 $q_2 \sigma \approx q_{\mathrm{m}} \sigma = 0.69$ 的情况。(b) 对应于波数 $q_3 \sigma = 1.47$ 的情况。实线表示 MCT 结果；虚线表示布朗动力学模拟结果 (BD)；实心圆和空心圆分别对应上述两种情形的实验结果[190]。点虚线表示 $S(q_3, t)$ 的短时间衰减关系 $\exp\left\{-q^2 D_0 t\right\}$

本章仅仅简单介绍了胶体扩散的理论和一些结果，很多与扩散相关的问题都没有涉及。因为没有涉及多组元理论，所以对特别重要的互扩散问题完全没有介绍。另一个完全没有介绍的重要内容是沉淀，有兴趣深入了解这方面内容的读者可以参看文献 [14]。

# 参 考 文 献

[1] Graham T. Liquid diffusion applied to analysis. Philosophical Transactions of the Royal Society of London, 1861, 151:183-224.

[2] Brown R. A brief account of microscopical observations made in the months of June, July and August 1827, on the particles contained in the pollen of plants; and on the general existence of active molecules in organic and inorganic bodies. Philosophical Magazine Series, 1828, 2(4):161-173.

[3] Einstein A. Über die von der molekularkinetischen theorie der wärme geforderte bewegung von in ruhenden flüssigkeiten suspendierten teilchen. Annalen der Physik, 1905, 322:549-560.

[4] von Smoluchowski M. Zur kinetischen theorie der Brownschen molekularbewegung und der suspensionen. Annalen der Physik, 1906, 326:756-780.

[5] Perrin J. Mouvement Brownien et molécules. Journal de Physique Théorique et Appliquée, 1910, 9:5-39.

[6] Matijevic E. Monodispersed colloids: Art and science. Langmuir, 1986, 2:12-20.

[7] Matijevic E. Uniform inorganic colloid dispersions. achievements and challenges. Langmuir, 1994, 10:8-16.

[8] Snoeks E, van Blaaderen A, van Dillen T, et al. Colloidal ellipsoids with continuously variable shape. Advanced Materials, 2000, 12:1511-1514.

[9] Hong L, Jiang S, Granick S. Simple method to produce janus colloidal particles in large quantity. Langmuir, 2006, 22:9495-9499. PMID: 17073470.

[10] Jiang S, Chen Q, Tripathy M, et al. Janus particle synthesis and assembly. Advanced Materials, 2010, 22:1060-1071.

[11] Henk N W, Lekkerkerker R T. Colloids and the Depletion Interaction. Springer Netherlands, 2011.

[12] Pusey P N. Colloidal suspensions. In: Hansen J P, Levesque D, Zinn-Justin J, eds., Liquids, Freezing and Glass Transition. II. Amsterdam: North-Holland, chapter, 1991, 10: 763-942.

[13] Russel W B, Saville D A, Schowalter W R. Colloidal Dispersions. Cambridge University Press, 1992.

[14] Dhont J K G. An Introduction to Dynamics of Colloids. Studies in Interface Science. Elsevier Science, 1996.

[15] Nägele G. On the dynamics and structure of charge-stabilized suspensions. Physics Reports, 1996, 272:215-372.

[16] Klein R. Interacting Brownian particles: The dynamics of colloidal suspensions. In: Mallamace F, Stanley H E, eds., The Physics of Complex Systems, Amsterdam: IOS Press, 1997, 301-345.

[17] Likos C N. Effective interactions in soft condensed matter physics. Physics Reports, 2001, 348:267-439.

[18] Hansen J P, McDonald I R. Theory of Simple Liquids, 4th Edition. Academic Press, 2013.

[19] Wang S C. The mutual influence between hydrogen atoms. Phys Z, 1927, 28:663-666.

[20] Pauling L, Beach J Y. The Van der Waals interaction of Hydrogen atoms. Phys Rev, 1935, 47:686-692.

[21] London F. Zur theorie und systematik der molekularkräfte. Zeitschrift für Physik, 1930, 63:245-279.

[22] London F. Über einige eigenschaften und anwendungen der molekularkräfte. Z phys Chem, 1930, 11:222-251.

[23] Casimir H B G, Polder D. Influence of retardation on the London–Van der Waals forces. Nature, 1946, 158:787-788.

[24] Casimir H B G, Polder D. The influence of retardation on the London-Van der Waals forces. Physical Review, 1948, 73:360-372.

[25] Dzyaloshinskii I, Lifshitz E, Pitaevskii L. The general theory of Van der Waals forces. Advances in Physics, 1961, 10:165-209.

[26] Israelachvili J N. Intermolecular and Surface Forces: Revised Third Edition. Academic Press, 2011.

[27] Hamaker H. The London-Van der Waals attraction between spherical particles. Physica, 1937, 4:1058-1072.

[28] Mahanty J, Ninham B. Dispersion Forces (Colloid science). Academic Press Inc, 1977.

[29] Bordag M, Klimchitskaya G L, Mohideen U, et al. Advances in the Casimir Effect. Oxford Univ PR, 2009.

[30] Langbein D. Theory of Van der Waals Attraction（Springer Tracts in Modern Physics Volume 72）. Springer-Verlag Berlin Heidelberg New York, 1974.

[31] Parsegian V A. Van der Waals Forces. Cambridge University Press, 2005.

[32] 朗道 L D, 栗弗席兹 E M. 量子力学 (非相对论理论)(第 6 版). 北京: 高等教育出版社, 2008.

[33] Cahill K. Physical Mathematics. Cambridge University Press, 2013.

[34] Einstein A. Zur theorie der Brownschen bewegung. Annalen der Physik, 1906, 324:371-381.

[35] Chaikin P M, Lubensky T C. Principles of Condensed Matter Physics. Cambridge: Cambridge University Press, 1995.

[36] Derjaguin B V, Landau L. Theory of the stability of strongly charged lyophobic sols and of the adhesion of strongly charged particles in solutions of electrolytes. Acta physicochim URSS, 1941, 14:633-662.

[37] Verwey E F, Overbeek J T G. Theory of the Stability of Lyophobic Colloids. Amsterdam: Elsevier, 1948.

[38] Gray C G. Theory of molecular fluids. Oxford New York: Oxford University Press, 1984.

[39] Huang K. Statistical Mechanics. New York: Wiley, 1963.

[40] 李政道. 统计力学. 上海: 上海科学技术出版社, 2006.

[41] Barsky E. The Gibbs paradox and attempts of its solution. In: Gibbs Entropic Paradox and Problems of Separation Processes, Elsevier, 2017: 35-55.

[42] Jaynes E T. The gibbs paradox. In: Smith C R, Erickson G J, Neudorfer P O, eds., Maximum Entropy and Bayesian Methods, Kluwer Academic Publishers, Dordrecht Holland, 1992: 1-22.

[43] van Kampen N G. The gibbs paradox. In: Parry W, ed., Essays in theoretical physics. Oxford: Pergamon Press, 1984: 303-312.

[44] Warren P B. Combinatorial entropy and the statistical mechanics of polydispersity. Physical Review Letters, 1998, 80:1369-1372.

[45] Swendsen R H. Statistical mechanics of classical systems with distinguishable particles. Journal of Statistical Physics, 2002, 107:1143-1166.

[46] Swendsen R H. Statistical mechanics of colloids and Boltzmann's definition of the entropy. American Journal of Physics, 2006, 74:187-190.

[47] Swendsen R. Gibbs' paradox and the definition of entropy. Entropy, 2008, 10:15-18.

[48] Frenkel D. Why colloidal systems can be described by statistical mechanics: Some not very original comments on the Gibbs paradox. Molecular Physics, 2014, 112:2325-2329.

[49] Gibbs J W. Elementary Principles of Statistical Mechanics. New York: Charles Scribner's Sons, 1902.

[50] 吉布斯 J W. 统计力学的基本原理. 北京: 中国科学技术大学出版社, 2016.

[51] Yang M C, Ma H. Effect of polydispersity on the relative stability of hard-sphere crystals. The Journal of Chemical Physics, 2008, 128:134510.

[52] Ornstein L S, Zernike F. Accidental deviations of density and opalescence at the critical point of a single substance. Proceeding of Akademic Science (Amsterdam), 1914, 17:793-806.

[53] Stell G. Cluster expansions for classical systems in equilibrium. In: Frisch H, Lebowitz J, eds., The Equilibrium Theory of Classical Fluids: A Lecture Note and Reprint Volume, W. A. Benjamin, 1964: 177-266.

[54] Percus J K, Yevick G J. Analysis of classical statistical mechanics by means of collective coordinates. Phys Rev, 1958, 110:1-13.

[55] Rogers F J, Young D A. New, thermodynamically consistent, integral equation for simple fluids. Phys Rev A, 1984, 30:999-1007.

[56] Verlet L. Integral equations for classical fluids. Molecular Physics, 1980, 41:183-190.

[57] Verlet L. Integral equations for classical fluids. Molecular Physics, 1981, 42:1291-1302.

[58] Metropolis N, Rosenbluth A W, Rosenbluth M N, et al. Equation of state calculations by fast computing machines. The Journal of Chemical Physics, 1953, 21:1087-1092.

[59] Swendsen R H, Wang J S. Nonuniversal critical dynamics in Monte Carlo simulations. Physical Review Letters, 1987, 58:86-88.

[60] Dress C, Krauth W. Cluster algorithm for hard spheres and related systems. Journal of Physics A: Mathematical and General, 1995, 28:L597-L601.

[61] Liu J, Luijten E. Rejection-free geometric cluster algorithm for complex fluids. Physical Review Letters, 2004, 92(3): 035504.

[62] Liu J, Luijten E. Generalized geometric cluster algorithm for fluid simulation. Physical Review E, 2005, 71(6pt2): 066701.

[63] Landau D P, Binder K. A Guide to Monte Carlo Simulations in Statistical Physics. Cambridge University Press, 2014.

[64] Bennett C H. Efficient estimation of free energy differences from Monte Carlo data. Journal of Computational Physics, 1976, 22:245-268.

[65] Ferrenberg A M, Swendsen R H. New Monte Carlo technique for studying phase transitions. Physical Review Letters, 1988, 61:2635-2638.

[66] Berg B A. The multicanonical ensemble: A new approach to computer simulations. International Journal of Modern Physics C, 1992, 3:1083-1098.

[67] Berg B A, Neuhaus T. Multicanonical ensemble: A new approach to simulate first-order phase transitions. Phys Rev Lett, 1992, 68:9-12.

[68] Wang F G, Landau D P. Efficient, multiple-range random walk algorithm to calculate the density of states. Phys Rev Lett, 2001, 86:2050-2053.

[69] Wang F G, Landau D P. Determining the density of states for classical statistical models: A random walk algorithm to produce a flat histogram. Phys Rev E, 2001, 64:056101.

[70] Daan Frenkel B S. Understanding Molecular Simulation. Oxford: Elsevier LTD, 2001.

[71] Allen M P, Tildesley D J. Computer Simulation of Liquids. Oxford: Clarendon Press, 1994.

[72] Alder B J, Wainwright T E. Phase transition for a hard sphere system. The Journal of Chemical Physics, 1957, 27:1208-1209.

[73] Alder B J, Wainwright T E. Studies in molecular dynamics. I. General method. The Journal of Chemical Physics, 1959, 31:459-466.

[74] Hohenberg P, Kohn W. Inhomogeneous electron gas. Phys Rev, 1964, 136:B864-B871.

[75] Mermin N D. Thermal properties of the inhomogeneous electron gas. Phys Rev, 1965, 137:A1441-A1443.

[76] Alder B J, Hoover W G, Young D A. Studies in molecular dynamics. V. High-density equation of state and entropy for hard disks and spheres. The Journal of Chemical Physics, 1968, 49:3688-3696.

[77] Alder B, Young D, Mansigh M, et al. Hard sphere equation of state in the close-packed limit. Journal of Computational Physics, 1971, 7:361-366.

[78] Kratky K W. Stability of fcc and hcp hard-sphere crystals. Chemical Physics, 1981, 57:167-174.

[79] Frenkel D, Ladd A J C. New Monte Carlo method to compute the free energy of arbitrary solids. Application to the fcc and hcp phases of hard spheres. The Journal of Chemical Physics, 1984, 81:3188-3193.

[80] Woodcock L V. Entropy difference between the face-centred cubic and hexagonal close-packed crystal structures. Nature, 1997, 385:141-143.

[81] Woodcock L V. Entropy difference between crystal phases. Nature, 1997, 388:236.

[82] Mau S C, Huse D A. Stacking entropy of hard-sphere crystals. Phys Rev E, 1999, 59:4396-4401.

[83] Bruce A D, Wilding N B, Ackland G J. Free energy of crystalline solids: A lattice-switch Monte Carlo method. Phys Rev Lett, 1997, 79:3002-3005.

[84] Noya E G, Almarza N G. Entropy of hard spheres in the close-packing limit. Molecular Physics, 2015, 113:1061-1068.

[85] Zhu J, Li M, Rogers R, et al. Crystallization of hard-sphere colloids in microgravity. Nature, 1997, 387:883-885.

[86] Cheng Z, Chaikin P M, Russel W B, et al. Phase diagram of hard spheres. Materials & Design, 2001, 22:529-534.

[87] Wertheim M S. Exact solution of the Percus-Yevick integral equation for hard spheres. Physical Review Letters, 1963, 10:321-323.

[88] Thiele E. Equation of state for hard spheres. The Journal of Chemical Physics, 1963, 39:474-479.

[89] Baxter R. Ornstein - Zernike relation for a disordered fluid. Australian Journal of Physics, 1968, 21:563.

[90] Zhou Y, Mei B, Schweizer K S. Integral equation theory of thermodynamics, pair structure, and growing static length scale in metastable hard sphere and Weeks-Chandler-Andersen fluids. Physical Review E, 2020, 101(4): 042121

[91] Carnahan N F, Starling K E. Equation of state for nonattracting rigid spheres. The Journal of Chemical Physics, 1969, 51:635-636.

[92] Robles M, López de Haro M, Santos A. Note: Equation of state and the freezing point in the hard-sphere model. The Journal of Chemical Physics, 2014, 140:136101.

[93] Pieprzyk S, Bannerman M N, Brańka A C, et al. Thermodynamic and dynamical properties of the hard sphere system revisited by molecular dynamics simulation. Physical Chemistry Chemical Physics, 2019, 21:6886-6899.

[94] Asakura S, Oosawa F. On interaction between two bodies immersed in a solution of macromolecules. The Journal of Chemical Physics, 1954, 22:1255-1256.

[95] Vrij A. Polymers at interfaces and the interactions in colloidal dispersions. Pure and Applied Chemistry, 1976, 48:471.

[96] Dinsmore A D, Warren P B, Poon W C K, et al. Fluid-solid transitions on walls in binary hard-sphere mixtures. EPL (Europhysics Letters), 1997, 40:337-342.

[97] Bartlett P, Ottewill R H, Pusey P N. Superlattice formation in binary mixtures of hard-sphere colloids. Phys Rev Lett, 1992, 68:3801-3804.

[98] Eldridge M D, Madden P A, Frenkel D. The stability of the $AB_{13}$ crystal in a binary hard sphere system. Molecular Physics, 1993, 79:105-120.

[99] Dinsmore A D, Yodh A G, Pine D J. Entropic control of particle motion using passive surface microstructures. Nature, 1996, 383:239-242.

[100] Onsager L. Theories of concentrated electrolytes. Chemical Reviews, 1933, 13:73-89.

[101] Onsager L. The effects of shape on the interaction of colloidal particles. Annals of the New York Academy of Sciences, 1949, 51:627-659.

[102] Attard P. Spherically inhomogeneous fluids. II. Hard-sphere solute in a hard-sphere solvent. The Journal of Chemical Physics, 1989, 91:3083-3089.

[103] Götzelmann B, Evans R, Dietrich S. Depletion forces in fluids. Phys Rev E, 1998, 57:6785-6800.

[104] Li W H, Xue S, Ma H R. Depletion potential of colloids: A direct simulation study. Journal of Shanghai Jiao Tong University, 2001, E-6:126.

[105] Li W H, Ma H R. Depletion potential near curved surfaces. Phys Rev E, 2002, 66:061407.

[106] Li W H, Ma H R. Entropic interactions on a colloidal sphere near the edge of a terrace. The European Physical Journal E, 2003, 12:321-324.

[107] Li W H, Ma H R. Depletion force and torque on an ellipsoid. The Journal of Chemical Physics, 2003, 119:585-589.

[108] Li W H, Yang T, Ma H R. Depletion potentials in colloidal mixtures of hard spheres and rods. The Journal of Chemical Physics, 2008, 128:044910.

[109] Rosenfeld Y. Free-energy model for the inhomogeneous hard-sphere fluid mixture and density-functional theory of freezing. Physical Review Letters, 1989, 63:980-983.

[110] Rosenfeld Y, Schmidt M, Löwen H, et al. Fundamental-measure free-energy density functional for hard spheres: Dimensional crossover and freezing. Physical Review E, 1997, 55:4245-4263.

[111] Derjaguin B. Untersuchungen uber die reibung und adhasion, iv. Kolloid-Zeitschrift, 1934, 69:155-164.

[112] Glandt E D. Density distribution of hard spherical molecules inside small pores of various shapes. Journal of Colloid and Interface Science, 1980, 77: 512-524.

[113] Mao Y, Cates M E, Lekkerkerker H N W. Depletion force in colloidal systems. Physica A: Statistical Mechanics and its Applications, 1995, 222: 10-24.

[114] Walz J Y, Sharma A. Effect of long range interactions on the depletion force between colloidal particles. Journal of Colloid and Interface Science, 1994, 168:485 - 496.

[115] Biben T, Bladon P, Frenkel D. Depletion effects in binary hard-sphere fluids. Journal of Physics: Condensed Matter, 1996, 8:10799.

[116] Fisher I Z. Statistical Theory of Liquids. Chicago: The University of Chicago Press, 1964.

[117] Henderson J R. Compressibility route to solvation structure. Molecular Physics, 1986, 59:89-96.

[118] Hołyst R. Exact sum rules and geometrical packing effects in the system of hard rods near a hard wall in three dimensions. Molecular Physics, 1989, 68:391-400.

[119] Asakura S, Oosawa F. Interaction between particles suspended in solutions of macromolecules. Journal of Polymer Science, 1958, 33:183-192.

[120] Mao Y, Cates M E, Lekkerkerker H N W. Depletion stabilization by semidilute rods. Phys Rev Lett, 1995, 75:4548-4551.

[121] Mao Y, Cates M E, Lekkerkerker H N W. Theory of the depletion force due to rodlike polymers. The Journal of Chemical Physics, 1997, 106:3721-3729.

[122] Mao Y, Bladon P, Lekkerkerker H N W, et al. Density profiles and thermodynamics of rod-like particles between parallel walls. Molecular Physics, 1997, 92:151-159.

[123] Piech M, Walz J Y. Depletion interactions produced by nonadsorbing charged and uncharged spheroids. Journal of Colloid and Interface Science, 2000, 232:86 - 101.

[124] Oversteegen S M, Lekkerkerker H N W. On the accuracy of the Derjaguin approximation for depletion potentials. Physica A: Statistical Mechanics and its Applications, 2004, 341:23 - 39.

[125] Henderson J R. Depletion interactions in colloidal fluids: statistical mechanics of Derjaguin's analysis. Physica A: Statistical Mechanics and its Applications, 2002, 313:321 - 335.

[126] Crocker J C, Grier D G. When like charges attract: The effects of geometrical confinement on long-range colloidal interactions. Phys Rev Lett, 1996, 77:1897-1900.

[127] Larsen A E, Grier D G. Like-charge attractions in metastable colloidal crystallites. Nature, 1997, 385:230-233.

[128] Kepler G M, Fraden S. Attractive potential between confined colloids at low ionic strength. Phys Rev Lett, 1994, 73:356-359.

[129] Chen W, Tan S, Ng T K, et al. Long-ranged attraction between charged polystyrene spheres at aqueous interfaces. Phys Rev Lett, 2005, 95:218301.

[130] Denton A R. Effective interactions and volume energies in charge-stabilized colloidal suspensions. Journal of Physics: Condensed Matter, 1999, 11:10061-10071.

[131] Stankovich J, Carnie S L. Electrical double layer interaction between dissimilar spherical colloidal particles and between a sphere and a plate: Nonlinear Poisson-Boltzmann theory. Langmuir, 1996, 12:1453-1461.

[132] Carnie S L, Chan D Y. Interaction free energy between identical spherical colloidal particles: The linearized Poisson-Boltzmann theory. Journal of Colloid and Interface Science, 1993, 155:297-312.

[133] Carnie S L, Chan D Y C, Gunning J S. Electrical double layer interaction between dissimilar spherical colloidal particles and between a sphere and a plate: The linearized Poisson-Boltzmann theory. Langmuir, 1994, 10:2993-3009.

[134] Ledbetter J E, Croxton T L, McQuarrie D A. The interaction of two charged spheres in the Poisson–Boltzmann equation. Canadian Journal of Chemistry, 1981, 59:1860-1864.

[135] Nägele G. The Physics of Colloidal Soft Matter. Institute of Fundamental Technological Research, Polish Academy of Sciences, 2004.

[136] Moreira A G, Netz R R. Strong-coupling theory for counter-ion distributions. Europhysics Letters (EPL), 2000, 52:705-711.

[137] Moreira A G, Netz R R. Binding of similarly charged plates with counterions only. Physical Review Letters, 2001, 87: 078301.

[138] Netz R. Electrostatistics of counter-ions at and between planar charged walls: From Poisson-Boltzmann to the strong-coupling theory. The European Physical Journal E, 2001, 5:557-574.

[139] Naji A, Netz R R. Attraction of like-charged macroions in the strong-coupling limit. The European Physical Journal E, 2004, 13:43-59.

[140] Naji A, Jungblut S, Moreira A G, et al. Electrostatic interactions in strongly coupled soft matter. Physica A: Statistical Mechanics and its Applications, 2005, 352:131-170.

[141] Moreira A G, Netz R R. Field-theoretic approaches to classical charged systems. In: Holm C, Kekicheff P, Podgornik R, eds., Electrostatic Effects in Soft Matter and Biophysics. Kluwer Academic Publishers, 2001: 367-408.

[142] 朗道 L D, 栗弗席兹 E M. 流体动力学. 北京: 高等教育出版社, 2013.

[143] Jones R, Schmitz R. Mobility matrix for arbitrary spherical particles in solution. Physica A: Statistical Mechanics and its Applications, 1988, 149:373-394.

[144] Mazur P, van Saarloos W. Many-sphere hydrodynamic interactions and mobilities in a suspension. Physica A: Statistical Mechanics and its Applications, 1982, 115:21-57.

[145] Deutch J M, Oppenheim I. Molecular theory of Brownian motion for several particles. The Journal of Chemical Physics, 1971, 54:3547-3555.

[146] Hess W, Klein R. Dynamical properties of colloidal systems: 1. derivation of stochastic transport equations. Physica A: Statistical Mechanics and its Applications, 1978, 94:71-90.

[147] Berne B J, Pecora R. Dynamic Light Scattering. New York: Wiley, 1976.

[148] Happel J, Brenner H. Low Reynolds Number Hydrodynamics. Kluwer, 1983.

[149] 严宗毅. 低雷诺数流理论. 北京: 北京大学出版社, 2002.

[150] Reuland P, Felderhof B, Jones R. Hydrodynamic interaction of two spherically symmetric polymers. Physica A: Statistical Mechanics and its Applications, 1978, 93:465-475.

[151] Cichocki B, Felderhof B U, Schmitz R. Hydrodynamic interactions between two spherical particles. PhysicoChemical Hydrodynamics, 1988, 10:383-403.

[152] Jeffrey D J, Onishi Y. Calculation of the resistance and mobility functions for two unequal rigid spheres in low-Reynolds-number flow. Journal of Fluid Mechanics, 1984, 139:261-290.

[153] Beenakker C, Mazur P. Self-diffusion of spheres in a concentrated suspension. Physica A: Statistical Mechanics and its Applications, 1983, 120:388-410.

[154] 张海燕. 多分量胶体悬浮系统转动扩散张量的反射理论. 物理学报, 2002, 51:449-454.

[155] 张海燕, Nägele G, 马红孺. 二分量胶体悬浮系统的短时间动力学. 物理学报, 2001, 50:1810-1817.

[156] Zhang H, Nägele G. Tracer-diffusion in binary colloidal hard-sphere suspensions. The Journal of Chemical Physics, 2002, 117:5908-5920.

[157] Cichocki B, Hinsen K. Dynamic computer simulation of concentrated hard sphere suspensions. Physica A: Statistical Mechanics and its Applications, 1990, 166:473-491.

[158] Cichocki B, Felderhof B U. Self-diffusion of interacting Brownian particles in a plane. Journal of Physics: Condensed Matter, 1994, 6:7287-7302.

[159] van Beijeren H, Kehr K W, Kutner R. Diffusion in concentrated lattice gases. III. Tracer diffusion on a one-dimensional lattice. Physical Review B, 1983, 28:5711-5723.

[160] von Smoluchowski M. Über Brownsche molekularbewegung unter einwirkung äußerer kräfte und deren zusammenhang mit der verallgemeinerten diffusionsgleichung. Annalen der Physik, 1916, 353:1103-1112.

[161] Murphy T J, Aguirre J L. Brownian motion of N interacting particles. I. Extension of the Einstein diffusion relation to the N-Particle case. The Journal of Chemical Physics, 1972, 57:2098-2104.

[162] Härtl W, Beck C, Hempelmann R. Determination of hydrodynamic properties in highly charged colloidal systems using static and dynamic light scattering. The Journal of Chemical Physics, 1999, 110:7070-7072.

[163] Nägele G, Kellerbauer O, Krause R, et al. Hydrodynamic effects in polydisperse charged colloidal suspensions at short times. Phys Rev E, 1993, 47:2562-2574.

[164] Philipse A P, Vrij A. Determination of static and dynamic interactions between monodisperse, charged silica spheres in an optically matching, organic solvent. The Journal of Chemical Physics, 1988, 88:6459-6470.

[165] Cichocki B, Felderhof B U. Short-time diffusion coefficients and high frequency viscosity of dilute suspensions of spherical Brownian particles. The Journal of Chemical Physics, 1988, 89:1049-1054.

[166] Watzlawek M, Nägele G. Self-diffusion coefficients of charged particles: Prediction of nonlinear volume fraction dependence. Phys Rev E, 1997, 56:1258-1261.

[167] Degiorgio V, Piazza R, Jones R B.  Rotational diffusion in concentrated colloidal dispersions of hard spheres. Phys Rev E, 1995, 52:2707-2717.

[168] Watzlawek M, Nägele G.  Short-time rotational diffusion in monodisperse charge-stabilized colloidal suspensions. Physica A: Statistical Mechanics and its Applications, 1997, 235:56-74.

[169] Ermak D L, McCammon J A.  Brownian dynamics with hydrodynamic interactions. The Journal of Chemical Physics, 1978, 69:1352-1360.

[170] Beenakker C W J.  Ewald sum of the Rotne–Prager tensor. The Journal of Chemical Physics, 1986, 85:1581-1582.

[171] Nägele G.  Introduction to Colloid Physics. Lecture Notes in University of Konstanz, 1997.

[172] Nägele G, Bergenholtz J, Dhont J K G.  Cooperative diffusion in colloidal mixtures. The Journal of Chemical Physics, 1999, 110:7037-7052.

[173] Sjögren L.  Numerical results on the density fluctuations in liquid Rubidium. Physical Review A, 1980, 22:2883-2890.

[174] Bengtzelius U, Gotze W, Sjolander A.  Dynamics of supercooled liquids and the glass transition. Journal of Physics C: Solid State Physics, 1984, 17:5915-5934.

[175] Szamel G, Löwen H.  Mode-coupling theory of the glass transition in colloidal systems. Physical Review A, 1991, 44:8215-8219.

[176] Fuchs M, Mayr M R.  Aspects of the dynamics of colloidal suspensions: Further results of the mode-coupling theory of structural relaxation.  Physical Review E, 1999, 60:5742-5752.

[177] Nägele G, Dhont J K G.  Tracer-diffusion in colloidal mixtures: A mode-coupling scheme with hydrodynamic interactions.  The Journal of Chemical Physics, 1998, 108:9566-9576.

[178] Banchio A J, Nägele G, Bergenholtz J.  Collective diffusion, self-diffusion and freezing criteria of colloidal suspensions. The Journal of Chemical Physics, 2000, 113:3381-3396.

[179] Aburto C C, Nägele G.  A unifying mode-coupling theory for transport properties of electrolyte solutions. I. General scheme and limiting laws. The Journal of Chemical Physics, 2013, 139:134109.

[180] Moriguchi I.  Self-diffusion coefficient in dense hard sphere colloids. The Journal of Chemical Physics, 1997, 106:8624-8625.

[181] Imhof A, Dhont J K G.  Long-time self-diffusion in binary colloidal hard-sphere dispersions. Physical Review E, 1995, 52:6344-6357.

[182] van Megen W, Underwood S M.  Tracer diffusion in concentrated colloidal dispersions. III. Mean squared displacements and self-diffusion coefficients. The Journal of Chemical Physics, 1989, 91:552-559.

[183] Medina-Noyola M.  Long-time self-diffusion in concentrated colloidal dispersions. Phys Rev Lett, 1988, 60:2705-2708.

[184] Brady J F. The rheological behavior of concentrated colloidal dispersions. The Journal of Chemical Physics, 1993, 99:567-581.

[185] Brady J F. The long-time self-diffusivity in concentrated colloidal dispersions. Journal of Fluid Mechanics, 1994, 272:109-134.

[186] Lionberger R A, Russel W B. High frequency modulus of hard sphere colloids. Journal of Rheology, 1994, 38:1885-1908.

[187] Cichocki B, Hinsen K. Dynamic computer simulation of concentrated hard sphere suspensions: II. Re-analysis of mean square displacement data. Physica A: Statistical Mechanics and its Applications, 1992, 187:133 - 144.

[188] Gaylor K J, Snook I K, van Megen W J, et al. Dynamics of colloidal systems: time-dependent structure factors. Journal of Physics A: Mathematical and General, 1980, 13:2513-2520.

[189] Banchio A J, Bergenholtz J, Nägele G. Rheology and dynamics of colloidal suspensions. Phys Rev Lett, 1999, 82:1792-1795.

[190] Härtl W, Versmold H, Wittig U, et al. Structure and dynamics of polymer colloid suspensions from dynamic light scattering and Brownian dynamics simulation. The Journal of Chemical Physics, 1992, 97:7797-7804.

[191] 马红孺, 陆坤权. 软凝聚态物质物理学. 物理, 2000, 29:516-524.

[192] Zhang H, Ma H. Dynamics of the colloidal suspensions. Frontiers of Physics in China, 2006, 1:186-203.

[193] 马红孺. 胶体排空相互作用理论与计算. 物理学报, 2016, 65:184701.

# 索　引

### 其他

# 后　　记

　　本书是在作者与合作者的几篇总结性文章的基础上扩展而成的[191-193]。需要指出的是，由于作者的学识所限且已离开研究一线，这里介绍的仅是作者熟悉的一部分关于胶体物理较为成熟的内容，对另外一些同样成熟的内容没有进行介绍，特别是大量的最新进展。同样，由于作者学识所限，书中很可能存在各种错误，非常欢迎读者批评指正。

　　在过去的近二十年时间中，胶体物理的发展很快。一方面，实验上对于各向异性的胶体粒子和其他类型的胶体有大量的深入细致的研究；另一方面，理论上特别是计算方法上有很多进展。但由于作者对于这些新的进展了解不够深或缺乏理解，所以基本上没有提及。建议对此感兴趣的读者寻找并阅读相关的总结性文章。

　　在本书的后半部分，即第 6 章和第 7 章，作者尽可能地压缩数学推导过程，但为了说清楚问题，还是不可避免地包含了较多数学处理。这也许是必须的。在作者看来，涉及动态问题的理论，如果没有合适的数学知识作为支撑，是很难说清楚的。作者希望本书能够为进入这个领域从事研究的学者提供入门准备。如果在阅读本书之后，读者能够比较顺利地阅读胶体物理的相关原始文献，那么本书的目的也就达到了。